普通高等教育"十三五"规划教材
北京邮电大学精品教材

实分析基础

马利文　编著

U0291047

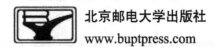

北京邮电大学出版社
www.buptpress.com

内 容 简 介

本教材的主要内容有：实数的完备性，连续函数的性质，黎曼积分理论，函数列与函数项级数的一致收敛性，含参变量的积分，闭区间上的实值函数的勒贝格积分。其中介绍了康托尔集合论的基础知识，加入了一些熟知的经典构造，如处处连续、处处不可微的函数，充满正方形的曲线，闭区间上的连续函数可由多项式列一致逼近等。此外，在附录中介绍了一些与本教材内容相关的历史典故和补充知识。

本教材适合有一定微积分基础的本科生和研究生作为"数学分析"的加强内容来学习，也可作为初步了解"实分析"的思想和主要原理，从"数学分析"理论过渡到"实分析"理论的一本参考书或教学用书。

图书在版编目(CIP) 数据

实分析基础 / 马利文编著. -- 北京 ： 北京邮电大学出版社，2019.6(2023.9重印)

ISBN 978-7-5635-5736-3

Ⅰ. ①实… Ⅱ. ①马… Ⅲ. ①实分析-基本知识 Ⅳ. ①O174.1

中国版本图书馆 CIP 数据核字（2019）第 103436 号

书　　　名：实分析基础
作　　　者：马利文
责 任 编 辑：徐振华　米文秋
出 版 发 行：北京邮电大学出版社
社　　　址：北京市海淀区西土城路 10 号（邮编：100876）
发 行 部：电话：010-62282185　传真：010-62283578
E-mail：publish@bupt.edu.cn
经　　　销：各地新华书店
印　　　刷：北京虎彩文化传播有限公司
开　　　本：787 mm×1 092 mm　1/16
印　　　张：10.5
字　　　数：259 千字
版　　　次：2019 年 6 月第 1 版　2023 年 9 月第 3 次印刷

ISBN 978-7-5635-5736-3　　　　　　　　　　　　　　　定价：29.00 元

前　　言

　　"数学分析"是数学专业基础课的重中之重，是学习"实分析""复分析""泛函分析""拓扑学"等一系列数学专业课必备的基础课程，它以内容抽象、逻辑严谨为主要特点，因而数学专业的许多学生在初学"数学分析"课程时，往往对其抽象的概念和定理的理解不得要领。有相当一部分学生在学完"数学分析"后，只会做其中涉及的一些计算题，不具备学习后续课程的能力，在后续课程的学习中，"数学分析"的理论知识尤为重要。鉴于这个原因，为帮助广大数学专业学生打好"数学分析"理论基础，并顺利过渡到后续课程的学习中，本教材抽取了"数学分析"课程中最主要的理论知识，对其进行了系统的编写和详尽的讲解，并引入"实分析"的基本思想，介绍其主要原理，是整个"实分析"理论的衔接和引导。本教材适合有一定微积分基础的本科生和研究生作为"数学分析"的加强内容来学习，也可作为从"数学分析"理论过渡到"实分析"理论的一本参考书。

　　本教材的主要内容是"数学分析"课程中的理论精髓，这些内容正是所有后续课程必备的理论基础，是学生在学完"数学分析"后，真正需要掌握的知识。通过学习本教材，可以集中有效地培养学生进一步学习后续理论课程的能力，如抽象思维能力、逻辑论证能力等，这也是后续理论课程学习中必备的能力。本教材的第 1 章详细讲解了实数理论、实数完备性基本定理，这是整个"数学分析"理论的基石，在第 1 章最后还加入了康托尔集合论的初步知识。第 2 章详细讲解了连续函数的性质以及函数的一致连续性。第 3 章系统阐述了黎曼积分理论，并引出其理论自身未能解决的问题。第 4 章介绍了函数列与函数项级数的一致收敛性，这一章的内容对以后课程的学习起着举足轻重的作用，后续课程用到的一些经典结论，可利用本章知识得到证明，因而在本章加入了一些熟知的经典构造，如处处连续、处处不可微的函数，充满正方形的曲线，闭区间上的连续函数可由多项式列一致逼近等。第 5 章介绍了含参变量的积分，其中的欧拉积分在诸多领域有着非常广泛的应用。第 6 章是"实分析"的基础，介绍了闭区间上的实值函数的勒贝格积分，包括勒贝格测度、勒贝格可测函数与勒贝格积分的概念和基本原理，勒贝格积分是黎曼积分的推广，在此理论下解决了很多黎曼积分理论未能解决的问题。在附录中，介绍了与本教材内容密切相关的历史典故和补充知识，让学生在学习之余，了解现有知识水平下可以理解的一些重要历史故事和重要发现。

　　本教材作者多年来从事于数学专业本科生"数学分析""实分析""点集拓扑学"的教学工作，虽然积累了一些经验，但编写教材还属首次。恳请广大读者对本教材的缺点和错误给予批评指正，并多提宝贵意见。此外，本教材的编写得到了北京邮电大学数学系单文锐教授的宝贵建议和其他同事的大力帮助，在此表示衷心感谢！

作　　者

2018 年 11 月

目　　录

第1章　实数的完备性

1.1　实数集与确界原理

1.1.1　实数及其性质

数学分析课程的主要研究对象是数值函数，而数值函数的定义域是实数集 $\mathbf{R}, \mathbf{R}^n$ 或其子集，因而首先要对实数集有一个比较深刻的认识。我们已经熟知，实数由有理数与无理数构成。有理数即可用分数形式 $\dfrac{q}{p}$ $(p, q$ 为整数，且 $p \neq 0)$ 来表示的数，而那些不能用分数形式表示的数叫作无理数，换句话说，有理数是有限小数或无限循环小数，而无理数是无限不循环小数（有关无理数的发现、如何由有理数构造无理数等可以参看书后附录）。

为了方便起见，先只讨论非负实数的性质，对于负实数的有关性质读者可类似讨论。我们将正整数和正有限小数均表示为无限小数，即，若 x 为正整数，记

$$x = (x-1).999\,9\cdots;$$

若 x 为正有限小数，设 $x = a_0.a_1 a_2 \cdots a_n (a_0$ 为非负整数，$a_n \neq 0, 0 \leqslant a_i \leqslant 9, i = 1, 2, \cdots, n)$，记

$$x = a_0.a_1 a_2 \cdots (a_n - 1)999\,9\cdots。$$

如 $5 = 4.999\,9\cdots, 3.42 = 3.419\,999\cdots, 0 = 0.000\,0\cdots$。

对于两个非负实数，可用如下方法定义其大小关系。

定义 1.1.1　设 x, y 为两个非负实数，将它们表示为无限小数形式，即

$$x = a_0.a_1 a_2 \cdots a_n \cdots, \quad y = b_0.b_1 b_2 \cdots b_n \cdots。$$

① 若

$$a_k = b_k, \ k = 0, 1, 2, \cdots,$$

则称 x 与 y **相等**，记为 $x = y$。

② 若存在非负整数 n，使得

$$a_k = b_k, k = 0, 1, 2, \cdots, n, \ a_{n+1} > b_{n+1},$$

则称 x **大于** y 或 y **小于** x，记为 $x > y$ 或 $y < x$。

下面引入两个概念，进而将比较无限小数的大小问题转化为比较有限小数的大小。

定义 1.1.2 设 $x = a_0.a_1a_2\cdots a_n\cdots$ 为无限小数形式的非负实数，分别称有限小数

$$\underline{x_n} = a_0.a_1a_2\cdots a_n, \quad \overline{x_n} = a_0.a_1a_2\cdots a_n + \frac{1}{10^n}$$

为 x 的**第 n 位不足近似**与**第 n 位过剩近似**。

注 1 $x > 0$ 时，对任意非负整数 n，有 $\underline{x_n} < x \leqslant \overline{x_n}$；$x = 0$ 时，对任意非负整数 n，有 $\underline{x_n} = 0 = x$。

注 2 当 n 增大时，实数 x 的不足近似数列 $\{\underline{x_n}\}$ 不减，过剩近似数列 $\{\overline{x_n}\}$ 不增，即

$$\underline{x_0} \leqslant \underline{x_1} \leqslant \cdots \leqslant \underline{x_n} \leqslant \cdots, \quad \overline{x_0} \geqslant \overline{x_1} \geqslant \cdots \geqslant \overline{x_n} \geqslant \cdots。$$

注 3 当 $a_n \neq 9$ 时，x 的第 n 位过剩近似 $\overline{x_n} = a_0.a_1a_2\cdots a_n + \frac{1}{10^n}$ 为有限小数 $a_0.a_1a_2\cdots(a_n + 1)$。

当 $x = a_0.a_1a_2\cdots a_n\cdots$ 为表示有限小数的无限小数时，若 $x_N \neq 9, x_n = 9(n > N)$，则对满足 $n \geqslant N$ 的任意正整数 n，有 $\overline{x_n} = x$，如 $x = 3.42 = 3.419\,999\cdots, \overline{x_n} = 3.42(n = 2, 3, \cdots)$。

命题 设 $x = a_0.a_1a_2\cdots a_n\cdots$ 与 $y = b_0.b_1b_2\cdots b_n\cdots$ 为两个无限小数形式的非负实数，则 $x > y$ 的充分必要条件是：存在非负整数 n，使得

$$\underline{x_n} > \overline{y_n}。$$

证 由于 $x \geqslant \underline{x_n} > \overline{y_n} \geqslant y$，充分性显然成立，下面证明必要性。

若 $x > y$，由定义 1.1.1，存在非负整数 n，使得

$$a_k = b_k, k \leqslant n - 1, \quad a_n > b_n,$$

分以下两种情况讨论：

① 若 $a_n > b_n + 1$，则 $\underline{x_n} = a_0.a_1a_2\cdots a_n > b_0.b_1b_2\cdots(b_n + 1) = \overline{y_n}$，从而结论成立。

② 若 $a_n = b_n + 1$，取 a_n 后面第一个不为 0 的 $a_j(j > n)$，有

$$\underline{x_j} = a_0.a_1a_2\cdots a_n\cdots a_j > b_0.b_1b_2\cdots(b_n + 1) \geqslant b_0.b_1b_2\cdots b_n\cdots b_j(b_j + 1) = \overline{y_j},$$

从而结论也成立。

由上述命题可知，比较两个无限小数的问题可转化为比较两个有限小数，从而提供了一种通过比较有理数来比较实数的方法。

例 1.1.1 设非负实数 x, y 满足 $x > y$，证明：存在有理数 r 和无理数 q，使得

$$x > r > y, \quad x > q > y。$$

证 由命题可知，存在非负整数 n，使得 $\underline{x_n} > \overline{y_n}$，令

$$r = \frac{1}{2}(\underline{x_n} + \overline{y_n}),$$

$$q = \underline{x_n} + \frac{\sqrt{2}}{2}(\overline{y_n} - \underline{x_n}),$$

则 r 为有理数，q 为无理数，且满足

$$x \geqslant \underline{x_n} > r > \overline{y_n} \geqslant y, \quad x \geqslant \underline{x_n} > q > \overline{y_n} \geqslant y。$$

对于负实数可类似以上讨论，相应结论均成立。

下面简单讨论实数集 $\mathbf{R}$ 的主要性质。

① 实数集是**有序集**，表现在两个方面。首先，实数集有有序性，即任意两个实数 a, b 必满足以下三个关系之一：$a < b, a = b, a > b$；其次，实数集对大小关系具有传递性，即若 $a > b, b > c$，则有 $a > c$。

② 实数集对加法、乘法构成一个**数域**，表现为实数集对有理运算的封闭性，即任意两个实数进行加、减、乘、除（除数不为 0）四则运算后结果仍为实数。

③ 实数集具有**阿基米德性**，即对任意正实数 a, b，若 $a > b$，则存在正整数 n，使得 $nb > a$。此性质与实数集的阿基米德公理是等价的。

阿基米德公理：对任意正实数 α，存在自然数 n，使得 $\alpha n \geqslant 1$。

④ 实数集具有**稠密性**。由实数构成的集合 A 的子集 B **在集合 A 中稠密**（或称集合 B **为集合 A 的稠密子集**），如果对任意 $a, b \in A, a < b$，则存在 $c \in B$，使得 $a < c < b$。

有理数集 $\mathbf{Q}$ 与无理数集均在实数集中稠密（均是实数集的稠密子集），因为任意两个不同的实数之间必存在有理数，也必存在无理数。此外，实数集是自身的稠密子集，即任意两个不同的实数之间必存在其他实数。同样，任意两个不同的有理数之间必存在其他有理数，任意两个不同的无理数之间也必存在其他无理数，因而有理数集是自身的稠密子集，无理数集也是自身的稠密子集。

注　以上这些性质都体现了实数集的稠密性，但读者要注意，按照上述稠密子集的定义，严格来讲，有关稠密性涉及两个集合，其中一个集合 B 是另一个集合 A 的子集，正确的说法是：集合 B 在集合 A 中稠密（或集合 B 是集合 A 的稠密子集）。例如，"有理数集在实数集中稠密""无理数集在实数集中稠密""有理数集是自身的稠密子集""实数集是自身的稠密子集"等，而类似"有理数集是稠密的""实数集是稠密的"的说法是错误的。此外，除了有理数集和无理数集之外，实数集的稠密子集有无穷多个（读者不妨简单构造几个），其中一些重要的稠密子集将在后续的学习中见到。

⑤ 实数集具有**完备性**。实数集中的任意基本列（柯西列）都是在实数集中收敛的，这就是实数集的完备性。有理数集（或无理数集）中的基本列不一定在有理数集（或无理数集）中收敛，即不一定有有理数（或无理数）作为其极限，因而有理数集（或无理数集）不具有完备性。例如，有理基本列 $\left\{ \left(1 + \dfrac{1}{n} \right)^n \right\}$ 的极限 e 不在有理数中。

实数集的完备性是本章主要阐述的内容，下面将学习几个主要定理来刻画这一性质。事实上，实数集上的完备子集有很多，如实数集自身 $\mathbf{R}$、实数集的任意闭区间等。在后续的一些分析类课程中，还会学到更深刻的集合理论，在实数集上构造更奇妙的康托尔完备子集。

1.1.2 确界原理

定义 1.1.3 设 S 为一个数集，即 $S \subset \mathbf{R}$，若存在实数 M，使得对一切 $x \in S$，都有 $x \leqslant M$，则称 S 为**有上界的数集**，且称 M 为数集 S 的一个**上界**。同样地，若存在实数 L，使得对一切 $x \in S$，都有 $x \geqslant L$，则称 S **为有下界的数集**，且称 L 为数集 S 的一个**下界**。若数集 S 既有上界又有下界，称 S 为**有界集**，否则称 S 为**无界集**。

当数集 S 有上界时，显然有无穷多个上界，那么其中是否存在一个最小的上界？如果存在，这个最小上界就有特别的重要性。同样地，S 有下界时则有无穷多个下界，其中是否也存在一个最大的？本节将证明，任何有界数集必有一个最小上界和一个最大下界，将它们分别定义为数集的上确界和下确界。

定义 1.1.4 设 A 为一个数集，若实数 α 满足

Ⅰ）对一切 $x \in A$，有 $x \leqslant \alpha$（即 α 是 A 的上界），

Ⅱ）对任意实数 $\alpha' < \alpha$，存在 $x_0 \in A$，使得 $x_0 > \alpha'$（即 α 是 A 的最小上界），

则称 α 是**数集 A 的上确界**，记为

$$\alpha = \sup A。$$

定义 1.1.5 设 A 为一个数集，若实数 β 满足

Ⅰ）对一切 $x \in A$，有 $x \geqslant \beta$（即 β 是 A 的下界），

Ⅱ）对任意实数 $\beta' > \beta$，存在 $x_0 \in A$，使得 $x_0 < \beta'$（即 β 是 A 的最大下界），

则称 β 是**数集 A 的下确界**，记为

$$\beta = \inf A。$$

上确界与下确界统称为**确界**。

注 1 若数集 A 存在上、下确界，则 $\inf A \leqslant \sup A$。

注 2 数集的上、下确界如果存在，则必唯一（留给读者证明）。

例 1.1.2 设 $A = \{x | x \in (0, 1] \cap \mathbf{Q}\}$，即 A 为由 $(0, 1]$ 中所有有理数构成的集合，证明：$\sup A = 1$，$\inf A = 0$。

证 先证 $\sup A = 1$。

Ⅰ）$\forall x \in A$，显然有 $x \leqslant 1$；

Ⅱ）对任意实数 $\alpha' < 1$，可取 $x_0 = 1$，有 $x_0 \in A$ 且 $x_0 > \alpha'$。

由以上Ⅰ），Ⅱ）知 $\sup A = 1$。

再证 $\inf A = 0$。

Ⅰ）$\forall x \in A$，显然有 $x > 0$；

Ⅱ）对任意实数 $\beta' > 0$，分两种情况讨论，若 $\beta' \leqslant 1$，利用有理数在实数集中的稠密性，在 $(0, \beta')$ 内必存在有理数 x_0，满足 $x_0 \in A$ 且 $x_0 < \beta'$，若 $\beta' > 1$，取 x_0 为 A 中任意数，均有 $x_0 < \beta'$。

由Ⅰ），Ⅱ）可知 $\inf A = 0$。

从例 1.1.2 可以看出，数集 A 的上、下确界可能属于 A，也可能不属于 A。

事实上，若数集 A 的上确界属于 A，它必是数集 A 的最大数；反之，若数集 A 有最大数，则这个最大数就是 A 的上确界。类似地，若数集 A 的下确界属于 A，它必是数集 A 的最小数；反之，若数集 A 有最小数，则这个最小数就是 A 的下确界。

例 1.1.3　证明：$\alpha = \sup A \in A \Leftrightarrow \alpha = \max A$。

证　若 $\alpha = \sup A$ 且 $\alpha \in A$，由上确界的定义可知 $\forall x \in A$，有 $x \leqslant \alpha$，从而 $\alpha = \max A$。若 $\alpha = \max A$，显然有 $\alpha \in A$。

Ⅰ) $\forall x \in A, x \leqslant \alpha$，即 α 为 A 的上界，

Ⅱ) 对任意实数 $\alpha' < \alpha$，可取 $x_0 = \alpha$，显然有 $x_0 \in A$ 且 $x_0 > \alpha'$，则 α 为 A 的最小上界，即 $\alpha = \sup A$。

例 1.1.4　设数集 $A = \left\{ x \mid x = \dfrac{1}{2^n}, n = 1, 2, \cdots \right\}$，求 $\sup A, \inf A$。

解　由于集合 A 的最大元素是 $\dfrac{1}{2}$，根据例 1.1.3 的结论，$\sup A = \dfrac{1}{2}$。

下面证明 $\inf A = 0$。

Ⅰ) $\forall x \in A$，显然有 $x > 0$，

Ⅱ) $\forall \beta' > 0$，由于 $\lim\limits_{n \to \infty} \dfrac{1}{2^n} = 0 < \beta'$，由数列极限的保号性，存在 N，使得 $n > N$ 时，均有 $\dfrac{1}{2^n} < \beta'$，而此时 $\dfrac{1}{2^n} \in A (n > N)$，则 $\inf A = 0$。

例 1.1.5　设数集 A 存在上、下确界，且设 $B = \{ x \mid -x \in A \}$，证明：

(1) $\sup B = -\inf A$，　　(2) $\inf B = -\sup A$。

证　下面证明 $\sup B = -\inf A$。

Ⅰ) $\forall x \in B$，由于 $-x \in A$，有 $-x \geqslant \inf A$，从而 $x \leqslant -\inf A$，即 $-\inf A$ 为 A 的上界。

Ⅱ) 对任意实数 $\alpha' < -\inf A$，有 $-\alpha' > \inf A$。利用下确界 $\inf A$ 的定义，存在 $-x_0 \in A$，使得 $-x_0 < -\alpha'$，从而有 $x_0 \in B$，且 $x_0 > \alpha'$，即 $-\inf A$ 是 B 的最小上界。

综上所述，$\sup B = -\inf A$ 得证。

类似可证 (2) 成立。

下面给出数集上、下确界的另一种定义，容易证明它们与上述上、下确界的定义是等价的。

定义 1.1.6　设 A 为一个数集，若实数 α 满足

Ⅰ) 对一切 $x \in A$，有 $x \leqslant \alpha$ (即 α 是 A 的上界)，

Ⅱ) 对任意正数 ε，存在 $x_0 \in A$，使得 $x_0 > \alpha - \varepsilon$ (即 α 是 A 的最小上界)，
则称 α 是数集 A 的上确界。

定义 1.1.7　设 A 为一个数集，若实数 β 满足

Ⅰ) 对一切 $x \in A$，有 $x \geqslant \beta$ (即 β 是 A 的下界)，

Ⅱ) 对任意正数 ε，存在 $x_0 \in A$，使得 $x_0 < \beta + \varepsilon$ (即 β 是 A 的最大下界)，
则称 β 是数集 A 的下确界。

例 1.1.6 设数集 A,B 均存在上、下确界，定义数集

$$A + B = \{z | z = x + y, x \in A, y \in B\},$$

证明：(1) $\sup(A + B) = \sup A + \sup B$，　(2) $\inf(A + B) = \inf A + \inf B$。

证　先证明 (1)。

Ⅰ) $\forall z \in A + B$，存在 $x \in A, y \in B$，使得 $z = x + y$。由于 $x \leqslant \sup A$，$y \leqslant \sup B$，则 $z = x + y \leqslant \sup A + \sup B$，即 $\sup A + \sup B$ 为 $A + B$ 的上界。

Ⅱ) 对任意正实数 ε，由上确界 $\sup A, \sup B$ 的定义，存在 $x_0 \in A, y_0 \in B$，使得 $x_0 < \sup A - \dfrac{\varepsilon}{2}, y_0 < \sup B - \dfrac{\varepsilon}{2}$。令 $z_0 = x_0 + y_0$，则有 $z_0 \in A + B$，且 $z_0 = x_0 + y_0 < \left(\sup A - \dfrac{\varepsilon}{2}\right) + \left(\sup B - \dfrac{\varepsilon}{2}\right) = (\sup A + \sup B) - \varepsilon$，即 $\sup A + \sup B$ 为 $A + B$ 的最小上界。

综上所述，$\sup(A + B) = \sup A + \sup B$ 得证。

类似可证 (2) 成立。

关于什么样的数集存在确界，下面给出重要定理——确界原理。本书将确界原理视为极限理论的基础。

定理 1.1.1（确界原理）　设 A 为非空数集，若 A 有上界，则必有上确界 $\sup A$；若 A 有下界，则必有下确界 $\inf A$。

证　下面只证明上确界的情况，为不失一般性，假设数集 A 含有正数。

由于数集 A 有上界，必存在非负整数 n，使得

$$\forall a \in A, a \leqslant n + 1; \quad \exists a_0 \in A, a_0 \in (n, n + 1]$$

（此事实看似显然，实际上依赖于阿基米德公理）。

将区间 $(n, \ n+1]$ 等分为 10 个半开区间，则其中必存在一个区间 $\left(n.n_1, \ n.n_1 + \dfrac{1}{10}\right]$ （n_1 为 $0, 1, \cdots, 9$ 中的数)，使得

$$\forall a \in A, a \leqslant n.n_1 + \dfrac{1}{10}; \quad \exists a_1 \in A, a_1 \in \left(n.n_1, \ n.n_1 + \dfrac{1}{10}\right]。$$

再将区间 $\left(n.n_1, \ n.n_1 + \dfrac{1}{10}\right]$ 十等分，其中必存在一个半开区间 $\left(n.n_1 n_2, \ n.n_1 n_2 + \dfrac{1}{10^2}\right]$ （n_2 为 $0, 1, \cdots, 9$ 中的数)，使得

$$\forall a \in A, a \leqslant n.n_1 n_2 + \dfrac{1}{10^2}; \quad \exists a_2 \in A, a_2 \in \left(n.n_1 n_2, \ n.n_1 n_2 + \dfrac{1}{10^2}\right]。$$

无限次重复以上步骤，则对任意自然数 k，存在 $0, 1, 2, \cdots, 9$ 中的数 n_k，使得

$$\forall a \in A, a \leqslant n.n_1 n_2 \cdots n_k + \dfrac{1}{10^k}; \quad \exists a_k \in A, a_k \in \left(n.n_1 n_2 \cdots n_k, \ n.n_1 n_2 \cdots n_k + \dfrac{1}{10^k}\right]。$$

令 $\alpha = n.n_1 n_2 \cdots n_k \cdots$，下面证明 $\sup A = \alpha$，即只需证明

Ⅰ) $\forall x \in A, x \leqslant \alpha$；

Ⅱ) 对任意实数 $\alpha' < \alpha, \exists a \in A$, 使得 $a > \alpha'$。

如果Ⅰ) 不成立, 则存在 $x \in A$, 使得 $x > \alpha = n.n_1n_2\cdots n_k\cdots$。由前面命题可知, 存在 x 的第 k 位不足近似 $\underline{x_k}$, 使得 $x \geqslant \underline{x_k} > \overline{\alpha_k} = n.n_1n_2\cdots n_k + \dfrac{1}{10^k}$, 这与上述第 k 次半开区间所满足的条件矛盾, 故Ⅰ) 成立。

对任意实数 $\alpha' < \alpha$, 由命题可知存在正整数 k, 使得 $\overline{\alpha'_k} < \underline{\alpha_k} = n.n_1n_2\cdots n_k$。由 α 的定义可知, 存在 $a_k \in A$, 满足 $a_k \in \left(n.n_1n_2\cdots n_k, \ n.n_1n_2\cdots n_k + \dfrac{1}{10^k} \right]$, 从而有, $a_k > n.n_1n_2\cdots n_k = \underline{\alpha_k} > \overline{\alpha'_k} \geqslant \alpha'$, 即证得Ⅱ) 成立。

例 1.1.7　设 A, B 为非空有界数集, 且 $\forall x \in A, \forall y \in B$, 有 $x \leqslant y$, 证明: $\sup A \leqslant \inf B$。

证　根据确界原理, 数集 A, B 均存在上、下确界。

由题设, 对任意 $y \in B$, 有 $\forall x \in A, x \leqslant y$, 则 y 为 A 的上界。又 $\sup A$ 为 A 的最小上界, 因而 $\sup A \leqslant y$。即, 对任意 $y \in B$, 有 $\sup A \leqslant y$, 这说明 $\sup A$ 是 B 的下界。由于 $\inf B$ 为 B 的最大下界, 从而 $\sup A \leqslant \inf B$ 成立。

例 1.1.8　设 A 是有上界的数集, 且 $\sup A = \beta \notin A$。证明: 存在严格单调递增的数列 $\{x_n\} \subset A$, 使得 $\lim\limits_{n\to\infty} x_n = \beta$。

证　由上确界的定义, 对 $\varepsilon_1 = 1$, 存在 $x_1 \in A$, 使得 $x_1 > \beta - \varepsilon_1$。

对 $\varepsilon_2 = \min\left\{ \dfrac{1}{2}, \beta - x_1 \right\}$, 存在 $x_2 \in A$, 使得 $x_2 > \beta - \varepsilon_2$, 从而有

$$\beta - \frac{1}{2} < x_2 < \beta, \ x_1 < x_2。$$

对 $\varepsilon_3 = \min\left\{ \dfrac{1}{3}, \beta - x_2 \right\}$, 存在 $x_3 \in A$, 使得 $x_3 > \beta - \varepsilon_3$, 则有

$$\beta - \frac{1}{3} < x_3 < \beta, \ x_2 < x_3。$$

这样归纳地做下去, 就可得到数列 $\{x_n\} \subset A$, 对任意自然数 n, 满足

$$\beta - \frac{1}{n} < x_n < \beta, \ x_{n-1} < x_n。$$

由第一个不等式结合迫敛性可知, $\lim\limits_{n\to\infty} x_n = \beta$。第二个不等式保证了数列 $\{x_n\}$ 是严格单调递增的。

例 1.1.9　设 A, B 均为非空有界数集, 且 $C = A \cup B$。证明:

(1) $\sup C = \max\{\sup A, \sup B\}$,　(2) $\inf C = \min\{\inf A, \inf B\}$。

证　下面证明 (1)。C 也为非空有界数集, 从而存在上、下确界。

Ⅰ) $\forall x \in C$, 有 $x \in A$ 或 $x \in B$, 则 $x \leqslant \sup A$ 或 $x \leqslant \sup B$, 因而 $x \leqslant \max\{\sup A, \sup B\}$。

Ⅱ) 不妨设 $\max\{\sup A, \sup B\} = \sup A$。对任意实数 $\alpha < \max\{\sup A, \sup B\} = \sup A$, 由 $\sup A$ 的定义, 存在 $x_0 \in A, x_0 > \alpha$, 即 $x_0 \in A \subset C$ 且 $x_0 > \alpha$。

由 Ⅰ）, Ⅱ）知, $\sup C = \max\{\sup A, \sup B\}$。

类似可证 (2) 成立。

注 从此例可以得到如下结论: 若集合 A 是集合 C 的子集, 即 $A \subset C$, 则有 $\sup A \leqslant \sup C$, $\inf A \geqslant \inf C$。

确界原理是分析理论的根基之一, 在此基础上才可以定义我们熟悉的一些基本初等函数。回顾中学时已经熟悉的幂函数 $y = x^{\alpha}$ 与指数函数 $y = a^x$, 二者都涉及乘幂。初等数学里, 先定义了整数指数乘幂, 又定义了有理指数乘幂, 但无理指数乘幂是如何定义的呢? 这就需要借助确界原理了。

定义 1.1.8 给定实数 $a > 0, a \neq 1$, 设 x 为无理数, 规定

$$a^x = \begin{cases} \sup\limits_{r < x}\{a^r | r \in \mathbf{Q}\}, & a > 1, \\ \inf\limits_{r < x}\{a^r | r \in \mathbf{Q}\}, & 0 < a < 1。 \end{cases}$$

注 如果把上面定义中的 x 换为有理数, 可以证明上式也成立 (读者可自行证明)。因而实指数幂都可统一成上面的确界形式。

下面利用确界原理证明数列的单调有界定理。

定理 1.1.2（数列的单调有界定理） 单调递增有上界的数列 $\{x_n\}$ 一定收敛, 且极限为数集 $A = \{x_n | n = 1, 2, \cdots\}$ 的上确界; 单调递减有下界的数列 $\{x_n\}$ 一定收敛, 且极限为数集 $A = \{x_n | n = 1, 2, \cdots\}$ 的下确界, 即单调有界数列必存在极限。

证 下面只证明前一结论, 后一结论类似可证明。

由于数集 $A = \{x_n | n = 1, 2, \cdots\}$ 有上界, 从而有上确界。设 $\alpha = \sup A$, 下面只需证明 $\lim\limits_{n \to \infty} x_n = \alpha$。

由上确界的定义, $\forall \varepsilon > 0, \exists x_N \in A$, 使得 $x_N > \alpha - \varepsilon$。由于数列 $\{x_n\}$ 单调递增, $n > N$ 时, 有 $x_n \geqslant x_N > \alpha - \varepsilon$。又因 α 为 A 上确界, 显然又有 $x_n \leqslant \alpha < \alpha + \varepsilon$, 即 $n > N$ 时, $\alpha - \varepsilon < x_n < \alpha + \varepsilon$, 从而证明了 $\lim\limits_{n \to \infty} = \alpha$。

下面应用数列的单调有界定理来学习两个重要的常数。

例 1.1.10 证明:

Ⅰ）$\lim\limits_{n \to \infty} \left(1 + \dfrac{1}{n}\right)^n$ 存在, Ⅱ）$\lim\limits_{n \to \infty} \left(1 + \dfrac{1}{2} + \cdots + \dfrac{1}{n} - \ln n\right)$ 存在。

证 Ⅰ）证明数列 $\left\{\left(1 + \dfrac{1}{n}\right)^n\right\}$ 单调递增有上界。有关此命题的证明方法比较多, 在此我们选择一种比较简单的方法证明。

由均值不等式可知

$$\sqrt[n+1]{\left(1 + \frac{1}{n}\right)^n \cdot 1} < \frac{n\left(1 + \dfrac{1}{n}\right) + 1}{n+1} = \frac{n+2}{n+1} = 1 + \frac{1}{n+1},$$

因而对任意 n, 有

$$\left(1+\frac{1}{n}\right)^n < \left(1+\frac{1}{n+1}\right)^{n+1},$$

这证明了数列是单调递增的。

再由

$$\sqrt[n+2]{\left(1+\frac{1}{n}\right)^n \cdot \frac{1}{2} \cdot \frac{1}{2}} < \frac{n\left(1+\frac{1}{n}\right)+\frac{1}{2}+\frac{1}{2}}{n+2} = \frac{n+1+\frac{1}{2}+\frac{1}{2}}{n+2} = 1,$$

可知对任意 n, 有

$$\left(1+\frac{1}{n}\right)^n < 4,$$

这证明了数列有上界。

由数列的单调有界定理可知, 此数列收敛, 记极限为 e, $e = 2.718\,281\,828\,495\,904\,5\cdots$, 可以用泰勒级数的知识证明它是无理数 (请读者自行完成)。

注 在这个极限的基础上, 我们比较容易证明另一个数列 $\left\{\left(1+\frac{1}{n}\right)^{n+1}\right\}$ 是严格单调递减的, 也收敛于数 e (请读者自行完成), 因而对任意自然数 n, 有

$$\left(1+\frac{1}{n}\right)^n < e < \left(1+\frac{1}{n}\right)^{n+1},$$

再对此式取对数, 有

$$n\ln\left(1+\frac{1}{n}\right) < 1 < (n+1)\ln\left(1+\frac{1}{n}\right),$$

进而可得到

$$\frac{1}{n+1} < \ln\left(1+\frac{1}{n}\right) < \frac{1}{n},$$

此不等式可用于证明下面的结论。

II) 记 $\gamma_n = 1 + \frac{1}{2} + \cdots + \frac{1}{n} - \ln n (n = 1, 2, \cdots)$, 由于

$$\gamma_{n+1} - \gamma_n = \frac{1}{n+1} - \ln(n+1) + \ln n = \frac{1}{n+1} - \ln\left(1+\frac{1}{n}\right) < 0,$$

则证明了数列 $\{\gamma_n\}$ 是单调递减的。又

$$\gamma_n = 1 + \frac{1}{2} + \cdots + \frac{1}{n} - \ln n > \ln\left(1+\frac{1}{1}\right) + \ln\left(1+\frac{1}{2}\right) + \cdots + \ln\left(1+\frac{1}{n}\right) - \ln n$$

$$= \ln\frac{2}{1} + \ln\frac{3}{2} + \cdots + \ln\frac{n+1}{n} - \ln n$$

$$= \ln 2 - \ln 1 + \ln 3 - \ln 2 + \cdots + \ln(n+1) - \ln n - \ln n$$

$$= \ln(n+1) - \ln n = \ln\frac{n+1}{n} > 0,$$

则数列 $\{\gamma_n\}$ 有下界 0, 从而由数列的单调有界定理, 此数列收敛, 其极限叫作欧拉常数, 记为 γ, 其值为 $\gamma = 0.577\,215\,664\,901\,532\cdots$。

注 对于常用的复数, 我们习惯地将其分类为虚数和实数, 实数进而分为有理数和无理数。数学中还有一种分类法有着很重要的意义, 就是用整系数代数方程的根来分类。整系数代数多项式的根叫作代数数, 那些不是代数数的复数叫作超越数。显然有理数都是代数数, 因而实超越数均为无理数。但绝大部分无理数也是代数数, 如 $\sqrt{2}$ 可利用代数学的知识证明是代数数。因而, 代数数看上去是一个庞大的集体。相比之下, 具体给出超越数就比较困难。实际上, 在一个区间上, 代数数只占一小部分, 绝大多数点是超越数。数学史作家埃里克·坦普尔·贝尔说得好:"点缀在平面上的代数数犹如夜空中的繁星, 而沉沉的夜空则由超越数构成。"1873 年, 法国数学家埃尔米特 (C. Hermite, 1822—1901) 证明了自然对数的底 e 是超越数。1882 年, 德国数学家林德曼 (Lindemann, 1852—1939) 证明了圆周率 π 是超越数。迄今为止, 尚不知欧拉常数 γ 是代数数还是超越数, 也不知它是有理数还是无理数, 且通过 π, e 或代数数的对数来表示欧拉常数的计划也毫无进展。

习 题 1.1

1. 求出下列数集的上确界和下确界, 并利用上、下确界的定义给予证明。

(1) $A = \{x \mid x^2 < 2\}$;

(2) $A = \{x \mid x$ 为 $(0,1)$ 内的无理数 $\}$;

(3) $A = \left\{y \mid y = x^2, x \in \left(-\dfrac{1}{2}, 1\right)\right\}$;

(4) $A = \{y \mid y = \arctan x, x \in (-\infty, +\infty)\}$;

(5) $A = \left\{x \mid x = \left(1 + \dfrac{1}{n}\right)^n, n \in \mathbf{Z}_+\right\}$;

(6) $A = \left\{x \mid x = (-1)^n + \dfrac{1}{n}(-1)^{n+1}, n \in \mathbf{Z}_+\right\}$;

(7) $A = \{x \mid x = ne^{-n}, n \in \mathbf{Z}_+\}$。

2. 证明有界数集上、下确界的唯一性。

3. 已知 α 为数集 A 的上界, 且存在数列 $\{x_n\} \subset A$, $\lim\limits_{n\to\infty} x_n = \alpha$, 证明: $\sup A = \alpha$。

4. 设非空数集 A 有界, 数集 $B = \{x + c \mid x \in A\}$, c 为常数, 证明:

$$\sup B = \sup A + c; \quad \inf B = \inf A + c。$$

5. 设 A 为非空有下界的数集, 证明:

$$\inf A = \beta \in A \Leftrightarrow \beta = \min A。$$

6. 计算极限

$$\lim_{n\to\infty} \left(\frac{1}{n+1} + \frac{1}{n+2} + \cdots + \frac{1}{2n}\right)。$$

7. 计算极限

$$\lim_{n \to \infty} \left(1 - \frac{1}{2} + \frac{1}{3} - \frac{1}{4} + \cdots + \frac{1}{2n-1} - \frac{1}{2n} \right).$$

1.2 实数完备性基本定理

上一节证明了实数集的确界原理和数列的单调有界定理，它们反映了实数集的完备性。例 1.1.10 中以无理数 e 为极限的数列表明有理数集没有这种特性。除了确界原理和数列的单调有界定理之外，刻画实数完备性的定理还有区间套定理、有限覆盖定理、聚点定理和柯西收敛准则。本节将逐一阐述这些定理，并指出它们之间的等价性。

1.2.1 区间套定理

定理 1.2.1（**区间套定理**） 设闭区间列 $\{[a_n, b_n]\}$ 满足：

Ⅰ）$[a_n, b_n] \supset [a_{n+1}, b_{n+1}]$ $(n = 1, 2, \cdots)$,

Ⅱ）$\lim_{n \to \infty} (b_n - a_n) = 0$,

则存在唯一一点 ξ, 使得 $\xi \in [a_n, b_n]$ $(n = 1, 2, \cdots)$, 即

$$a_n \leqslant \xi \leqslant b_n, \quad n = 1, 2, \cdots. \tag{1.2.1}$$

证 先证满足式 (1.2.1) 的 ξ 存在。由条件Ⅰ）知，区间端点列 $\{a_n\}$ 为递增数列，$\{b_n\}$ 为递减数列，即

$$a_1 \leqslant a_2 \leqslant \cdots \leqslant a_n \leqslant \cdots, \quad b_1 \geqslant b_2 \geqslant \cdots \geqslant b_n \geqslant \cdots.$$

显然数列 $\{a_n\}$ 有上界 b_1, 且数列 $\{b_n\}$ 有下界 a_1。由数列的单调有界定理知 $\{a_n\}, \{b_n\}$ 均收敛，且条件Ⅱ）意味着二者极限相同，从而设

$$\lim_{n \to \infty} a_n = \lim_{n \to \infty} b_n = \xi,$$

由数列的单调有界定理还可以得到，ξ 为数列 $\{a_n\}$ 的上确界，也为数列 $\{b_n\}$ 的下确界，即有

$$a_n \leqslant \xi \leqslant b_n, \quad n = 1, 2, \cdots.$$

下面证明满足式 (1.2.1) 的 ξ 是唯一的。假设存在实数 η 也满足

$$a_n \leqslant \eta \leqslant b_n, \quad n = 1, 2, \cdots,$$

则有 $|\xi - \eta| \leqslant b_n - a_n$ $(n = 1, 2, \cdots)$, 由条件Ⅱ）得

$$|\xi - \eta| \leqslant \lim_{n \to \infty} (b_n - a_n) = 0,$$

因而 $\xi = \eta$。

注 1 我们称满足条件 I) 和 II) 的闭区间列 $\{[a_n, b_n]\}$ 为**闭区间套**。若只满足条件 I)，只能保证满足式 (1.2.1) 的 ξ 的存在性，条件 II) 保证 ξ 的唯一性，因而，区间套定理有另一种叙述形式，如下所述。

设闭区间列 $\{[a_n, b_n]\}$ 满足：$[a_n, b_n] \supset [a_{n+1}, b_{n+1}]$ $(n = 1, 2, \cdots)$，则存在 ξ，使得 $\xi \in [a_n, b_n]$ $(n = 1, 2, \cdots)$。若此闭区间列又满足 $\lim\limits_{n \to \infty} (b_n - a_n) = 0$，则上述 ξ 是唯一的。

注 2 区间套定理中的区间列必须为闭区间列，对于非闭的区间列结论可能不成立，如开区间列 $\left\{\left(0, \dfrac{1}{n}\right)\right\}$ 也满足定理的条件 I) 和 II)，但所有这些区间的交集为空集，即不存在属于所有开区间的公共点。

由于上述区间套定理中的 ξ 为端点列的极限，即 $\lim\limits_{n \to \infty} a_n = \lim\limits_{n \to \infty} b_n = \xi$。利用极限的 $\varepsilon\text{-}N$ 定义，很容易得到以下推论。这个推论在以后的论证中有着非常重要的作用。

推论 设闭区间列 $\{[a_n, b_n]\}$ 为闭区间套，ξ 为含于所有闭区间 $[a_n, b_n]$ $(n = 1, 2, \cdots)$ 的唯一点，则对任意 $\varepsilon > 0$，存在正整数 N，当 $n > N$ 时有

$$[a_n, b_n] \subset (\xi - \varepsilon, \xi + \varepsilon)。$$

1.2.2 有限覆盖定理

定义 1.2.1 设 A 为数轴上一个点集，$\mathcal{A}$ 为以一些开区间为元素构成的集合，若对任意 $x \in A$，都存在 $\mathcal{A}$ 中的开区间 I，使得 $x \in I$，即

$$A \subset \bigcup_{I \in \mathcal{A}} I,$$

称集合 $\mathcal{A}$ 为**数集 A 的开覆盖**。若集合 $\mathcal{A}$ 含有无限多个元素（开区间），称它为**数集 A 的无限开覆盖**；否则称为**数集 A 的有限开覆盖**。

若 $\mathcal{A}, \mathcal{B}$ 均为数集 A 的开覆盖，且 $\mathcal{A} \subset \mathcal{B}$，称 $\mathcal{A}$ 为 $\mathcal{B}$ 的**子覆盖**。

定理 1.2.2〔**海涅-博雷尔（Heine-Borel）有限覆盖定理**〕 有限闭区间 $[a, b]$ 的任何开覆盖都有有限子覆盖。

证 设 $\mathcal{A}$ 为闭区间 $[a, b]$ 的一个开覆盖。若 $\mathcal{A}$ 为有限开覆盖，结论显然成立。下面利用区间套定理用反证法证明 $\mathcal{A}$ 为无限开覆盖的情况。

假设 $\mathcal{A}$ 无有限子覆盖，即区间 $[a, b]$ 不能由 $\mathcal{A}$ 中有限个开区间来覆盖。将 $[a, b]$ 等分为两个闭子区间，则其中至少有一个闭子区间不能被 $\mathcal{A}$ 中有限个开区间覆盖，记这个闭子区间为 $[a_1, b_1]$。

再将 $[a_1, b_1]$ 等分为两个闭子区间，其中至少有一个闭子区间不能被 $\mathcal{A}$ 中有限个开区间覆盖，再记这个闭子区间为 $[a_2, b_2]$。

无穷次重复以上步骤，得到闭区间列 $\{[a_n, b_n]\}$，且满足

$$[a_n, b_n] \supset [a_{n+1}, b_{n+1}], n = 1, 2, \cdots; \quad 0 < b_n - a_n = \frac{b - a}{2^n} \to 0, n \to \infty。$$

即 $\{[a_n, b_n]\}$ 为闭区间套，而且每个闭区间不能被 $\mathcal{A}$ 中有限个开区间覆盖。

由区间套定理, 存在唯一一点 $\xi \in [a_n, b_n]$ $(n = 1, 2, \cdots)$, 由于 $\mathcal{A}$ 为 $[a, b]$ 的开覆盖, 其中至少存在一个开区间 (α, β) 使得 $\xi \in (\alpha, \beta)$, 从而必存在 $\varepsilon > 0$, 使得 $\xi \in (\xi - \varepsilon, \xi + \varepsilon) \subset (\alpha, \beta)$。再利用区间套定理的推论, 存在 N, 当 $n > N$ 时有

$$[a_n, b_n] \subset (\xi - \varepsilon, \xi + \varepsilon) \subset (\alpha, \beta)。$$

从而与 "闭区间列 $[a_n, b_n]$ 中每个闭区间不能被 $\mathcal{A}$ 中有限个开区间覆盖" 矛盾, 故 $\mathcal{A}$ 有有限子覆盖。

注 有限覆盖定理只对闭区间成立, 如 $\mathcal{A} = \left\{ \left(\dfrac{1}{n}, 1 \right) \mid n = 2, 3, \cdots \right\}$ 为开区间 $(0, 1)$ 的开覆盖, 但无有限子覆盖。

1.2.3 聚点定理

定义 1.2.2 设 A 为数轴上一个点集, a 为一个定点。若 a 的任意去心邻域都含有 A 中的点, 则称 a 为点集 A 的**聚点**。

我们可以证明此定义与以下两种定义等价。

定义 1.2.2′ 设 A 为数轴上一个点集, a 为一个定点。若存在各项互异的收敛数列 $\{x_n\} \subset A$ 收敛于数 a, 则称 a 为数集 A 的**聚点**。

定义 1.2.2″ 设 A 为数轴上一个点集, a 为一个定点。若 a 的任何邻域都含有 A 中无穷多个点, 称 a 为点集 A 的**聚点**。

下面证明定义 1.2.2、1.2.2′ 与 1.2.2″ 等价。

1.2.2⇒1.2.2′。定义 1.2.2 意味着: $\forall \varepsilon > 0, \exists x \in A \cap U^{\circ}(a; \varepsilon)$。

令 $\varepsilon_1 = 1, \exists x_1 \in U^{\circ}(a; \varepsilon_1) \cap A$;

令 $\varepsilon_2 = \min \left\{ \dfrac{1}{2}, |a - x_1| \right\}, \exists x_2 \in U^{\circ}(a; \varepsilon_2) \cap A$;

$\cdots \cdots$

令 $\varepsilon_n = \min \left\{ \dfrac{1}{n}, |a - x_{n-1}| \right\}, \exists x_n \in U^{\circ}(a; \varepsilon_n) \cap A$;

$\cdots \cdots$

这样得到的数列 $\{x_n\}$ 各项互异, 且满足 $|a - x_n| \leqslant \dfrac{1}{n}$, 从而 $\lim\limits_{n \to \infty} x_n = a$。

1.2.2′⇒1.2.2″。利用极限 $\lim\limits_{n \to \infty} x_n = a$ 的定义, 对任意 a 的邻域 $U^{\circ}(a)$, 存在 $N, n > N$ 时, $x_n \in U^{\circ}(a)$ 且 $x_n \in A$。

1.2.2″⇒1.2.2。显然。

注 如果数集 A 存在聚点, 则数集 A 的聚点可能不止一个, 且可能是 A 中的点, 也可能不是 A 中的点, 如 $A = (0, 1]$, $[0, 1]$ 中的每个点都是 A 的聚点, 且 $0 \notin A$。

定理 1.2.3 〔**魏尔斯特拉斯 (Weierstrass) 聚点定理**〕 实数轴上任意有界无限点集必有聚点。

证 我们利用区间套定理证明。

设 A 为数轴上一个有界无限点集, 则必存在正数 M, 使得 $A \subset [-M, M]$, 记 $[-M, M] = [a_1, b_1]$。

将 $[a_1, b_1]$ 等分为两个闭子区间，则其中至少有一个闭子区间含有 A 中无穷个点，记这个闭子区间为 $[a_2, b_2]$。

再将 $[a_2, b_2]$ 等分为两个闭子区间，其中至少有一个闭子区间含有 A 中无穷个点，再记这个闭子区间为 $[a_3, b_3]$。

按照以上方法将区间 $[-M, M]$ 无限等分下去，得到闭区间列 $\{[a_n, b_n]\}$，且满足

$$[a_n, b_n] \supset [a_{n+1}, b_{n+1}], n = 1, 2, \cdots; \quad 0 < b_n - a_n = \frac{M}{2^{n-2}} \to 0, n \to \infty,$$

即 $\{[a_n, b_n]\}$ 为闭区间套。而且由此区间列的构造可知，每个区间含有数集 A 中无穷个点。

由区间套定理，存在唯一一点 $\xi \in [a_n, b_n]$ $(n = 1, 2, \cdots)$。再利用区间套定理的推论，$\forall \varepsilon > 0$，存在 N，当 $n > N$ 时，$[a_n, b_n] \subset U(\xi; \varepsilon)$，从而 $U(\xi; \varepsilon)$ 内含有 A 中无穷个点，因而由定义 1.2.2″ 知 ξ 为数集 A 的聚点。

推论（致密性定理） 有界数列必有收敛子列。

证 设 $\{x_n\}$ 为有界数列。

若 $\{x_n\}$ 含有无限多个相等的项，即含有常值子列，显然此子列收敛。

若 $\{x_n\}$ 不含无限多个相等的项，即数集 $A = \{x_n | n = 1, 2, \cdots\}$ 为有界无限点集，由聚点定理知数集 A 必有聚点，记为 ξ。根据定义 1.2.2，可构造以 ξ 为极限的 $\{x_n\}$ 的收敛子列。

1.2.4　数列的柯西收敛准则

定义 1.2.3 若数列 $\{x_n\}$ 满足：对任意 $\varepsilon > 0$，存在正整数 N，当 $m, n > N$ 时，$|a_m - a_n| < \varepsilon$，则称数列 $\{a_n\}$ 为**柯西列**或**基本列**。

定理 1.2.4〔柯西（Cauchy）收敛准则〕 数列 $\{a_n\}$ 收敛的充要条件是它为柯西列。

证 （必要性）设数列 $\{a_n\}$ 收敛于 a，$\forall \varepsilon > 0$，由极限定义，存在 N，当 $m, n > N$ 时，

$$|a_m - a| < \frac{\varepsilon}{2}, \quad |a_n - a| < \frac{\varepsilon}{2}。$$

则

$$|a_m - a_n| \leqslant |a_m - a| + |a_n - a| < \frac{\varepsilon}{2} + \frac{\varepsilon}{2} = \varepsilon。$$

（充分性）若数列 $\{a_n\}$ 为柯西列，首先可以证明它为有界数列。事实上，对 $\varepsilon = 1$，存在正整数 N，当 $m, n > N$ 时，$|a_m - a_n| < \varepsilon = 1$。从而，$\forall n > N, |a_n - a_{N+1}| < 1$，即 $\forall n > N, a_n \in (a_{N+1} - 1, a_{N+1} + 1)$。令 $M = \{|a_1|, |a_2|, \cdots, |a_N|, |a_{N+1} - 1|, |a_{N+1} + 1|\}$，则对 $\forall n$，有 $|a_n| \leqslant M$。

由致密性定理，$\{a_n\}$ 有收敛子列 $\{a_{n_k}\}$，设 $\lim\limits_{k \to \infty} a_{n_k} = \xi$。

下面证明 $\lim\limits_{n \to \infty} a_n = \xi$。$\forall \varepsilon > 0$，由 $\{a_n\}$ 为柯西列，则存在 N，当 $m, n > N$ 时，$|a_m - a_n| < \frac{\varepsilon}{2}$。从而对一切 $n_k > N$ 及 $n > N$，有

$$|a_n - a_{n_k}| < \frac{\varepsilon}{2}。$$

对上式令 $k \to \infty$, 得到

$$|a_n - \xi| \leqslant \frac{\varepsilon}{2} < \varepsilon,$$

这便证明了 $\lim\limits_{n \to \infty} a_n = \xi$。

1.2.5　实数完备性基本定理的等价性

到现在为止, 我们依次介绍了刻画实数完备性的 6 个基本定理, 即

① 确界原理;

② 数列的单调有界定理;

③ 区间套定理;

④ 有限覆盖定理;

⑤ 聚点定理和致密性定理;

⑥ 柯西收敛准则。

在实数系中, 这 6 个定理是相互等价的, 即由其中任意一个定理都可以推出其余 5 个定理。前面已经证明了 ①⇒②⇒③⇒④ 以及 ⑤⇒⑥, 只需再证明 ④⇒⑤ 和 ⑥⇒①, 就能完成它们之间的等价性的证明。

例 1.2.1　用有限覆盖定理证明聚点定理。

证　设 A 为实数轴上的有界无限点集, 则存在闭区间 $[a,b]$, 使得 $A \subset [a,b]$, 下面用反证法证明 A 有聚点。

假设 A 无聚点, 则闭区间 $[a,b]$ 中每一个点都不是 A 的聚点, 从而, $\forall x \in [a,b], \exists \varepsilon_x > 0$, 使得 $(x - \varepsilon_x, x + \varepsilon_x)$ 只含 A 的有限项。令

$$\mathcal{A} = \{(x - \varepsilon_x, x + \varepsilon_x) | x \in [a,b]\},$$

则 $\mathcal{A}$ 为闭区间 $[a,b]$ 的开覆盖。由有限覆盖定理, $\mathcal{A}$ 存在有限子覆盖, 记为

$$\mathcal{B} = \{(x_i - \varepsilon_{x_i}, x_i + \varepsilon_{x_i}) | i = 1, 2, \cdots, n\}。$$

这 n 个区间均含有数集 A 的有限项, 从而它们的并集也只能覆盖数集 A 的有限项, 这与 $\mathcal{B}$ 为 $[a,b]$ 的覆盖且 $A \subset [a,b]$ 矛盾, 故 A 有聚点。

例 1.2.2　用数列极限的柯西准则证明确界原理。

证　设 A 为非空有上界的数集。

对 $\frac{1}{n}$ (n 为正整数), 存在正整数 k_n, 使得 $k_n \cdot \frac{1}{n}$ 为数集 A 的上界, 且 $(k_n - 1) \cdot \frac{1}{n}$ 不是数集 A 的上界, 即存在 $x_n \in A$, 使得 $x_n > (k_n - 1) \cdot \frac{1}{n} = k_n \cdot \frac{1}{n} - \frac{1}{n}$。

记 $\lambda_n = k_n \cdot \frac{1}{n} (n = 1, 2, \cdots)$, 上面的论述也就是说, 对任意 n, λ_n 是数集 A 的上界, 数集 A 中有元素 x_n 满足 $x_n > \lambda_n - \frac{1}{n}$。

这样, 对任意正整数 m, n, 由以上 λ_m, λ_n 的定义知, λ_m, λ_n 均为数集 A 的上界且有

$$\lambda_m \geqslant x_n > \lambda_n - \frac{1}{n}, \quad \lambda_n \geqslant x_m > \lambda_m - \frac{1}{m},$$

从而 $|\lambda_n - \lambda_m| < \max\left\{\dfrac{1}{n}, \dfrac{1}{m}\right\}$。于是对任意 $\varepsilon > 0$，存在 $N\left(\dfrac{1}{N} < \varepsilon\right)$，当 $m, n > N$ 时，$|\lambda_m - \lambda_n| < \varepsilon$，即数列 $\{\lambda_n\}$ 为柯西列。由柯西收敛准则，数列 $\{\lambda_n\}$ 收敛，记 $\lim\limits_{n \to \infty} \lambda_n = \lambda$。

下面证明 λ 为数集 A 的上确界。首先，对任意 n，λ_n 为数集 A 的上界，则 $\forall x \in A$，有 $x \leqslant \lambda_n$。令 $n \to \infty$，有 $x \leqslant \lambda$，从而 λ 为数集 A 的上界。其次，$\forall \varepsilon > 0$，由于 $\lim\limits_{n \to \infty}\left(\lambda_n - \dfrac{1}{n}\right) = \lambda$，取正整数 N，使得 $n > N$ 时，有 $\lambda_n - \dfrac{1}{n} > \lambda - \varepsilon$，则 $x_n > \lambda_n - \dfrac{1}{n} > \lambda - \varepsilon$，从而 λ 为数集 A 的最小上界，即证明了 $\sup A = \lambda$。

类似可证明：非空有下界的数集有下确界。

习　题　1.2

1. 证明：任何有限数集没有聚点。

2. 区间套定理中的闭区间套若改为开区间套 $\{(a_n, b_n)\}$，其他条件不变，举例说明结论不成立。

3. 设 $\{(a_n, b_n)\}$ 是一个严格开区间套，即满足

$$a_1 < a_2 < \cdots < a_n < b_n < \cdots < b_2 < b_1, \quad \lim_{n \to \infty}(b_n - a_n) = 0,$$

证明：存在唯一一点 $\xi \in (a_n, b_n)$ $(n = 1, 2, \cdots)$。

4. 举例说明确界原理、单调有界定理、聚点定理和柯西准则在有理数集上一般不成立。

5. 证明：$\mathcal{A} = \left\{\left(\dfrac{1}{n+1}, 1\right) \mid n = 1, 2, \cdots\right\}$，$\mathcal{B} = \left\{\left(\dfrac{1}{n+2}, \dfrac{1}{n}\right) \mid n = 1, 2, \cdots\right\}$ 均为开区间 $(0, 1)$ 的开覆盖，但都无有限子覆盖。

6. 用区间套定理证明确界原理和数列的单调有界定理。

7. 满足以下条件的数列 $\{x_n\}$ 是否为柯西列？给出证明或举出反例。

(1) $\forall \varepsilon > 0$，存在 N，当 $n > N$ 时，$|x_n - x_N| < \varepsilon$；

(2) $\forall p$，$\lim\limits_{n \to \infty}(x_n - x_{n+p}) = 0$；

(3) $\forall n$，$|x_{n+1} - x_n| \leqslant \dfrac{1}{n}$；

(4) $\forall n$，$|x_{n+1} - x_n| \leqslant \dfrac{1}{n^2}$；

(5) $\forall n$，$|x_{n+1} - x_n| \leqslant \dfrac{1}{2^n}$。

8. 用柯西收敛准则证明下列数列 $\{a_n\}$ 收敛。

(1) $a_n = 1 + \dfrac{1}{2!} + \dfrac{1}{3!} + \cdots + \dfrac{1}{n!}$；

(2) $a_n = 1 - \dfrac{1}{2} + \dfrac{1}{3} + \cdots + (-1)^{n-1}\dfrac{1}{n}$；

(3) $a_n = \sin 1 + \dfrac{\sin 2}{2!} + \dfrac{\sin 3}{3!} + \cdots + \dfrac{\sin n}{n!}$；

(4) $a_n = \dfrac{\sin 2x}{2(2 + \sin 2x)} + \dfrac{\sin 3x}{3(3 + \sin 3x)} + \cdots + \dfrac{\sin nx}{n(n + \sin nx)}$。

1.3　数列的上极限与下极限

上节定义了数轴上一个数集的聚点，下面定义数列（点列）的聚点。

定义 1.3.1　若数 a 的任意邻域内都含有数列 $\{x_n\}$ 的无穷多项，称数 a 为**数列 $\{x_n\}$ 的一个聚点**。

例 1.3.1　$x_n = \dfrac{1}{n}$，$y_n = (-1)^n$，$z_n = \sin \dfrac{n\pi}{4}$，$n = 1, 2, \cdots$。

数列 $\{x_n\}$ 有一个聚点 0；$\{y_n\}$ 有两个聚点 $-1, 1$；$\{z_n\}$ 有 5 个聚点 $-1, -\dfrac{\sqrt{2}}{2}, 0, \dfrac{\sqrt{2}}{2}, 1$。

注 1　数集的聚点与数列的聚点不同，将数列 $\{x_n\}$ 视为数集 $A = \{x_n | n = 1, 2, \cdots\}$ 时，数列中相同的项为一个点。因而若数集 A 有聚点，则数列 $\{x_n\}$ 必有聚点，反之不然。特别地，当 A 为有限集时，数列 $\{x_n\}$ 有聚点，而数集 A 无聚点。

注 2　数列的聚点实际上就是其收敛子列的极限。

定理 1.3.1　有界数列至少有一个聚点，且存在最大聚点与最小聚点。

证　设 $\{x_n\}$ 为数轴上一个有界数列，则必存在正数 M，使得 $\{x_n\} \subset [-M, M]$，记 $[-M, M] = [a_1, b_1]$。

将 $[a_1, b_1]$ 等分为两个闭子区间，则其中至少有一个闭子区间含有 $\{x_n\}$ 中无穷项。若右半个区间含有数列无穷项，记这个闭子区间为 $[a_2, b_2]$，否则，记左半个区间为 $[a_2, b_2]$。

再将 $[a_2, b_2]$ 等分为两个闭子区间，其中至少有一个闭子区间含有数列 $\{x_n\}$ 中无穷项。若右半个区间含有数列无穷项，记这个闭子区间为 $[a_3, b_3]$，否则，记左半个区间为 $[a_3, b_3]$。

按照以上方法将区间 $[-M, M]$ 无限等分下去，得到闭区间列 $\{[a_n, b_n]\}$，且满足

$$[a_n, b_n] \supset [a_{n+1}, b_{n+1}], n = 1, 2, \cdots; \quad 0 < b_n - a_n = \frac{M}{2^{n-2}} \to 0, n \to \infty,$$

即 $\{[a_n, b_n]\}$ 为闭区间套。而且由此区间列的构造可知，每个区间含有数列 $\{x_n\}$ 的无穷项，这些区间的右边只有数列的至多有限项。

由区间套定理，存在唯一一点 $\xi \in [a_n, b_n]$ $(n = 1, 2, \cdots)$。再利用区间套定理的推论，$\forall \varepsilon > 0$，存在 N，当 $n > N$ 时，$[a_n, b_n] \subset U(\xi; \varepsilon)$，从而 $U(\xi; \varepsilon)$ 内含有 $\{x_n\}$ 中无穷项，因而由定义 1.3.1 可知，ξ 为数列 $\{x_n\}$ 的聚点。

下面用反证法证明 ξ 为数列 $\{x_n\}$ 的最大聚点。假设存在 $\eta > \xi$，η 也为数列 $\{x_n\}$ 的聚点，则令 $\varepsilon = \dfrac{1}{2}(\eta - \xi)$。由于 ξ 为上述区间套得到的点，从而存在 N，当 $n > N$ 时，$[a_n, b_n] \subset U(\xi; \varepsilon)$，从而 $U(\xi; \varepsilon)$ 右边只含数列至多有限项。由 η 也为数列的聚点，按照数列聚点的定义，$U(\eta; \varepsilon)$ 内含有数列的无穷项，而区间 $U(\eta; \varepsilon)$ 在 $U(\xi; \varepsilon)$ 右边，便导致矛盾，故 ξ 为数列 $\{x_n\}$ 的最大聚点。

类似可以证明存在最小聚点。

有界数列的最大聚点和最小聚点有着重要的理论意义，我们给出如下定义。

定义 1.3.2 设数列 $\{x_n\}$ 为有界数列，则称最大聚点 $\overline{A}$ 为数列 $\{x_n\}$ 的上极限，称最小聚点 $\underline{A}$ 为数列 $\{x_n\}$ 的下极限，分别记为

$$\overline{\lim_{n\to\infty}} x_n = \overline{A}, \quad \underline{\lim_{n\to\infty}} x_n = \underline{A}.$$

注 1 对任意有界数列 $\{x_n\}$，有 $\underline{\lim_{n\to\infty}} x_n \leqslant \overline{\lim_{n\to\infty}} x_n$。

注 2 $\lim\limits_{n\to\infty} x_n = A$ 当且仅当 $\underline{\lim_{n\to\infty}} x_n = \overline{\lim_{n\to\infty}} x_n = A$。

例 1.3.2 求例 1.3.1 中的数列的上极限和下极限。

$$\overline{\lim_{n\to\infty}} x_n = \underline{\lim_{n\to\infty}} x_n = 0;$$

$$\overline{\lim_{n\to\infty}} y_n = 1, \quad \underline{\lim_{n\to\infty}} y_n = -1;$$

$$\overline{\lim_{n\to\infty}} z_n = 1, \quad \underline{\lim_{n\to\infty}} x_n = -1.$$

由上、下极限的定义可以得到以下性质。

定理 1.3.2 设 $\{x_n\}$ 为有界数列。

Ⅰ) $\overline{A} = \overline{\lim\limits_{n\to\infty}} x_n$ 的充要条件为：对任意 $\overline{\alpha} > \overline{A}$，$\{x_n\}$ 中大于 $\overline{\alpha}$ 的项至多有限个；对任意 $\overline{\beta} < \overline{A}$，$\{x_n\}$ 中大于 $\overline{\beta}$ 的项有无穷多个。

Ⅱ) $\underline{A} = \underline{\lim\limits_{n\to\infty}} x_n$ 的充要条件为：对任意 $\underline{\alpha} < \underline{A}$，$\{x_n\}$ 中小于 $\underline{\alpha}$ 的项至多有限个；对任意 $\underline{\beta} > \underline{A}$，$\{x_n\}$ 中小于 $\underline{\beta}$ 的项有无穷多个。

证 Ⅰ)（必要性）由于数列 $\{x_n\}$ 有界，则存在实数 a, b，使得 $\{x_n\} \subset [a, b]$。对任意 $\overline{\alpha} > \overline{A}$，当 $\overline{\alpha} \geqslant b$ 时，数列 $\{x_n\}$ 中没有大于 $\overline{\alpha}$ 的项；当 $\overline{\alpha} < b$ 时，若 $[\overline{\alpha}, b]$ 内含有数列无穷项，由聚点定理可知 $[\overline{\alpha}, b]$ 内必有数列的聚点，这与 $\overline{A}$ 为数列 $\{x_n\}$ 的最大聚点矛盾。因而数列 $\{x_n\}$ 中大于 $\overline{\alpha}$ 的项至多有限个。

对任意 $\overline{\beta} < \overline{A}$，令 $\varepsilon = \overline{A} - \overline{\beta}$，由数列聚点的定义，$U(\overline{A}; \varepsilon)$ 含有数列无穷项，即数列 $\{x_n\}$ 中大于 $\overline{\beta}$ 的项有无穷多个。

（充分性）$\forall \varepsilon > 0$，由于数列 $\{x_n\}$ 中大于 $\overline{A} - \varepsilon$ 的项有无穷个，大于 $\overline{A} + \varepsilon$ 的项有有限个，则 $U(\overline{A}; \varepsilon)$ 内有数列 $\{x_n\}$ 无穷项，从而 $\overline{A}$ 是数列 $\{x_n\}$ 的聚点。

$\forall A > \overline{A}$，令 $\overline{\alpha} = \dfrac{A + \overline{A}}{2}$，由于数列中大于 $\overline{\alpha}$ 的项只有有限个，则 A 不是数列的聚点，因而 $\overline{A}$ 是最大聚点。

同理可证Ⅱ)。

注 由以上定理及其证明可总结出以下重要结论。

Ⅰ) $\overline{\lim\limits_{n\to\infty}} x_n \leqslant \overline{A}$ 的充要条件为：对任意 $\overline{\alpha} > \overline{A}$，$\{x_n\}$ 中大于 $\overline{\alpha}$ 的项有至多有限个。$\overline{\lim\limits_{n\to\infty}} x_n \geqslant \overline{A}$ 的充要条件为：对任意 $\overline{\beta} < \overline{A}$，$\{x_n\}$ 中大于 $\overline{\beta}$ 的项有无穷多个。

Ⅱ) $\underline{\lim\limits_{n\to\infty}} x_n \geqslant \underline{A}$ 的充要条件为：对任意 $\underline{\alpha} < \underline{A}$，$\{x_n\}$ 中小于 $\underline{\alpha}$ 的项有至多有限个。$\underline{\lim\limits_{n\to\infty}} x_n \leqslant \underline{A}$ 的充要条件为：对任意 $\underline{\beta} > \underline{A}$，$\{x_n\}$ 中小于 $\underline{\beta}$ 的项有无穷多个。

下面给出有界数列上、下极限的一个重要性质。这个性质在一些数学课程中有着广泛的应用，也有些教材将此性质作为上极限与下极限的定义。

定理 1.3.3　设 $\{x_n\}$ 为有界数列。

I）$\overline{A} = \varlimsup\limits_{n \to \infty} x_n$ 的充要条件为

$$\overline{A} = \lim_{n \to \infty} \sup_{k \geqslant n} \{x_k\}。$$

II）$\underline{A} = \varliminf\limits_{n \to \infty} x_n$ 的充要条件为

$$\underline{A} = \lim_{n \to \infty} \inf_{k \geqslant n} \{x_k\}。$$

证　I）设 $a_n = \sup\limits_{k \geqslant n} \{x_k\}$ $(n = 1, 2, \cdots)$，则数列 $\{a_n\}$ 为单调递减有界数列，因而极限 $\lim\limits_{n \to \infty} a_n$ 存在，即 $\lim\limits_{n \to \infty} \sup\limits_{k \geqslant n} \{x_k\}$ 存在。

（必要性）只需证明 $\overline{A} = \lim\limits_{n \to \infty} a_n$。对任意 $\varepsilon > 0$，由于 $\overline{A} = \varlimsup\limits_{n \to \infty} x_n$，由定理 1.3.2，数列 $\{x_n\}$ 中大于 $\overline{A} + \dfrac{\varepsilon}{2}$ 的项只有至多有限个，从而存在 N，当 $n > N$ 时，$x_n \leqslant \overline{A} + \dfrac{\varepsilon}{2}$，则 $n > N$ 时，有

$$a_n = \sup_{k \geqslant n} \{x_n\} \leqslant \overline{A} + \frac{\varepsilon}{2} < \overline{A} + \varepsilon。 \tag{1.3.1}$$

又由于数列 $\{x_n\}$ 中大于 $\overline{A} - \varepsilon$ 的项有无穷个，因而对上述 N 及任意 $n > N$，总存在 $n_k > n$，使得 $x_{n_k} > \overline{A} - \varepsilon$，因而

$$a_n = \sup_{k \geqslant n} \{x_k\} \geqslant x_{n_k} > \overline{A} - \varepsilon。 \tag{1.3.2}$$

由式 (1.3.1)、(1.3.2) 有

$$\overline{A} = \lim_{n \to \infty} a_n。$$

（充分性）已知 $\overline{A} = \lim\limits_{n \to \infty} a_n$，且 $a_n = \sup\limits_{k \geqslant n} \{x_k\}$ $(n = 1, 2, \cdots)$，要证明 $\varlimsup\limits_{n \to \infty} x_n = \overline{A}$，由定理 1.3.2，只需证明，对任意 $\overline{\alpha} > \overline{A}, \overline{\beta} < \overline{A}$，数列 $\{x_n\}$ 中大于 $\overline{\alpha}$ 的项只有至多有限个，大于 $\overline{\beta}$ 的项有无穷个。

令 $\varepsilon = \min\{\overline{A} - \overline{\beta}, \overline{\alpha} - \overline{A}\}$，由于 $\overline{A} = \lim\limits_{n \to \infty} a_n$，存在 N，当 $n > N$ 时，有

$$\overline{A} - \varepsilon < a_n < \overline{A} + \varepsilon。 \tag{1.3.3}$$

从而 $n > N$ 时，有

$$x_n \leqslant \sup_{k \geqslant n} \{x_k\} = a_n < \overline{A} + \varepsilon,$$

即数列 $\{x_n\}$ 中大于 $\overline{A} + \varepsilon$ 的项只有至多有限个，而 $\overline{A} + \varepsilon \leqslant \overline{\alpha}$，因而数列 $\{x_n\}$ 中大于 $\overline{\alpha}$ 的项只有至多有限个。

由式 (1.3.3) 及上确界的定义，$\forall n > N$，$\exists n_k \geqslant n$，使得 $x_{n_k} > \overline{A} - \varepsilon$，因而数列 $\{x_n\}$ 中大于 $\overline{A} - \varepsilon$ 的项有无穷个。由于 $\overline{\beta} \leqslant \overline{A} - \varepsilon$，从而数列中大于 $\overline{\beta}$ 的项有无穷个。

这便证明了 $\varlimsup\limits_{n\to\infty} x_n = \overline{A}$。

类似可证 II）。

注 1　在本定理证明过程中，$a_n = \sup\limits_{k\geqslant n}\{x_k\}\ (n=1,2,\cdots)$，易知数列 $\{a_n\}$ 为单调递减有界数列，因而极限 $\lim\limits_{n\to\infty} a_n$ 存在，且为下确界 $\inf\limits_{n\geqslant 1}\{a_n\}$，因而

$$\inf_{n\geqslant 1}\sup_{k\geqslant n}\{x_k\} = \lim_{n\to\infty}\sup_{k\geqslant n}\{x_k\}.$$

类似地，记 $b_n = \inf\limits_{k\geqslant n}\{x_k\}\ (n=1,2,\cdots)$，则 $\{b_n\}$ 为单调递增有界数列，从而有极限，且极限为上确界 $\sup\limits_{n\geqslant 1}\{b_n\}$，即

$$\sup_{n\geqslant 1}\inf_{k\geqslant n}\{x_k\} = \lim_{n\to\infty}\inf_{k\geqslant n}\{x_k\}.$$

注 2　在承认广义极限（即将 $+\infty$ 与 $-\infty$ 视为广义实数）的情况下，单调数列必有极限（可能为广义实数 $+\infty$ 或 $-\infty$），从而由定理 1.3.3 可知，任何数列（不论是否有界）必存在上、下极限（可能为广义实数 $+\infty$ 或 $-\infty$），但其极限不一定存在。数列上、下极限的知识在后续课程的学习中有着很重要的应用。

为了书写方便，以下内容将 $\varlimsup\limits_{n\to\infty} a_n$ 简记为 $\varlimsup a_n$，将 $\varliminf\limits_{n\to\infty} a_n$ 简记为 $\varliminf a_n$。

定理 1.3.4　设 $\{a_n\}$，$\{b_n\}$ 均为有界数列，则有以下性质。

Ⅰ）若存在 N，当 $n>N$ 时，有 $a_n \leqslant b_n$，则

$$\varlimsup a_n \leqslant \varlimsup b_n,\quad \varliminf a_n \leqslant \varliminf b_n.$$

Ⅱ）
$$\varlimsup(a_n+b_n) \leqslant \varlimsup a_n + \varlimsup b_n,$$
$$\varliminf(a_n+b_n) \geqslant \varliminf a_n + \varliminf b_n.$$

Ⅲ）若 $a_n>0,\ b_n>0\ (n=1,2,\cdots)$，则
$$\varlimsup(a_n\cdot b_n) \leqslant \varlimsup a_n \cdot \varlimsup b_n,$$
$$\varliminf(a_n\cdot b_n) \geqslant \varliminf a_n \cdot \varliminf b_n.$$

Ⅳ）
$$\varlimsup(-a_n) = -\varliminf a_n,$$
$$\varliminf(-a_n) = -\varlimsup a_n.$$

Ⅴ）若 $a_n>0\ (n=1,2,\cdots)$，且 $\varliminf a_n>0$，则
$$\varlimsup \frac{1}{a_n} = \frac{1}{\varliminf a_n}.$$

证　Ⅰ）只证 $\varlimsup a_n \leqslant \varlimsup b_n$。

设 $\varlimsup b_n = \overline{B}$，则对任意 $\varepsilon>0$，由定理 1.3.2，存在 N，当 $n>N$ 时，有 $b_n < \overline{B}+\varepsilon$。因而，$n>N$ 时，有

$$a_n \leqslant b_n < \overline{B}+\varepsilon,$$

从而

$$\overline{\lim} a_n \leqslant \overline{B} = \overline{\lim} b_n。$$

IV) 只证 $\overline{\lim}(-a_n) = -\underline{\lim} a_n$。

利用例 1.1.4 的结论和定理 1.3.3,有

$$\overline{\lim}(-a_n) = \inf_{n \geqslant 1} \sup_{k \geqslant n}\{-a_k\} = \inf_{n \geqslant 1}\left(-\inf_{k \geqslant n}\{a_k\}\right) = -\left(\sup_{n \geqslant 1} \inf_{k \geqslant n}\{a_k\}\right) = -\underline{\lim} a_n。$$

其余结论留给读者自行证明。

注　定理中 II),III) 的不等式一般不能改为等式。如 $a_n = (-1)^n$,$b_n = (-1)^{n+1}$ $(n = 1, 2, \cdots)$,有 $a_n + b_n = 0$,$\overline{\lim} a_n = \overline{\lim} b_n = 1$,$\underline{\lim} a_n = \underline{\lim} b_n = -1$,从而,

$$2 = \overline{\lim} a_n + \overline{\lim} b_n > \overline{\lim}(a_n + b_n) = 0,$$

$$-2 = \underline{\lim} a_n + \underline{\lim} b_n < \underline{\lim}(a_n + b_n) = 0。$$

若令 $a_n = 2^{(-1)^n}$,$b_n = 2^{(-1)^{n+1}}$ $(n = 1, 2, \cdots)$,有 $a_n \cdot b_n = 1$,$\overline{\lim} a_n = \overline{\lim} b_n = 2$,$\underline{\lim} a_n = \underline{\lim} b_n = \dfrac{1}{2}$,则

$$4 = \overline{\lim} a_n \cdot \overline{\lim} b_n > \overline{\lim}(a_n \cdot b_n) = 1,$$

$$\frac{1}{4} = \underline{\lim} a_n \cdot \underline{\lim} b_n < \underline{\lim}(a_n \cdot b_n) = 1。$$

定理 1.3.5　设 $\{a_n\}$,$\{b_n\}$ 均为有界数列,则有

$$\underline{\lim} b_n + \underline{\lim} b_n \leqslant \underline{\lim}(a_n + b_n) \leqslant \underline{\lim} a_n + \overline{\lim} b_n \leqslant \overline{\lim}(a_n + b_n) \leqslant \overline{\lim} a_n + \overline{\lim} b_n。 \qquad (1.3.4)$$

证　由定理 1.3.4 的结论 II),只需证

$$\underline{\lim}(a_n + b_n) \leqslant \underline{\lim} a_n + \overline{\lim} b_n \leqslant \overline{\lim}(a_n + b_n)。$$

再利用定理 1.3.4 的结论 II),IV),有

$$\underline{\lim}(a_n + b_n) - \overline{\lim} b_n = \underline{\lim}(a_n + b_n) + \underline{\lim}(-b_n) \leqslant \underline{\lim}(a_n),$$

则有

$$\underline{\lim}(a_n + b_n) \leqslant \underline{\lim} a_n + \overline{\lim} b_n。$$

由

$$\overline{\lim}(a_n + b_n) - \underline{\lim} a_n = \overline{\lim}(a_n + b_n) + \overline{\lim}(-a_n) \geqslant \overline{\lim}(b_n),$$

则有

$$\underline{\lim} a_n + \overline{\lim} b_n \leqslant \overline{\lim}(a_n + b_n),$$

从而命题得证。

推论 若 $\{a_n\}$ 为有界数列，$\{b_n\}$ 为收敛数列，则

$$\overline{\lim}(a_n + b_n) = \overline{\lim}a_n + \lim b_n,$$

$$\underline{\lim}(a_n + b_n) = \underline{\lim}a_n + \lim b_n。$$

证 由定理 1.3.5 中式 (1.3.4) 右边两个不等式可得

$$\overline{\lim}(a_n + b_n) = \overline{\lim}a_n + \lim b_n,$$

由式 (1.3.4) 左边两个不等式可得

$$\underline{\lim}(a_n + b_n) = \underline{\lim}a_n + \lim b_n。$$

例 1.3.3 已知 $x_{n+1} = \frac{1}{2}(y_n - x_n) \ (n = 1, 2, \cdots)$，证明：若数列 $\{y_n\}$ 收敛，则数列 $\{x_n\}$ 也收敛。

证 由数列 $\{y_n\}$ 收敛，从而 $\{y_n\}$ 有界，则存在 $M > 0$, 使得 $|y_n| \leqslant M(n = 1, 2, \cdots)$, 且 $|x_1| \leqslant M$。假设 $|x_n| \leqslant M$, 有 $|x_{n+1}| \leqslant \frac{1}{2}(|y_n| + |x_n|) \leqslant M$，即数列 $\{x_n\}$ 有界。设 $\overline{\lim}x_n = \overline{A}$, $\underline{\lim}x_n = \underline{A}$, $\lim y_n = B$。

对 $x_{n+1} = \frac{1}{2}y_n - \frac{1}{2}x_n$ 取上、下极限，由定理 1.3.5 的推论可以得到等式

$$\overline{A} = \frac{1}{2}B - \frac{1}{2}\underline{A}, \ \underline{A} = \frac{1}{2}B - \frac{1}{2}\overline{A},$$

从而可推出 $\overline{A} = \underline{A}$, 因而 $\{x_n\}$ 收敛。

习 题 1.3

1. 求以下数列 $\{x_n\}$ 的上、下极限。

(1) $x_n = 1 + (-1)^n$；

(2) $x_n = n^{(-1)^n}$；

(3) $x_n = (-1)^n \frac{n}{2n+1}$；

(4) $x_n = \frac{2n}{n+1}\sin\frac{n\pi}{4}$；

(5) $x_n = \sqrt[n]{|\cos\frac{n\pi}{3}|}$。

2. 利用上、下极限证明柯西收敛准则的充分性。

3. 设数列 $\{b_n\}$ 中 $b_1 = 1$, $b_{n+1} = 1 + \frac{1}{b_n}$，用上、下极限的方法讨论其敛散性，若收敛，求出其极限。

4. 设 $\{x_n\}$ 为给定的有界数列，若对任意数列 $\{y_n\}$，有

$$\overline{\lim_{n\to\infty}}(x_n + y_n) = \overline{\lim_{n\to\infty}}x_n + \overline{\lim_{n\to\infty}}y_n,$$

证明：数列 $\{x_n\}$ 收敛。

1.4　实平面上的完备性定理

前面我们讨论了实数集 $\mathbf{R}$ 上的完备性定理, 在实平面 $\mathbf{R}^2$ 以及 n 维欧式空间 $\mathbf{R}^n$ $(n > 2)$ 上均有类似的完备性定理。下面以实平面 $\mathbf{R}^2$ 为代表进行简单介绍。

定义 1.4.1　设 $P_0(x_0, y_0)$ 为实平面上一个定点, $P(x, y)$ 也为实平面上的点, 称平面点集

$$\{(x, y) : (x - x_0)^2 + (y - y_0)^2 < \delta^2\} = \{P : \rho(P, P_0) < \delta\}$$

为 P_0 的 δ **圆邻域**, 称

$$\{(x, y) : |x - x_0| < \delta, |y - y_0| < \delta\}$$

为 P_0 的 δ **方邻域**, 二者统称为 δ **邻域**, 都记为 $U(P_0; \delta)$ 或 $U(P_0)$。其中, $\rho(P, P_0) = \sqrt{(x - x_0)^2 + (y - y_0)^2}$ 为点 P 与 P_0 的欧式距离。

称平面点集

$$\{(x, y) : 0 < (x - x_0)^2 + (y - y_0)^2 < \delta^2\}$$

与

$$\{(x, y) : |x - x_0| < \delta, |y - y_0| < \delta, \ (x, y) \neq (x_0, y_0)\}$$

为 P_0 的 δ **空心邻域**, 记为 $U^\circ(P_0; \delta)$ 或 $U^\circ(P_0)$。

定义 1.4.2　P 为实平面上一点, E 为实平面上一个点集。若 P 的任意空心邻域均含有 E 的点, 则称点 P 为 E 的一个**聚点**。

注　P 为 E 的聚点等价于: P 的任意邻域均含有 E 的无穷多个点 (证明略)。

定义 1.4.3　设 E 为平面上一个点集, 若对任意 $P \in E$, 都存在 P 的一个邻域 $U(P)$ 含于 E, 则称 E 为**开集**。若 E 的所有聚点都在 E 中, 称 E 为**闭集**。

定义 1.4.4　设 E 为一个平面点集, 若存在原点 O 的邻域 $U(O; r)$, 使得 $E \subset U(O; r)$, 则称 E 为**有界点集**。不为有界集的平面点集称为**无界点集**。

注　E 为有界点集等价于: 存在矩形 $[a, b] \times [c, d]$, 使得 $E \subset [a, b] \times [c, d]$ (证明略)。

定义 1.4.5　$\{P_n(x_n, y_n)\}$ 是平面上一个点列, $P_0(x_0, y_0)$ 为一个固定点, 若对任意 $\varepsilon > 0$, 都存在正整数 N, 当 $n > N$ 时, 有 $P_n \in U^\circ(P_0; \varepsilon)$, 则称点列 $\{P_n\}$**收敛于** P_0, 记为

$$\lim_{n \to \infty} P_n = P_0。$$

注 1　$\lim\limits_{n \to \infty} P_n = P_0 \Leftrightarrow \lim\limits_{n \to \infty} \rho(P_n, P_0) = 0$。

注 2　$\lim\limits_{n \to \infty} P_n = P_0 \Leftrightarrow \lim\limits_{n \to \infty} x_n = x_0, \lim\limits_{n \to \infty} y_n = y_0$。

这些等价定义将平面上的点列收敛转化为我们熟悉的数列收敛, 因而比较常用, 请读者自行证明。

定理 1.4.1（柯西准则）   实平面上的点列 $\{P_n(x_n, y_n)\}$ 收敛的充要条件为：对任意 $\varepsilon > 0$，总存在正整数 N，当 $n, m > N$ 时，有

$$\rho(P_n, P_m) < \varepsilon。$$

证   (必要性) 设点列 $\{P_n(x_n, y_n)\}$ 收敛于 P_0，任给 $\varepsilon > 0$，则存在 N，当 $n > N$ 时，有
$$\rho(P_n, P_0) < \frac{\varepsilon}{2}。$$

从而，$n, m > N$ 时，由三角不等式可得

$$\rho(P_n, P_m) < \rho(P_m, P_0) + \rho(P_n, P_0) < \frac{\varepsilon}{2} + \frac{\varepsilon}{2} = \varepsilon。$$

(充分性) 对任意 $\varepsilon > 0$，总存在正整数 N，当 $n, m > N$ 时，有

$$\rho(P_n, P_m) < \varepsilon，$$

则有

$$|x_n - x_m| < \varepsilon, \ |y_n - y_m| < \varepsilon。$$

由数列收敛的柯西准则可知数列 $\{x_n\}$，$\{y_n\}$ 均收敛，假设它们分别收敛于 x_0, y_0，从而由定义 1.4.5 注 2 可知点列 $\{P_n(x_n, y_n)\}$ 收敛于 $P_0(x_0, y_0)$。

注   满足此定理条件的点列 $\{P_n\}$ 称为**柯西列**或**基本列**。

定理 1.4.2（闭集套定理）   设 $\{D_n\}$ 为实平面上一个闭集列，且满足

Ⅰ）$D_n \supset D_{n+1}, n = 1, 2, \cdots$，

Ⅱ）$\lim\limits_{n \to \infty} d(D_n) = 0$，其中 $d(D_n) = \sup\{\rho(P, P') | P, P' \in D_n\}$，

则存在唯一一点 $P_0 \in D_n (n = 1, 2, \cdots)$。

证   任取点列 $P_n \in D_n (n = 1, 2, \cdots)$。

对任意 $\varepsilon > 0$，由于 $\lim\limits_{n \to \infty} d(D_n) = 0$，则存在 N，当 $n > N$ 时，$d(D_n) < \varepsilon$，从而对任意正整数 p，因为 $P_n, P_{n+p} \in D_n$，有 $\rho(P_n, P_{n+p}) \leqslant d(D_n) < \varepsilon$，这便证明了 $\{P_n\}$ 为柯西列，由柯西准则，$\{P_n\}$ 收敛。设 $\lim\limits_{n \to \infty} P_n = P_0$，由点列收敛的定义可知 P_0 为所有 D_n 的聚点，又由于每一个 D_n 为闭集，由闭集的定义有 $P_0 \in D_n (n = 1, 2, \cdots)$。

下面证明 P_0 的唯一性。若还存在 $P_0' \in D_n (n = 1, 2, \cdots)$，由于

$$0 \leqslant \rho(P_0, P_0') \leqslant \rho(P_0, P_n) + \rho(P_0', P_n) \leqslant 2d(D_n) \to 0, n \to \infty，$$

则 $\rho(P_0, P_0') = 0$，即 $P_0 = P_0'$。

注   称满足条件Ⅰ），Ⅱ）的闭集列 $\{D_n\}$ 为**闭集套**。

推论   对闭集套 $\{D_n\}$，任给 $\varepsilon > 0$，存在正整数 N，当 $n > N$ 时，有 $D_n \subset U(P_0; \varepsilon)$。

定理 1.4.3（聚点定理）   实平面上的有界无限点集 E 至少存在一个聚点。

证   由于 E 有界，则存在闭正方形 D_1，使得 $E \subset D_1$。连接正方形 D_1 对边的中点，将其等分为 4 个小正方形，则其中至少有一个含有 E 中无限个点，记这个小正方形为 D_2。用

同样的方法再将 D_2 等分为 4 个小正方形，取其中含有 E 中无限个点的一个小正方形记为 D_3。如此无限进行下去，得到闭集套 $\{D_n\}$，由闭集套定理，存在 $P_0 \subset D_n(n = 1, 2, \cdots)$。

对 P_0 的任意邻域 $U(P_0; \varepsilon)$，由定理 1.4.2 的推论，存在 N，当 $n > N$ 时，$D_n \subset U(P_0; \varepsilon)$，从而 $U(P_0; \varepsilon)$ 含有 E 中无穷个点，由聚点的定义可知 P_0 为 E 的聚点。

由此定理显然有以下推论。

推论（致密性定理）　实平面上的有界无限点列 $\{P_n\}$ 必有收敛子列 $\{P_{n_k}\}$。

利用闭集套定理可以证明以下有限覆盖定理，请读者自行完成其证明。

定理 1.4.4（有限覆盖定理）　设 E 为实平面上一个有界闭集，$\{G_\gamma\}$ 为一个开集族，它覆盖了 E，即 $E \subset \bigcup\limits_{\gamma} G_\gamma$，则 $\{G_\gamma\}$ 中必存在有限个开集 $\{G_1, G_2, \cdots, G_n\}$ 可覆盖 E，即 $E \subset \bigcup\limits_{k=1}^{n} G_k$。

定义 1.4.6　设 E 为一个集合，如果 E 的任意开覆盖都有有限子覆盖，则称 E 为**紧致集**（简称**紧集**）。

由定理 1.2.2 和定理 1.4.4 可知，$\mathbf{R}$ 的闭区间 $[a, b]$、$\mathbf{R}^n$ 的有界闭集都是紧集。事实上，$\mathbf{R}^n$ 中的集合是紧集当且仅当它是有界闭集。后面的学习中会发现，紧集及紧集上的连续函数有着很重要的性质。

习　题　1.4

1. 证明 P_0 为平面点集 E 的聚点的充要条件为：存在各项互异的点列 $\{P_n\} \subset E$，满足 $\lim\limits_{n\to\infty} P_n = P_0$。

2. 证明函数 $f(P)$ 在平面点集 D 上无界的充要条件为：存在点列 $\{P_n\} \subset D$，使得 $\lim\limits_{n\to\infty} f(P_n) = \infty$。

3. $f(x, y)$ 为定义在整个实平面上的连续函数，α 是任意实数，

$$E = \{(x, y) | f(x, y) > \alpha\}, \quad F = \{(x, y) | f(x, y) \geqslant \alpha\}。$$

证明：E 为实平面上的开集，F 为实平面上的闭集。

1.5　集合的基数（势）

集合论的奠基人康托尔的伟大功绩是准确地定义了含有无限个元素的集合的基数（也就是元素的个数），彻底解决了有关一个"无穷"大于、等于或小于另一个"无穷"的问题。

两个集合之间如果存在一一对应（双射），则称这两个集合是等势的，或称二者有相同的基数，简称两个集合**对等**。给定一个集合 A，如果它是空集，或存在正整数 n，使得集合 A 与集合 $\{1, 2, \cdots, n\}$ 对等，则称集合 A 为**有限集**，且称 n 为集合 A 的**势**（**基数**），记为 $\overline{\overline{A}} = n$。一个集合如果不是有限集，则称为**无限集**。

一个集合 A 如果与全体自然数构成的集合 $\mathbf{N}_+ = \{1, 2, \cdots, n, \cdots\}$ 对等，称集合 A 为**可数集**（**或可列集**），此时记集合 A 的势为 $\overline{\overline{A}} = a$（或 $\aleph_0$）。显然，一个集合如果与自然数集对等，它便可以像自然数一样排成一列，这也是判断一个集合是否为可数集的方法。

例 1.5.1　全体正偶数的集合为可数集，因为它可以排成如下一列：

$$2, 4, 6, \cdots, 2n, \cdots。$$

全体整数构成的集合为可数集，因为它可以排成如下一列：

$$0, 1, -1, 2, -2, 3, -3, \cdots, -n, n, \cdots。$$

可数集是无限集中一种最简单的集合，表现为以下几个性质。

性质 1　有限个或可数个可数集之并仍为可数集。

性质 2　可数集的无限子集必为可数集。

性质 3　任何无限集必含有一个可数子集。

性质 4　一个无限集并入一个有限集或可数集之后，势不变。

证　1 只证可数个可数集之并为可数集，设有可数个可数集（为不失一般性，假设它们两两不交）

$$A_k = \{a_{k1}, a_{k2}, a_{k3}, \cdots, a_{kn}, \cdots\}, k = 1, 2, \cdots,$$

将这可数个集合的并集按对角线法排成一列，显然为可数集，如下所示：

$$
\begin{array}{l}
a_{11}\, a_{12}\, a_{13} \cdots a_{1n} \cdots \\
\diagup\ \ \diagup\ \ \diagup \\
a_{21}\, a_{22}\, a_{23} \cdots a_{2n} \cdots \\
\diagup\ \ \diagup \\
a_{31}\, a_{32}\, a_{33} \cdots a_{3n} \cdots \\
\diagup \\
\cdots\cdots \\
a_{k1}\, a_{k2}\, a_{k3} \cdots a_{kn} \cdots \\
\cdots\cdots
\end{array}
$$

即

$$\bigcup_{k=1}^{\infty} = \{a_{11}, a_{12}, a_{21}, a_{13}, a_{22}, a_{31}, \cdots\}。$$

2 设 $A = \{a_1, a_2, a_3, \cdots, a_k, \cdots\}$ 为可数集，$B \subset A$ 为一个无限子集，则按照 B 中元素的下标从小到大可排成一列

$$B = \{a_{k_1}, a_{k_2}, \cdots, a_{k_n}, \cdots\},$$

其中 $k_1 = \min\{n | a_n \in B\}$，$k_i = \min\{n | a_n \in B - \{a_{k_1}, a_{k_2}, \cdots, a_{k_{i-1}}\}\}(i = 2, 3, \cdots)$。

3 设 B 为无限集，任取其中一个元素记为 a_1。由于 $A - \{a_1\}$ 仍为无限集，再取其中一元素记为 a_2。$A - \{a_1, a_2\}$ 为无限集，可再取其中一元素记为 a_3。重复以上过程 n 次，便可取到 $a_n \in A - \{a_1, a_2, \cdots, a_{n-1}\}$。可数次后得到 A 的可数子集 $\{a_n | n = 1, 2, \cdots\}$。

4 只证其中一种情况。为不失一般性，设 A 为无限集，B 为可数集，且二者不交。

由性质 3，取一个可数子集 $A_1 \subset A$。再由性质 1，$A_1 \cup B$ 为可数集，它与 A_1 对等。而 $(A \cup B) - (A_1 \cup B) = A - A_1$，显然对等，故 $A \cup B$ 与 A 对等。

从性质 2、3、4 可以看出，可数集是无限集里比较小的集合。

例 1.5.2　有理数集为可数集，这是因为可以将有理数集分为分母为 n $(n = 1, 2, \cdots)$ 的可数个既约分数的集合的并集，而分母为 n 的既约分数的集合是可数集，由性质 1 知有理数集为可数集。

例 1.5.3　全体代数数构成的集合为可数集。前面讲到过，整系数多项式的根为代数数。将代数数按照 n $(n = 1, 2, \cdots)$ 次多项式的根分为可数个集合，由代数学基本定理，n 次整系数多项式有 n 个根。由性质 1 知全体代数数的集合为可数集 (当然需要处理一些细节)。

一个集合如果可以与自己的真子集对等，它必为无限集（因为有限集不能有此性质）。一个集合如果是无限集，由性质 4，它必与自己的某个真子集对等，因而一个集合是无限集当且仅当它可以和自己的某个真子集对等。

从这几个例子可以看出，全体偶数的集合、全体自然数的集合、全体整数的集合、全体有理数的集合、全体代数数的集合这 5 个集合所含元素内容逐渐增多，前面集合是后面集合的真子集，但集合的势却不变，均为可数集，也就是它们彼此对等。实际上，与自己的真子集对等的例子并不少见。例如，通过函数 $y = \dfrac{d-b}{c-a}(x-a) + b$ 将任意两个区间 $[a, c]$ 与 $[b, d]$ 一一对应起来，不论二者是否互相包含。又如通过 $y = \tan x$ 可建立区间 $\left(-\dfrac{\pi}{2}, \dfrac{\pi}{2}\right)$ 与 $(-\infty, \infty)$ 之间的一一对应。再由性质 4，(a, b)，$(a, b]$ 与 $[a, b]$ 是对等的。因而所有的区间，不论开区间、闭区间、有界区间还是无界区间都是对等的。

那么，每个区间都是可数集吗？答案是否定的。

例 1.5.4　$(0, 1]$ 不是可数集。

证　用反证法。假设 $(0, 1]$ 为可数集，它的元素可以排成一列，设为 $a_1, a_2, \cdots, a_n, \cdots$。将 $(0, 1]$ 中的数写成十进制无限小数（每个数的此种表示法是唯一的），设

$$a_1 = 0.a_{11}a_{12}a_{13}\cdots a_{1n}\cdots$$

$$a_2 = 0.a_{21}a_{22}a_{23}\cdots a_{2n}\cdots$$

$$a_3 = 0.a_{31}a_{32}a_{33}\cdots a_{3n}\cdots$$

$$\cdots\cdots$$

$$a_n = 0.a_{n1}a_{n2}a_{n3}\cdots a_{nn}\cdots$$

$$\cdots\cdots$$

其中，a_{ij} 取 $0, 1, 2, \cdots, 9$ 中的数，令

$$b = 0.b_1b_2b_3\cdots b_n\cdots,$$

其中，

$$b_n = \begin{cases} 1, & a_{nn} \neq 1, \\ 2, & a_{nn} = 1。 \end{cases}$$

此时 $b \in (0,1]$。但由于对任意 n，$b_n \neq a_{nn}$，则 $b \neq a_n$，从而 b 没有被排出，这与假设矛盾，故 $(0,1]$ 不是可数集。

我们称不是可数集的无限集为**不可数集**，由上面的讨论可知，所有的区间为不可数集，称区间的势为**连续统势**，记为 c(或 $\aleph_1$)。

由于无理数集和有理数集之并为区间 $\mathbf{R} = (-\infty, +\infty)$，由性质 1，无理数集不能为可数集。再由性质 4，无理数集与实数集等势。因而，无理数集也有连续统势。

例 1.5.5 由 0、1 构成的序列 $\{a_1, a_2, a_3, \cdots, a_n, \cdots\}$ (其中 a_n 只取 0 或 1) 称为二元序列，所有二元序列构成的集合有连续统势。

证 将二元序列分成两类。第一类为有限二元序列，是指从某项之后全为 0 的二元序列。第二类为无限二元序列，是指每一项后面都存在取 1 的项的二元序列。前者可按照第 n $(n = 1, 2, \cdots)$ 项之后全为 0，再分为可数个小类，可简单计算出每一小类都含有有限个元素，且随 n 严格增加，从而有限二元序列的全体为可数集。至于无限二元序列的全体，它可与 $(0,1]$ 建立一一对应，只需将 $(0,1]$ 的元素写成无限二进制小数即可（此种表示法唯一），因而无限二元序列的全体有连续统势。按照性质 4，这两类之并得到的二元序列的全体与无限二元序列的全体一样，具有连续统势。

那么，可数集与连续统势有什么关系呢？

例 1.5.6 可数集的幂集有连续统势。

证 只需证明自然数集 $\mathbf{N}_+ = \{1, 2, \cdots, n, \cdots\}$ 的幂集 $P(\mathbf{N}_+)$（所有子集的全体）有连续统势。

构造从自然数集的幂集 $P(\mathbf{N}_+)$ 到二元序列的全体 B 的映射 $f : P(\mathbf{N}_+) \to B$，

$$\forall A \subset \mathbf{N}_+, \quad f(A) = b_1, b_2, \cdots, b_n, \cdots,$$

$$b_n = \begin{cases} 1, & n \in A \subset \mathbf{N}_+, \\ 0, & n \notin A \subset \mathbf{N}_+。 \end{cases}$$

可简单验证映射 $f : P(\mathbf{N}_+) \to B$ 是一一对应，便完成了证明。

事实上，任何一个集合的势严格小于其幂集的势。

例 1.5.7 集合 A 与其幂集 $P(A)$ 的势满足 $\overline{\overline{A}} < \overline{\overline{P(A)}}$。

证 令

$$f(x) = \{x\}, \ x \in A,$$

此映射将 A 与 $P(A)$ 的子集建立了一一对应，因而 $\overline{\overline{A}} \leqslant \overline{\overline{P(A)}}$。

下面只需再证明 $\overline{\overline{A}} \neq \overline{\overline{P(A)}}$ 即可。

用反证法。假设 $\overline{\overline{A}} = \overline{\overline{P(A)}}$，便存在从集合 A 到其幂集 $P(A)$ 的一一对应 g，

$$g(x) \subset A, \ x \in A。$$

令

$$B = \{x \in A | x \notin g(x)\},$$

则 $B \subset A$, 从而存在 $y \in A$, 使得 $g(y) = B$, 则有

$$y \in B = g(y) \Rightarrow y \notin B,$$

$$y \notin B = g(y) \Rightarrow y \in B。$$

这意味着, $y \in B \Leftrightarrow y \notin B$, 导致矛盾, 因而, $\overline{\overline{A}} \neq \overline{\overline{P(A)}}$ 得到证明, 故 $\overline{\overline{A}} < \overline{\overline{P(A)}}$。

如果记 $\overline{\overline{P(A)}} = 2^{\overline{\overline{A}}}$（若 A 为有限集, 这是显然成立的）, 例 1.5.6 表明 $c = 2^a$, 由例 1.5.7 可知

$$a < 2^a < 2^{2^a} < \cdots。$$

可见, 有理数集的势严格小于无理数集的势。有理数集与自然数集对等, 而无理数集与实数集对等。那么, 有没有一个集合的势严格介于 a 与 c 之间, 或以上任意两个相邻基数之间? 这个问题的否定回答就是**连续统假设**与**广义连续统假设**。事实证明, 承认此假设不会与目前所用的公理体系发生矛盾。

例 1.5.8　两个可数集的直积为可数集, 两个有连续统势的集合的直积有连续统势。

证　设 $A = \{a_n\}$, $B = \{b_n\}$ 均为可数集。

$$A \times B = \{(a_i, b_j) | a_i \in A, b_j \in B\} = \bigcup_{i=1}^{\infty} \{(a_i, a_j) | j = 1, 2, \cdots\}$$

为可数个可数集之并, 仍为可数集。

设 C, D 均为有连续统势的集合, 不妨设 $C = (0, 1]$, $D = (0, 1]$, 将它们视为二进制无限小数的全体。建立从 $C \times D$ 到所有二进制无限小数全体的映射 f 如下。

任取 $(a, b) \in C \times D$, 设

$$a = 0.a_1 a_2 a_3 \cdots, \quad b = 0.b_1 b_2 b_3 \cdots,$$

令

$$f(a, b) = 0.a_1 b_1 a_2 b_2 a_3 b_3 \cdots,$$

显然 f 为一一对应, 故 $C \times D$ 有连续统势。

例 1.5.8 可直接推出, 有限个可数集的直积为可数集, 有限个有连续统势的集合的直积有连续统势。稍加改造此结论可以得出, 可数个有连续统势的集合的直积有连续统势。但可数个可数集的直积是可数集吗? 答案是否定的。

例 1.5.9　可数个两点集的直积 $\prod_{n=1}^{\infty} \{0, 1\} = \{(a_1, a_2, \cdots) | a_n = 0 \text{ 或 } 1\}$ 为二元序列的全体, 因而有连续统势。可见, 可数个可数集的直积至少有连续统势。由于可数个有连续统势的集合的直积有连续统势, 又知至多有连续统势, 从而可数个可数集的直积有连续统势。

由以上讨论可见，可数集在无限集里是基数（势）最小的集合，因而它是最简单的无限集。围绕可数集有很多有意义的结论，下面用两个有趣的问题结束这一部分。

著名数学家希尔伯特曾举过一个例子，名叫希尔伯特的旅店。希尔伯特的旅店有可数个房间，每个房间只能住一个人。这一天，旅店住满了，又来了一个人，怎么办？很简单，只需将第 n 个房间的客人搬到第 $n+1$ 个房间 $(n=1,2,\cdots)$，这样第一个房间便可留给新客人住。一会儿，又来了 k 个客人，怎么办？过一会儿，又来了可数个客人，该怎么办？相信大家心中已经有了答案。

我们知道，有理数集在实数集中是稠密的，如果将每个有理数用以它为中心的小区间盖住，那么这些小区间之并会盖住整个实数轴吗？

由于有理数集为可数集，将其排成一列：$r_1,r_2,\cdots,r_n,\cdots$（对比稠密性，这当然不是从小到大或从大到小排列的）。

对任意 $\varepsilon>0$，取以 r_n 为中心，半径为 $\dfrac{\varepsilon}{4^n}$ 的小区间 $(n=1,2,\cdots)$，这可数个区间的长度和为

$$\sum_{n=1}^{\infty}\frac{\varepsilon}{2^n}=\frac{\frac{\varepsilon}{2}}{1-\frac{1}{2}}=\varepsilon。$$

由 ε 的任意性，实质上这个长度和可以任意小，上述问题的答案便自然可知。

习　题　1.5

1. $A_1\subset A$，$B_1\subset B$，且 A_1 与 B_1 对等，A 与 B 对等，则是否有 $A-A_1$ 与 $B-B_1$ 对等？

2. 证明：实数轴上两两不交的开区间至多有可数个。

3. 证明：实数集上的单调函数的间断点至多可数。

4. 证明：$[0,1]$ 上的连续函数的全体有连续统势。

5. 设 $A=\{x_n|n=1,2,\cdots\}$ 为可数个实数，写出一个定义在 $\mathbf{R}$ 上的单增函数，使它以 A 为其间断点的全体。

6. 证明：不存在 $[0,1]$ 上的函数 $f(x)$，在 $[0,1]$ 的所有有理点连续，在 $[0,1]$ 的所有无理点间断。

总 习 题 1

1. $f(x),g(x)$ 均为数集 D 上的有界函数，证明：

$$\inf_{x\in D}(f(x)+g(x))\leqslant\inf_{x\in D}f(x)+\sup_{x\in D}g(x)\leqslant\sup_{x\in D}(f(x)+g(x))。$$

2. $f(x),g(x)$ 均为数集 D 上的非负有界函数，证明：
(1) $\inf\limits_{x\in D}f(x)\cdot\inf\limits_{x\in D}g(x)\leqslant\inf\limits_{x\in D}(f(x)\cdot g(x))$;
(2) $\sup\limits_{x\in D}(f(x)\cdot g(x))\leqslant\sup\limits_{x\in D}f(x)\cdot\sup\limits_{x\in D}g(x)$。

3. $f(x)$ 为定义在区间 I 上的有界函数，记 $M = \sup\limits_{x \in I} f(x), m = \inf\limits_{x \in I} f(x)$，证明：

$$\sup\limits_{x', \, x'' \in I} |f(x') - f(x'')| = M - m \text{。}$$

4. 证明：任何数列都有单调子列。

5. 证明：如果一个数列不是无穷大量，则它必有收敛子列。

6. 证明：有界数列发散的充要条件是存在两个收敛于不同极限的子列。

7. 证明：若 $\{x_n\}$ 无界但不是无穷大量，则存在两个子列，其中一个收敛，另一个是无穷大量。

8. 设 E' 为 $E \subset \mathbf{R}$ 的全体聚点构成的集合，且 x_0 为 E' 的聚点，证明：$x_0 \in E'$。

9. 设 $\{a_n\}$ 为正数列，证明 $\varlimsup\limits_{n \to \infty} \sqrt[n]{a_n} \leqslant 1$ 的充要条件为：对任意 $l > 1$，有

$$\lim\limits_{n \to \infty} \frac{a_n}{l^n} = 0 \text{。}$$

10. 设 $\varliminf\limits_{n \to \infty} x_n = A < B = \varlimsup\limits_{n \to \infty} x_n$，且 $\lim\limits_{n \to \infty} (x_{n+1} - x_n) = 0$，证明：$\{x_n\}$ 的全体聚点恰为闭区间 $[A, B]$。

第2章 连续函数的性质

2.1 闭区间上连续函数基本性质的证明

本节将用实数完备性基本定理证明闭区间上连续函数的基本性质。

定理 2.1.1（有界性定理） 若函数 $f(x)$ 在有限闭区间 $[a,b]$ 上连续，则 $f(x)$ 在 $[a,b]$ 上有界。

证 证法一（用区间套定理）：利用反证法。假设 $f(x)$ 在区间 $[a,b]$ 上无界，将区间 $[a,b]$ 等分为两个闭子区间，则至少在其中一个闭子区间上函数 $f(x)$ 无界，记这个闭子区间为 $[a_1,b_1]$。

再将 $[a_1,b_1]$ 等分为两个闭子区间，至少在其中一个闭子区间上函数 $f(x)$ 无界，再记这个闭子区间为 $[a_2,b_2]$。

按照以上方法将区间 $[a,b]$ 无限等分下去，得到闭区间套 $\{[a_n,b_n]\}$，且在每个区间上函数 $f(x)$ 无界。

由区间套定理，存在唯一一点 $\xi \in [a_n,b_n]$ $(n=1,2,\cdots)$。由于 $f(x)$ 在 ξ 点连续，利用局部有界性，$\exists \varepsilon > 0$，使得 $f(x)$ 在 $U(\xi;\varepsilon) \cap [a,b]$ 上有界。再利用区间套定理的推论，存在 N，当 $n > N$ 时，$[a_n,b_n] \subset U(\xi;\varepsilon) \cap [a,b]$，这与 $[a_n,b_n]$ 上函数无界矛盾，因而 $f(x)$ 在 $[a,b]$ 上有界。

证法二（用有限覆盖定理）：利用连续函数的局部有界性，$\forall x \in [a,b]$，存在 $\varepsilon_x > 0$ 及 $M_x > 0$，使得 $\forall x' \in (x - \varepsilon_x, x + \varepsilon_x) \cap [a,b]$，有 $|f(x')| \leqslant M_x$。令

$$\mathcal{A} = \{(x - \varepsilon_x, x + \varepsilon_x) | x \in [a,b]\},$$

则 $\mathcal{A}$ 为 $[a,b]$ 开覆盖。由有限覆盖定理，存在 $\mathcal{A}$ 的有限子覆盖，记为

$$\mathcal{B} = \{(x_i - \varepsilon_{x_i}, x_i + \varepsilon_{x_i}) | i = 1, 2, \cdots, n\}。$$

令

$$M = \max\{M_{x_1}, M_{x_2}, \cdots, M_{x_n}\},$$

$\forall x \in [a,b]$，由于 $\mathcal{B}$ 为 $[a,b]$ 的开覆盖，$\exists i (i = 1, 2, \cdots, n)$，使得 $x \in (x_i - \varepsilon_{x_i}, x_i + \varepsilon_{x_i}) \cap [a,b]$，从而 $|f(x)| \leqslant M_{x_i} \leqslant M$，因而 $f(x)$ 在 $[a,b]$ 上有界。

证法三（用致密性定理）：利用反证法。假设 $f(x)$ 在闭区间 $[a,b]$ 上无界，不妨设无上界，则对任意正整数 n，$\exists x_n \in [a,b]$，使得 $f(x_n) > n$。由致密性定理，$\{x_n\}$ 有收敛子列 $\{x_{n_k}\}$，设 $\lim\limits_{k \to \infty} x_{n_k} = \xi$，由于 $f(x)$ 在 ξ 连续及 $f(x_{n_k}) > n_k$，有

$$f(\xi) = \lim_{k \to \infty} f(x_{n_k}) \geqslant \lim_{k \to \infty} n_k = +\infty,$$

这与 $f(\xi)$ 为实数矛盾，因而 $f(x)$ 在闭区间 $[a,b]$ 上有界。

定理 2.1.2（最大、最小值定理）　若函数 $f(x)$ 在有限闭区间 $[a,b]$ 上连续，则 $f(x)$ 在 $[a,b]$ 上可取得最大值和最小值。

证　用确界原理证明。由有界性定理可知函数在区间 $[a,b]$ 上有界。再由确界原理，值域 $f([a,b])$ 有上、下确界，分别记为 F,E。

下面用反证法证明 $\exists x_0 \in [a,b]$，使得 $f(x_0) = F$，即函数在闭区间 $[a,b]$ 上可取得最大值 F。假设对一切 $x \in [a,b]$，$f(x) < F$，则 $g(x) = \dfrac{1}{F - f(x)}$ 为 $[a,b]$ 上的非负连续函数。由有界性定理，$g(x)$ 在 $[a,b]$ 上有上界，并设 G 为一个上界，即对 $\forall x \in [a,b]$，有

$$0 < \frac{1}{F - f(x)} \leqslant G,$$

进而有

$$f(x) \leqslant F - \frac{1}{G},$$

这与 F 为值域 $f([a,b])$ 的上确界矛盾，从而证明了 $\exists x_0 \in [a,b]$，使得 $f(x_0) = F$。

可设 $h(x) = \dfrac{1}{f(x) - E}$，同理可证明 $\exists x_1 \in [a,b]$，使得 $f(x_1) = E$。

注　由上述证明过程可以得到此定理的另一种等价叙述：若函数 $f(x)$ 在有限闭区间 $[a,b]$ 上连续，则它可在闭区间 $[a,b]$ 上达到上、下确界。

定理 2.1.3（根的存在性定理）　若函数 $f(x)$ 在有限闭区间 $[a,b]$ 上连续，且 $f(a)f(b) < 0$，则存在 $x_0 \in (a,b)$，使得 $f(x_0) = 0$。

证　证法一（用区间套定理）：不妨设 $f(a) < 0, f(b) > 0$。取区间 $[a,b]$ 的中点 c，若 $f(c) = 0$，令 $x_0 = c$ 即可。若 $f(c) \neq 0$，则当 $f(c) < 0$ 时，记 $[a_1, b_1] = [c, b]$；当 $f(c) > 0$ 时，记 $[a_1, b_1] = [a, c]$，即有 $f(a_1) < 0, f(b_1) > 0$。

再取区间 $[a_1, b_1]$ 的中点 c_1，若 $f(c_1) = 0$，令 $x_0 = c_1$ 即可。若 $f(c_1) \neq 0$，则当 $f(c_1) < 0$ 时，记 $[a_2, b_2] = [c_1, b_1]$；当 $f(c_1) > 0$ 时，记 $[a_2, b_2] = [a_1, c_1]$，即有 $f(a_2) < 0, f(b_2) > 0$。

按照以上方法无限进行下去，若存在某区间 $[a_i, b_i]$ 的中点 c_i，使得 $f(c_i) = 0$，令 $x_0 = c_i$，结论得证。否则，将得到闭区间套 $\{[a_n, b_n]\}$，满足

$$f(a_n) < 0, f(b_n) > 0, n = 1, 2, \cdots。$$

由区间套定理，存在唯一一点 $x_0 \in [a_n, b_n]$ $(n = 1, 2, \cdots)$，下面证明 $f(x_0) = 0$。

若 $f(x_0) \neq 0$，不妨设 $f(x_0) > 0$。由于 $f(x)$ 在 x_0 点连续，利用局部保号性，$\exists \varepsilon > 0$，使得 $f(x)$ 在 $U(x_0; \varepsilon) \cap [a,b]$ 恒正。再利用区间套定理的推论，存在 N，当 $n > N$ 时，$[a_n, b_n] \subset U(x_0; \varepsilon) \cap [a,b]$，这与 $f(a_n) < 0$ 矛盾，从而证明了 $f(x_0) = 0$。

证法二（用有限覆盖定理）：利用反证法。假设对任意 $x \in [a,b]$，有 $f(x) \neq 0$。利用连续函数的局部保号性，$\forall x \in [a,b]$，$\exists \delta_x > 0$，使得 $\forall y \in (x - \delta_x, x + \delta_x) \cap [a,b]$，$f(y)$ 与 $f(x)$ 同号。令

$$\mathcal{A} = \{(x - \delta_x, x + \delta_x) \mid x \in [a,b]\},$$

$\mathcal{A}$ 为 $[a,b]$ 的开覆盖，从而有有限子覆盖，设为

$$\mathcal{B} = \{(x_i - \delta_{x_i}, x_i + \delta_{x_i}) | i = 1, 2, \cdots n\}。$$

当然 $\mathcal{B}$ 也满足：$\forall i(i = 1, 2, \cdots, n), \forall y \in (x_i - \delta_{x_i}, x_i + \delta_{x_i}) \cap [a,b], f(y)$ 与 $f(x_i)$ 同号。为不失一般性，设这 n 个区间中任何一个不真包含于另一个（否则去掉较小者），将 $\{x_i | 1 \leqslant i \leqslant n\}$ 从小到大排列，不妨设

$$x_1 < x_2 < \cdots < x_n,$$

则对 $\forall i(i = 1, 2, \cdots, n-1)$，有

$$(x_i - \delta_{x_i}, x_i + \delta_{x_i}) \cap (x_{i+1} - \delta_{x_{i+1}}, x_{i+1} + \delta_{x_{i+1}}) \neq \varnothing,$$

从而 $(x_i - \delta_{x_i}, x_i + \delta_{x_i})$ 与 $(x_{i+1} - \delta_{x_{i+1}}, x_{i+1} + \delta_{x_{i+1}})$ 内函数值同号，则 $(x_1 - \delta_{x_1}, x_1 + \delta_{x_1})$ 与 $(x_n - \delta_{x_n}, x_n + \delta_{x_n})$ 内函数值同号。由于 $a \in (x_1 - \delta_{x_1}, x_1 + \delta_{x_1}), b \in (x_n - \delta_{x_n}, x_n + \delta_{x_n})$，从而 $f(a)$ 与 $f(b)$ 同号，这与已知矛盾，故存在 $x_0 \in (a,b)$，使得 $f(x_0) = 0$。

定理 2.1.4（介值定理） 若函数 $f(x)$ 在有限闭区间 $[a,b]$ 上连续，且 $f(a) \neq f(b)$，则对介于 $f(a)$ 与 $f(b)$ 之间的任意实数 μ，存在 $x_0 \in [a,b]$，使得 $f(x_0) = \mu$。

证 设 $g(x) = f(x) - \mu$，则 $g(a)g(b) = (f(a) - \mu)(f(b) - \mu) < 0$。由根的存在性定理可知，存在 $x_0 \in (a,b)$，使得 $g(x_0) = 0$，从而 $f(x_0) - \mu = 0$, 即 $f(x_0) = \mu$。

习 题 2.1

1. $f(x)$ 为闭区间 $[a,b]$ 上的连续函数，且有 $f([a,b]) \subset [a,b]$，证明：存在 $\xi \in [a,b]$，使得 $f(\xi) = \xi$。

2. $f(x)$ 为闭区间 $[a,b]$ 上的连续函数，且对任意 $x \in [a,b]$，存在 $y \in [a,b]$，使得 $|f(y)| \leqslant \frac{1}{2}|f(x)|$，证明：$f(x)$ 在闭区间 $[a,b]$ 内有零点。

3. $f(x)$ 为闭区间 $[a,b]$ 上的连续函数，且 f 为一对一映射，证明：

(1) 若 $f(a) < f(b)$，则 $f(x)$ 严格单调增加；

(2) 若 $f(b) < f(a)$，则 $f(x)$ 严格单调减少。

4. $f(x)$ 在 $[a,b]$ 上只有第一类间断点，证明：$f(x)$ 在 $[a,b]$ 上有界。

5. $f(x)$ 为闭区间 $[a,b]$ 上的非常值连续函数，证明：$f([a,b])$ 为一个有限闭区间。反之，若 $[a,b]$ 上的函数 $f(x)$ 的值域为有限闭区间，$f(x)$ 是否连续？

6. $f(x)$ 为开区间 (a,b) 上的连续函数，且 $f(a+0), f(b-0)$ 有限，若存在 $\xi \in (a,b)$，使得 $f(\xi) \geqslant \max\{f(a+0), f(b-0)\}$，证明：$f(x)$ 在 (a,b) 上有最大值。

7. $f(x)$ 在 $[a, +\infty)$ 上连续，且存在有限极限 $\lim\limits_{x \to +\infty} f(x)$，证明：

(1) $f(x)$ 在 $[a, +\infty)$ 上有界；

(2) $f(x)$ 在 $[a, +\infty)$ 上至少可取得最大值和最小值中的一个。

2.2　一致连续性

我们知道, $f(x)$ 在区间 I 上连续是指 $f(x)$ 在区间 I 上每一点连续, 即任给 $\varepsilon > 0$, 对任意 $x \in I$, 都存在 $\delta > 0$, 当 $x' \in I$ 且 $|x' - x| < \delta$ 时, 有 $|f(x') - f(x)| < \varepsilon$。

一般情况下, 这里的 δ 除了随 ε 的不同而变化, 也随 x 的不同而变化。如果能够找到一个 $\delta > 0$, 对一切 $x \in I$ 公用, 即 δ 不随 x 变化, 则 $f(x)$ 在区间 I 上就有比连续性更强的性质。即任给 $\varepsilon > 0$, 存在 $\delta > 0$, 对任意 $x \in I$ 都有, 当 $x' \in I$ 且 $|x' - x| < \delta$ 时, $|f(x') - f(x)| < \varepsilon$。

我们把这个性质叫作 $f(x)$ 在区间 I 上的一致连续性。从上面的叙述可以看出, 这个公用的 δ 满足: 只要区间 I 上任意两点 x, x' 的距离小于 δ, 它们的函数值的距离就小于 ε。下面给出函数在区间上一致连续的定义。

定义 2.2.1　设 $f(x)$ 为区间 I 上定义的函数, 若对任意 $\varepsilon > 0$, 存在 $\delta > 0$, 使得对任意 $x', x'' \in I$, 只要 $|x' - x''| < \delta$, 就有

$$|f(x') - f(x'')| < \varepsilon,$$

则称 $f(x)$ 在区间 I 上**一致连续**。

例 2.2.1　若函数 $f(x)$ 在区间 I 上满足**利普希茨**（Lipschitz）**条件**, 即存在常数 $L > 0$, 使得对区间 I 上任意两点 x', x'', 都有

$$|f(x') - f(x'')| \leqslant L|x' - x''|,$$

证明: $f(x)$ 在区间 I 上一致连续。

证　对任意 $\varepsilon > 0$, 由于

$$|f(x') - f(x'')| \leqslant L|x' - x''|,$$

取 $\delta = \dfrac{\varepsilon}{L}$。

对任意 $x', x'' \in I$, 只要 $|x' - x''| < \delta$, 就有

$$|f(x') - f(x'')| \leqslant L|x' - x''| < L \cdot \frac{\varepsilon}{L} = \varepsilon,$$

按照区间上一致连续函数的定义, 这便证明了 $f(x)$ 在区间 I 上一致连续。

注　容易验证任意直线 $f(x) = ax + b$ $(a \neq 0)$ 在 $(-\infty, +\infty)$ 上满足利普希茨条件, 从而由例 2.2.1 可知, $f(x)$ 在 $(-\infty, +\infty)$ 上一致连续。

由函数在区间上一致连续的定义, 可以得到函数 $f(x)$ 在区间 I 上非一致连续的定义。

定义 2.2.1'　设 $f(x)$ 为区间 I 上定义的函数, 若存在 $\varepsilon_0 > 0$, 对任意 $\delta > 0$ 都存在 $x', x'' \in I$, 虽有 $|x' - x''| < \delta$, 但

$$|f(x') - f(x'')| \geqslant \varepsilon_0,$$

则称 $f(x)$ 在区间 I 上非**一致连续**。

例 2.2.2 函数 $f(x) = \dfrac{1}{x}$，证明：

Ⅰ) $f(x)$ 在 $(0,1)$ 上非一致连续；

Ⅱ) $\forall c > 0$, $f(x)$ 在 $[c,1)$ 上一致连续。

分析 此函数的特点是 $\left| f(x) - f\left(\dfrac{1}{2}x\right) \right| = \dfrac{1}{x} > 1$，从而不论 x 多么小，即原点的任意 δ 邻域内的 x，总有 $\left| x - \dfrac{x}{2} \right| < \delta$，但 $\left| f(x) - f\left(\dfrac{1}{2}x\right) \right| > 1$，因而函数在原点附近一定是非一致连续的。

证 Ⅰ) 令 $\varepsilon_0 = 1$。

$\forall \delta > 0$ (不妨设 $\delta < 1$), 取 $x' = \delta, x'' = \dfrac{\delta}{2}$，显然有 $|x' - x''| = \dfrac{\delta}{2} < \delta$, 但

$$|f(x') - f(x'')| > 1 = \varepsilon_0,$$

因而 $f(x)$ 在 $(0,1)$ 上非一致连续。

Ⅱ) 对任意 $\varepsilon > 0$, 由于对任意 $x', x'' \in [c,1)$, 有

$$|f(x') - f(x'')| = \left| \frac{1}{x'} - \frac{1}{x''} \right| = \frac{|x' - x''|}{|x'x''|} \leqslant \frac{|x' - x''|}{c^2},$$

可取 $\delta = c^2\varepsilon$。

对任意 $x', x'' \in [c,1)$, 只要 $|x' - x''| < \delta$, 就有

$$|f(x') - f(x'')| \leqslant \frac{|x' - x''|}{c^2} < \frac{c^2\varepsilon}{c^2} = \varepsilon,$$

这便证明了 $f(x)$ 在区间 $[c,1)$ 上一致连续。

注 1 从区间上函数一致连续的定义可以看出，函数在区间上一致连续，则必在这个区间上连续。从例 2.2.2 又可以看出，区间上的连续函数不一定在这个区间上一致连续，从而一致连续性是比连续性更强的性质。一致连续性是区间上的一个整体性质，而连续性是区间上的一个局部性质（每个点处的性质）。

注 2 从例 2.2.2 可以看出，一致连续性是函数在某个定义区间上的性质，是和所讨论的区间密不可分的，因而不能说"函数是一致连续的"，应该是"函数在某个区间上是一致连续的"。此外，根据一致连续性的定义容易得到，若函数在某个区间上一致连续，则在其任意子区间上也是一致连续的，但例 2.2.2 说明反之不然。

下面给出区间上函数一致连续的充要条件，在以后的学习中，我们将经常利用这个定理证明函数在区间上非一致连续。

定理 2.2.1 函数 $f(x)$ 定义在区间 I 上，则函数 $f(x)$ 在区间 I 上一致连续的充要条件为：对任意数列 $\{x_n\}, \{y_n\} \subset I$, 若

$$\lim_{n \to \infty} (x_n - y_n) = 0,$$

则

$$\lim_{n \to \infty} (f(x_n) - f(y_n)) = 0。$$

证 (必要性) $\forall \varepsilon > 0$, 由于 $f(x)$ 在区间 I 上一致连续, $\exists \delta > 0$, 使得当 $|x' - x''| < \delta$ 时,

$$|f(x') - f(x'')| < \varepsilon。$$

对上述 $\delta > 0$, 由于数列 $\{x_n\}, \{y_n\} \subset I$ 满足

$$\lim_{n \to \infty} (x_n - y_n) = 0,$$

则存在 N, 当 $n > N$ 时, 有

$$|x_n - y_n| < \delta,$$

因而有

$$|f(x_n) - f(y_n)| < \varepsilon,$$

所以

$$\lim_{n \to \infty} (f(x_n) - f(y_n)) = 0。$$

(充分性) 假设 $f(x)$ 在区间 I 上非一致连续, 按照定义 2.2.1′, 存在 $\varepsilon_0 > 0$, 对 $\forall \delta > 0$, 存在 $x', x'' \in I$, 满足 $|x' - x''| < \delta$, $|f(x') - f(x'')| \geqslant \varepsilon_0$。

当 $\delta_1 = 1$ 时, $\exists x_1, y_1 \in I$, 满足 $|x_1 - y_1| < 1$, $|f(x_1) - f(y_1)| \geqslant \varepsilon_0$。

当 $\delta_2 = \dfrac{1}{2}$ 时, $\exists x_2, y_2 \in I$, 满足 $|x_2 - y_2| < \dfrac{1}{2}$, $|f(x_2) - f(y_2)| \geqslant \varepsilon_0$。

$\cdots\cdots$

当 $\delta_n = \dfrac{1}{n}$ 时, $\exists x_n, y_n \in I$, 满足 $|x_n - y_n| < \dfrac{1}{n}$, $|f(x_n) - f(y_n)| \geqslant \varepsilon_0$。

$\cdots\cdots$

这样得到两个数列 $\{x_n\}, \{y_n\} \subset I$, 满足 $\lim\limits_{n \to \infty} (x_n - y_n) = 0$, 但

$$\lim_{n \to \infty} (f(x_n) - f(y_n)) \neq 0,$$

与已知条件矛盾, 从而证明了 $f(x)$ 在区间 I 上一致连续。

例 2.2.3 证明: $f(x) = \sin \dfrac{1}{x}$ 在区间 $(0,1)$ 上非一致连续。

证 取 $x_n = \dfrac{1}{2n\pi}$, $y_n = \dfrac{1}{2n\pi + \dfrac{\pi}{2}}$ $(n = 1, 2, \cdots)$, 显然有 $\{x_n\}, \{y_n\} \subset (0,1)$, 且

$$\lim_{n \to \infty} (x_n - y_n) = 0,$$

但是

$$\lim_{n \to \infty} (f(x_n) - f(y_n)) = 1 \not\to 0,$$

从而由定理 2.2.1 可知, $f(x) = \sin \dfrac{1}{x}$ 在区间 I 上非一致连续。

下面证明一致连续性的一个重要定理，它在以后的学习中有着广泛的应用。

定理 2.2.2（康托尔（Cantor）定理） 若函数 $f(x)$ 在有限闭区间 $[a,b]$ 上连续，则必在 $[a,b]$ 上一致连续。

证 证法一（用有限覆盖定理）：对 $\forall \varepsilon > 0$，由于函数 $f(x)$ 在闭区间 $[a,b]$ 上连续，则对任意 $x \in [a,b]$，$\exists \delta_x > 0$，使得当 $|x' - x| < \delta_x$ 时，

$$|f(x') - f(x)| < \frac{\varepsilon}{2}。 \tag{2.2.1}$$

令

$$\mathcal{A} = \left\{ \left(x - \frac{\delta_x}{2}, x + \frac{\delta_x}{2} \right) \middle| x \in [a,b] \right\},$$

则 $\mathcal{A}$ 为 $[a,b]$ 的开覆盖，从而有有限子覆盖，设为

$$\mathcal{B} = \left\{ \left(x_i - \frac{\delta_{x_i}}{2}, x_i + \frac{\delta_{x_i}}{2} \right) \middle| i = 1, 2, \cdots, n \right\}。$$

令

$$\delta = \min \left\{ \frac{\delta_{x_i}}{2} \middle| i = 1, 2, \cdots, n \right\},$$

对任意满足 $|x' - x''| < \delta$ 的 $x', x'' \in [a,b]$，由于 $\mathcal{B}$ 为区间 $[a,b]$ 的覆盖，则存在 $i(i = 1, 2, \cdots, n)$，使得

$$x' \in \left(x_i - \frac{\delta_{x_i}}{2}, x_i + \frac{\delta_{x_i}}{2} \right),$$

即

$$|x' - x_i| < \frac{\delta_{x_i}}{2},$$

则

$$|x'' - x_i| \leqslant |x'' - x'| + |x' - x_i| < \delta + \frac{\delta_{x_i}}{2} \leqslant 2 \cdot \frac{\delta_{x_i}}{2} = \delta_{x_i}。$$

因而，由式 (2.2.1) 有

$$|f(x') - f(x_i)| < \frac{\varepsilon}{2}, \quad |f(x'') - f(x_i)| < \frac{\varepsilon}{2},$$

从而

$$|f(x') - f(x'')| \leqslant |f(x') - f(x_i)| + |f(x'') - f(x_i)| < \frac{\varepsilon}{2} + \frac{\varepsilon}{2} = \varepsilon,$$

因此，$f(x)$ 在 $[a,b]$ 上一致连续。

证法二（用致密性定理）：利用反证法。假设 $f(x)$ 在 $[a,b]$ 上非一致连续，由定理 2.2.1 充分性的证明可知，存在 $\varepsilon_0 > 0$ 及点列 $\{x_n\}, \{y_n\} \subset [a,b]$，满足

$$\lim_{n \to \infty} (x_n - y_n) = 0, \quad |f(x_n) - f(y_n)| \geqslant \varepsilon_0, \ n = 1, 2, \cdots。$$

由致密性定理可知，有界数列 $\{x_n\}$ 有收敛子列 $\{x_{n_k}\}$，设

$$\lim_{k \to \infty} x_{n_k} = x_0,$$

则有

$$\lim_{k \to \infty} y_{n_k} = \lim_{k \to \infty} [x_{n_k} + (y_{n_k} - x_{n_k})] = x_0,$$

从而利用 $f(x)$ 的连续性及数列极限的性质，有

$$0 = |f(x_0) - f(x_0)| = \lim_{n \to \infty} |f(x_{n_k}) - f(y_{n_k})| \geqslant \varepsilon_0,$$

这便得到矛盾，因而 $f(x)$ 在 $[a,b]$ 上一致连续。

例 2.2.4　证明：若 $f(x)$ 在区间 $(a,b]$ 和 $[b,c)$ 上均一致连续，则 $f(x)$ 在 (a,c) 上一致连续。

证　$\forall \varepsilon > 0$，由 $f(x)$ 在区间 $(a,b]$ 和 $[b,c)$ 上均一致连续，则存在 $\delta_1, \delta_2 > 0$，当 $x', x'' \in (a,b], |x' - x''| < \delta_1$ 时，

$$|f(x') - f(x'')| < \frac{\varepsilon}{2},$$

当 $x', x'' \in [b,c), |x' - x''| < \delta_2$ 时，

$$|f(x') - f(x'')| < \frac{\varepsilon}{2}。$$

令

$$\delta = \min\{\delta_1, \delta_2\},$$

当 $x', x'' \in (a,c)$ 且 $|x' - x''| < \delta$ 时，有以下几种情况。

① x', x'' 同时属于 $(a,b]$ 或同时属于 $[b,c)$ 时，由以上叙述显然有

$$|f(x') - f(x'')| < \frac{\varepsilon}{2} < \varepsilon。$$

② x', x'' 中一个属于 $(a,b]$，另一个属于 $[b,c)$ 时，不妨设 $x' \in (a,b], x'' \in [b,c)$，

$$|f(x') - f(x'')| \leqslant |f(x') - f(b)| + |f(x'') - f(b)| < \frac{\varepsilon}{2} + \frac{\varepsilon}{2} = \varepsilon,$$

从而 $f(x)$ 在 (a,c) 上一致连续。

例 2.2.5　证明：函数 $f(x) = \sqrt{x}$ 在区间 $(0, +\infty)$ 上一致连续。

证　由康托尔定理可知 $f(x)$ 在 $[0,1]$ 上一致连续，从而在 $(0,1]$ 上一致连续。

在区间 $[1, +\infty)$ 上，由于

$$\sqrt{x'} - \sqrt{x''} = \frac{|x' - x''|}{\sqrt{x'} + \sqrt{x''}} \leqslant \frac{1}{2}|x' - x''|,$$

则易知 $f(x)$ 在区间 $[1, +\infty)$ 上一致连续。

再由例 2.2.4 的合并有公共端点的区间的结论可知，$f(x)$ 在 $(0, +\infty)$ 上一致连续。

例 2.2.6　证明：

Ⅰ）$f(x)$ 在有限开区间 (a,b) 上连续，则 $f(x)$ 在 (a,b) 上一致连续的充要条件为 $f(a+0)$ 与 $f(b-0)$ 均存在；

Ⅱ) $f(x)$ 在无穷区间 $[a, +\infty)$ 上连续，且存在有限极限 $\lim\limits_{x \to +\infty} f(x)$，则 $f(x)$ 在 $[a, +\infty)$ 上一致连续。

证 Ⅰ) (必要性) $\forall \varepsilon > 0$，由于 $f(x)$ 在 (a, b) 上一致连续，则存在 $\delta > 0$，使得对任意 $x', x'' \in [a, +\infty), |x' - x''| < \delta$，有 $|f(x') - f(x'')| < \varepsilon$。因而，对任意 $x', x'' \in U_+(a; \delta)$，或 $x', x'' \in U_-(b; \delta)$，显然有 $|f(x') - f(x'')| < \varepsilon$。由函数极限存在的柯西收敛准则，$f(a + 0)$ 与 $f(b - 0)$ 均存在。

(充分性) 设 $f(a) = f(a + 0)$，$f(b) = f(b - 0)$，则 $f(x)$ 在闭区间 $[a, b]$ 上连续。由康托尔定理可知 $f(x)$ 在 $[a, b]$ 上一致连续，从而在 (a, b) 上也一致连续。

Ⅱ) $\forall \varepsilon > 0$，由函数极限 $\lim\limits_{x \to +\infty} f(x)$ 存在的柯西收敛准则，$\exists M > a$，使得任意 $x', x'' \geqslant M$，有 $|f(x') - f(x'')| < \varepsilon$。

又由于 $f(x)$ 在 $[a, M+1]$ 上连续，从而一致连续，因而存在 $\delta' > 0$，当 $x', x'' \in [a, M+1]$，$|x' - x''| < \delta'$ 时有，$|f(x') - f(x'')| < \varepsilon$。

令 $\delta = \min\{\delta', 1\}$，当 $x', x'' \in [a, +\infty), |x' - x''| < \delta$ 时，有 x', x'' 同时属于 $[a, M+1]$ 或 x', x'' 同时属于 $[M, +\infty)$。由前面的论述，不论哪种情况均有 $|f(x') - f(x'')| < \varepsilon$，从而证明了 $f(x)$ 在 $[a, +\infty)$ 上一致连续。

注 1 Ⅱ) 的逆命题不成立，如 $f(x) = ax + b \ (a \neq 0)$，在 $(-\infty, +\infty)$ 上一致连续，但 $\lim\limits_{x \to +\infty} f(x)$ 不存在。

注 2 由 Ⅰ) 可知，有限开区间上一致连续的函数必为有界函数。

习 题 2.2

1. 若 $f(x), g(x)$ 在区间 I 上一致连续，证明：

(1) 对任意实数 a, b，函数 $af(x) + bg(x)$ 在区间 I 上一致连续；

(2) I 为有限区间，$f(x)g(x)$ 在区间 I 上一致连续，若 I 为无限区间，$f(x)g(x)$ 在区间 I 上不一定一致连续。

2. 证明：

(1) 当正数 $k > 1$ 时，函数 $f(x) = x^k$ 在 $[0, +\infty)$ 上非一致连续；

(2) 当正数 $k \leqslant 1$ 时，函数 $f(x) = x^k$ 在 $[0, +\infty)$ 上一致连续。

3. (1) 若函数 $f(x)$ 在 $[0, +\infty)$ 上连续，且有斜渐近线，即存在实数 $a, b (a \neq 0)$，使得

$$\lim_{x \to +\infty} [f(x) - (ax + b)] = 0,$$

证明：$f(x)$ 在区间 $[0, +\infty)$ 上一致连续。

(2) 若将 (1) 中的 $ax + b$ 换成 $ax^2 + bx + c$，结论是否成立？

(3) 若将 (1) 中的 $ax + b$ 换成 $g(x)$，$g(x)$ 具有什么性质时结论成立？

4. (1) 证明：$f(x) = \sin \sqrt{x}$ 在 $[0, +\infty)$ 上一致连续。

(2) 证明：$f(x) = \sin x^2$ 在 $[0, +\infty)$ 上非一致连续。

(3) 讨论 $f(x) = \sin x^k$ 在 $[0, +\infty)$ 上是否一致连续。

5. 证明：若函数 $f(x)$ 在区间 I 上的导函数有界，则 $f(x)$ 在区间 I 上一致连续。

6. 证明：$f(x) = \ln x$ 在 $(1, +\infty)$ 上一致连续，但在 $(0, 1)$ 上非一致连续。

7. 设 $f(x)$ 在区间 $[1, +\infty)$ 上满足利普希茨条件，证明：$\dfrac{f(x)}{x}$ 在 $[1, +\infty)$ 上一致连续。

2.3　多元连续函数的性质

下面讨论有界闭区域上多元连续函数的性质，它们都是闭区间上一元连续函数性质的推广。

定义 2.3.1　设 D 为一个平面点集，若 D 中任意两点都可由一条完全含于 D 的曲线段连接，则称 D 为**连通集**。连通的开集称为**开区域**，开区域连同其边界称为**闭区域**，开区域连同其部分边界称为**区域**。

注 1　按照定义，闭区域一定包含一个开区域，它是闭集但与闭集不同。首先，闭区域是连通的，而闭集不一定连通。另外，即使是连通的闭集也不一定是闭区域，如平面上的曲线 $C = \{(x, y) | y = x^2\}$ 是连通的闭集，但因为它无内点，不包含任何开集，它不为闭区域。

注 2　对区域来说，把定义 2.3.1 中的曲线段改为折线段得到的定义是等价的。

定理 2.3.1（有界性定理）　设 D 为实平面上的有界闭区域，若 $f(x, y)$ 为定义在 D 上的连续函数，则 $f(x, y)$ 在 D 上有界。

证　用反证法。假设 $f(x, y)$ 在 D 上无界，则对任意正整数 n，存在 $P_n \in D$，当 $n > N$ 时，$|f(P_n)| > n$，这样便得到一个有界无限点列 $\{P_n\} \subset D$，由致密性定理，此点列必有收敛子列 $\{P_{n_k}\}$。设 $\lim\limits_{k \to \infty} P_{n_k} = P_0$，由于 D 为闭集，则 $P_0 \in D$。再由 $f(x, y)$ 的连续性，有

$$|f(P_0)| = \lim_{k \to \infty} |f(P_{n_k})| > n_k \to +\infty, \ n \to \infty。$$

这便导致矛盾，所以 $f(x, y)$ 在 D 上有界。

定理 2.3.2（最大、小值定理）　设 D 为实平面上的有界闭区域，若 $f(x, y)$ 为定义在 D 上的连续函数，则 $f(x, y)$ 在 D 上能取到最大值与最小值。

证　只证 $f(x, y)$ 能取得最大值。

根据以上的有界性定理，$f(x, y)$ 在 D 上有界，设

$$M = \sup f(D),$$

下面只需证明存在一点 $P_0 \in D$，使得 $f(P_0) = M$，否则对任意 $P \in D$，$f(P) < M$。令

$$g(P) = \frac{1}{M - f(P)},$$

则 $g(P)$ 为 D 上的连续函数，由上述有界性定理，$g(P)$ 在 D 上有界。利用数集的上确界的性质（例 1.1.7），存在点列 $\{P_n\} \subset D$，使得 $\lim\limits_{n \to \infty} f(P_n) = M$，从而有 $\lim\limits_{n \to \infty} g(P_n) = +\infty$，这

与 $g(P)$ 有界矛盾。这便证明了一定存在一点 $P_0 \in D$, 使得 $f(P_0) = M$, M 即为函数 $f(x,y)$ 在 D 上的最大值。

定理 2.3.3（介值定理） 设 D 为实平面上的一个区域, $f(x,y)$ 为 D 上的连续函数。若 $P_1, P_2 \in D$, 且 $f(P_1) < f(P_2)$, 则对任意介于 $f(P_1)$, $f(P_2)$ 之间的 μ（即 $f(P_1) < \mu < f(P_2)$）, 必存在 $P_0 \in D$, 使得 $f(P_0) = \mu$。

证 设

$$g(P) = f(P) - \mu, \ P \in D,$$

则 $g(P)$ 仍为 D 上的连续函数, 且 $g(P_1) < 0, g(P_2) > 0$。下面只需要证明, 存在 $P_0 \in D$, 使得 $g(P_0) = 0$。

利用区域 D 的连通性, 存在含于 D 内的折线段连接 P_1, P_2。若折线段的某个连结点对应的 g 的函数值为 0, 则这个点为所求的点 P_0。若没有连结点满足要求, 折线段中必存在某一直线段, 其两端点对应的 g 的函数值异号, 记这两端点为 $Q_1(x_1, y_1)$, $Q_2(x_2, y_2)$, 且设 $g(Q_1) < 0$, $g(Q_2) > 0$。令

$$G(t) = g(x_1 + t(x_2 - x_1), \ y_1 + t(y_2 - y_1)), \ t \in [0, 1],$$

则由复合函数的连续性可知 $G(t)$ 为 $[0, 1]$ 上的一元连续函数, 且 $G(0) = g(Q_1) < 0, G(1) = g(Q_2) > 0$。由一元函数的介值定理, 存在 $t_0 \in (0, 1)$, 使得 $G(t_0) = 0$。记 $x_0 = x_1 + t_0(x_2 - x_1)$, $y_0 = y_1 + t_0(y_2 - y_1)$, 令 P_0 为 (x_0, y_0), 则 P_0 在直线段 $Q_1 Q_2$ 上, 因而 $P_0 \in D$, 这样便有

$$g(P_0) = G(t_0) = 0.$$

注 此定理中, 条件"D 为区域"保证了 D 的连通性。事实上, 在任何连通集上定义的连续函数都有介值性, 因而连通集上定义的连续函数的值域一定是实数轴上的一个区间。

定义 2.3.2 设 $f(x,y)$ 为平面点集 D 上的二元函数, 若对任意 $\varepsilon > 0$, 存在正数 δ, 只要点 $P_1, P_2 \in D$, 且 $\rho(P_1, P_2) < \delta$, 就有

$$|f(P_1) - f(P_2)| < \varepsilon,$$

则称 $f(x,y)$ 在 D 上一致连续。

定理 2.3.4（一致连续性定理） 设 D 为实平面上的一个有界闭区域, 若 $f(x,y)$ 为 D 上的连续函数, 则 $f(x,y)$ 在 D 上一致连续。

证 用反证法。假设 $f(x,y)$ 在 D 上非一致连续, 则存在 $\varepsilon_0 > 0$, 对任意 $\delta > 0$, 都有 $P, Q \in D$, 使得 $\rho(P, Q) < \delta$, $|f(P) - f(Q)| \geqslant \varepsilon_0$, 则对任意正整数 n, 令 $\delta = \frac{1}{n}$, 存在 $P_n, Q_n \in D$, 满足 $\rho(P_n, Q_n) < \frac{1}{n}$, 但 $|f(P_n) - f(Q_n)| \geqslant \varepsilon_0$。

$\{P_n\}$ 为有界无限点列, 由致密性定理, 必有收敛子列 P_{n_k}。设 $\lim\limits_{k \to \infty} P_{n_k} = P_0$, 由于 D 为闭集, 则 $P_0 \in D$。又

$$0 \leqslant \rho(Q_{n_k}, P_0) \leqslant \rho(P_{n_k}, Q_{n_k}) + \rho(P_{n_k}, P_0) \leqslant \frac{1}{n_k} + \rho(P_{n_k}, P_0) \to 0, \ k \to \infty,$$

从而 $\lim\limits_{k\to\infty} Q_{n_k} = P_0$, 利用 $f(x,y)$ 在 P_0 连续的连续性, 有

$$0 = |f(P_0) - f(P_0)| = \lim_{k\to\infty} |f(P_{n_k}) - f(Q_{n_k})| \geqslant \varepsilon_0 > 0,$$

导致矛盾。因而, $f(x,y)$ 在 D 上一致连续。

  注　本质上, 定理 2.2.2 和定理 2.3.4 可推广为: 紧集上的连续函数是一致连续的。这个结论将经常用于后续课程的学习中。

习　题　2.3

1. 证明: 若 $f(x,y)$ 为有界闭区域 D 上的连续函数, 则 $f(D)$ 为一个有界闭区间。

2. 证明: $f(x,y) = \sqrt{x^2 + y^2}$ 在整个实平面上一致连续。

3. 若一元函数 $\varphi(x)$ 在 $[a,b]$ 上连续, 令

$$f(x,y) = \varphi(x), \quad (x,y) \in D = [a,b] \times (-\infty, +\infty),$$

证明: $f(x,y)$ 在 D 上一致连续。

4. 证明: $f(x,y) = \dfrac{1}{1-xy}$ 在 $[0,1) \times [0,1)$ 上非一致连续。

总 习 题 2

1. $f(x)$ 在开区间 (a,b) 上连续, 且 $f(a+0) = f(b-0) = +\infty$, 证明: $f(x)$ 在 (a,b) 上有最小值。

2. $f(x)$ 在开区间 (a,b) 上连续, 且 $f(a+0) = f(b-0)$, 证明: $f(x)$ 在 (a,b) 上至少可取得最大值与最小值中的一个。

3. $f(x)$ 在 $(-\infty, +\infty)$ 上连续, $\lim\limits_{x\to+\infty} f(x) = \lim\limits_{x\to-\infty} f(x) = +\infty$, 且 $f(x)$ 的最小值 $f(a) < a$, 证明: 复合函数 $f(f(x))$ 至少在两个点上取得最小值。

4. 求狄利克雷函数 $D(x)$ 与黎曼函数 $R(x)$ 在 $[0,1]$ 上的极值点和最值点。

5. 设 $f(x)$ 定义在区间 (a,b) 上, 证明: 若对区间 (a,b) 内任一收敛数列 $\{x_n\}$, 极限 $\lim\limits_{n\to\infty} f(x_n)$ 都存在, 则 $f(x)$ 在区间 (a,b) 上一致连续。

6. 证明: 函数 $f(x)$ 在有限区间 I 上一致连续的充要条件是它将基本列映为基本列, 即当 $\{x_n\}$ 为基本列时, $\{f(x_n)\}$ 也为基本列。

7. 设 $f(x)$ 在区间 $(-\infty, +\infty)$ 上一致连续, 证明: 存在非负常数 a, b, 使得

$$|f(x)| \leqslant a|x| + b$$

成立。

8. 设 $f(x,y)$ 定义在区域 $D = [a,b] \times [c,d]$ 上, 且对 y 在 $[c,d]$ 上处处连续, 对 x 在 $[a,b]$ 上 (关于 y) 一致连续, 证明: $f(x,y)$ 在 D 上处处连续。

9. $f(x,y)$ 在有界开集 E 上一致连续, 证明:

(1) 可将 $f(x,y)$ 连续延拓到 E 的边界;

(2) $f(x,y)$ 在 E 上有界。

10. 设 $u = \varphi(x,y)$, $v = \psi(x,y)$ 均在 xy 平面上的点集 E 上一致连续, φ,ψ 把点集 E 映为 uv 平面上的点集 D, 且 $f(u,v)$ 在 D 上一致连续, 证明: 复合函数 $f(\varphi(x,y),\psi(x,y))$ 在 E 上一致连续。

11. 设 $f(x,y)$ 在整个实平面上连续, 且 $\lim\limits_{|x|+|y| \to +\infty} f(x,y)$ 存在, 证明: $f(x,y)$ 在整个实平面上有界且一致连续。

12. 函数 $f(x)$ 在 $[a,+\infty)$ 上一致连续, 且广义积分 $\displaystyle\int_a^{+\infty} f(x)\mathrm{d}x$ 收敛, 证明: $\lim\limits_{x \to +\infty} f(x) = 0$。

13. 设 $f(x)$ 为区间 $[a,b]$ 上的一个**压缩映射**, 即 $f([a,b]) \subset [a,b]$, 且存在常数 $k \in (0,1)$, 使得对一切 $x,y \in [a,b]$, 有 $|f(x) - f(y)| \leqslant k|x - y|$, 证明: $f(x)$ 在 $[a,b]$ 上存在唯一不动点 $\xi = f(\xi)$。

14. 设 D 为实平面上一个有界闭集, $f : D \to D$ 为一个映射, 满足

$$\rho(f(P_1), f(P_2)) < \rho(P_1, P_2), \quad P_1, P_2 \in D, \ P_1 \neq P_2,$$

证明: f 在 D 上有唯一不动点 $P_0 = f(P_0)$。

第3章 黎曼积分理论

3.1 一元函数的可积条件

3.1.1 定积分的概念与达布和的性质

定义 3.1.1 设 $[a,b]$ 上有 $n+1$ 个分点 (含端点 a 与 b)，依次为

$$a = x_0 < x_1 < x_2 < \cdots < x_n = b,$$

称其为 $[a,b]$ 的一个**分割**，记为 $T = \{x_0, x_1, \cdots, x_n\}$。分割 T 将 $[a,b]$ 分成 n 个小区间 $\Delta_i = [x_{i-1}, x_i]$ $(i = 1, 2, \cdots, n)$，其长度记为 $\Delta x_i = x_i - x_{i-1}$ $(i = 1, 2, \cdots, n)$，并称

$$\|T\| = \max_{1 \leqslant i \leqslant n} \{\Delta x_i\}$$

为分割 T 的**模**或**细度**。任取介点集 $\{\xi_i \in \Delta_i | i = 1, 2, \cdots, n\}$，作和式

$$\sum_{i=1}^{n} f(\xi_i) \Delta x_i,$$

此和式称为 $f(x)$ 在区间 $[a,b]$ 的一个**积分和**或**黎曼和**。

定义 3.1.2 设 $f(x)$ 为定义在区间 I 上的函数，J 是一个确定的数。若对任意 $\varepsilon > 0$，总存在 $\delta > 0$，使得对 $[a,b]$ 的任意分割 T 及任意介点集 $\{\xi_i\}$，只要 $\|T\| < \delta$，就有

$$\left| \sum_{i=1}^{n} f(\xi_i) \Delta x_i - J \right| < \varepsilon,$$

即

$$\lim_{\|T\| \to 0} \sum_{i=1}^{n} f(\xi_i) \Delta x_i = J,$$

则称 $f(x)$ 在区间 $[a,b]$ 上**黎曼可积**(简称**可积**)，并称 J 为 $f(x)$ 在区间 $[a,b]$ 上的**定积分**或**黎曼积分**，记为

$$J = \int_a^b f(x) \mathrm{d}x。$$

注 这个定义中，积分和的极限与一般函数极限有很大区别。一般函数极限 $\lim\limits_{x \to x_0} f(x)$ 中，当极限符号下的自变量 x 的值确定时，极限符号右边的函数 $f(x)$ 的值就唯一确定。而积分和的极限 $\lim\limits_{\|T\| \to 0} \sum\limits_{i=1}^{n} f(\xi_i) \Delta x_i$ 中，当积分号下的分割细度 $\|T\|$ 确定时，极限符号右边的积分

和 $\sum\limits_{i=1}^{n} f(\xi_i)\Delta x_i$ 有无穷多种 (事实上, 是由无穷个数组成的庞大集体 $\left\{\sum\limits_{T} f(\xi_i)\Delta x_i \Big| T,\ \xi_i\right\}$)。

这是由分割的任意性、介点集取法的任意性造成的。同一个分割细度 $\|T\|$ 会对应无穷多种分割 T, 而且每个分割会对应无穷多种介点集 $\{\xi_i\}$ 的取法, 从而, 积分和的极限要比一般的函数极限复杂的多。定义 3.1.2 中积分和的极限存在, 要这样去理解: 每一个数 $\|T\|$ 对应着一个集体 $\left\{\sum\limits_{T} f(\xi_i)\Delta x_i \Big| T,\ \xi_i\right\}$, 集体中的所有成员都随着这个数 $\|T\|$ 的变化而变化。当 $\|T\|$ 趋于 0 时, 集体中的所有成员 (不论它对应哪个分割与哪个介点集) 统一趋于某个定数 J, 这时才是黎曼可积的。也就是说, **黎曼可积是指积分和极限的存在与两个任意性**（即分割的任意性以及介点集取法的任意性）无关, 否则函数在区间上不可积。

下面再举个简单的例子来理解这个定义。

例 3.1.1 证明: 狄利克雷函数

$$D(x) = \begin{cases} 0, & x \text{ 为 } [0,1] \text{ 内的有理数}, \\ 1, & x \text{ 为 } [0,1] \text{ 内的无理数} \end{cases}$$

在 $[0,1]$ 上不可积。

证 对 $[0,1]$ 的任意分割 T, 当介点集 $\{\xi_i\}$ 全取有理数时, 积分和为 $\sum\limits_{i=1}^{n} D(\xi_i)\Delta x_i = \sum\limits_{i=1}^{n} \Delta x_i = 1$; 当介点集 $\{\xi_i\}$ 全取无理数时, 积分和为 $\sum\limits_{i=1}^{n} D(\xi_i)\Delta x_i = 0$。因而每当 $\|T\|$ 取定时, 对应的积分和集体 $\left\{\sum\limits_{i=1}^{n} D(\xi_i)\Delta x_i\right\}$ 这无穷个数中既有 1, 又有 0。当 $\|T\| \to 0$ 时, $\left\{\sum\limits_{i=1}^{n} D(\xi_i)\Delta x_i\right\}$ 中始终有无穷个成员以 1 为极限 (事实上这些成员全为 1), 也有无穷个成员以 0 为极限 (事实上这些成员全为 0), 而不是积分和集体 $\left\{\sum\limits_{i=1}^{n} D(\xi_i)\Delta x_i\right\}$ 的全体成员统一趋于一个数, 从而积分和的极限不存在, 即 $D(x)$ 在 $[0,1]$ 上不可积。

下面对闭区间上的有界函数逐步讨论其可积性 (后面将证明, 闭区间上无界函数一定是不可积的)。

定义 3.1.3 设 $f(x)$ 为区间 $[a,b]$ 上的有界函数, $T = \{x_0, x_1, \cdots, x_n\}$ 为区间 $[a,b]$ 上的一个分割, 则 $f(x)$ 在每个 Δ_i 上存在上、下确界

$$M_i = \sup_{x\in\Delta_i} f(x),\quad m_i = \inf_{x\in\Delta_i} f(x),\ i = 1, 2, \cdots, n,$$

分别称

$$S(T) = \sum_{i=1}^{n} M_i\Delta x_i,\quad s(T) = \sum_{i=1}^{n} m_i\Delta x_i$$

为函数 $f(x)$ 在区间 $[a,b]$ 上**关于分割** T **的达布上和与达布下和**（简称上和与下和，统称达布和）。

注　积分和（黎曼和）既与分割有关，又与介点集有关，而达布和只与分割有关，与介点集无关。积分和与达布和显然有如下关系：

$$s(T) \leqslant \sum_{i=1}^{n} f(\xi_i)\Delta x_i \leqslant S(T)。 \tag{3.1.1}$$

设 M, m 分别为 $f(x)$ 在 $[a,b]$ 上的上、下确界，下面从讨论上、下和的性质入手来讨论可积理论。

性质 1　当分点增加（即分割加细）时，上和不增，下和不减，并且有

$$0 \leqslant S(T) - S(T') \leqslant p(M-m)\|T\|, \quad 0 \leqslant s(T') - s(T) \leqslant p(M-m)\|T\|,$$

其中，T' 为分割 T 添加了 p 个新分点后的新分割。

证　设 T 添加 1 个分点后为 T_1，不妨设这个分点落入第 k 个小区间 Δ_k，并将 Δ_k 分成两个小区间 Δ_k' 与 Δ_k''，此时有

$$S(T) - S(T_1) = M_k\Delta x_k - (M_k'\Delta x_k' + M_k''\Delta x_k'') = (M_k - M_k')\Delta x_k' + (M_k - M_k'')\Delta x_k'',$$

而

$$0 \leqslant (M_k - M_k')\Delta x_k' + (M_k - M_k'')\Delta x_k'' \leqslant$$
$$(M-m)\Delta x_k' + (M-m)\Delta x_k'' = (M-m)\Delta x_k \leqslant (M-m)\|T\|,$$

故

$$0 \leqslant S(T) - S(T_1) \leqslant (M-m)\|T\|。$$

不妨设 T_i 添加 1 个分点为 T_{i+1} $(i = 1, 2, \cdots, p-1)$，则 $T_p = T'$。由以上证明有

$$0 \leqslant S(T_i) - S(T_{i+1}) \leqslant (M-m)\|T_i\| \leqslant (M-m)\|T\|, \ i = 1, 2, \cdots, p-1。$$

以上 p 个不等式相加，有

$$0 \leqslant S(T) - S(T') \leqslant p(M-m)\|T\|。$$

另一式 $0 \leqslant s(T') - s(T) \leqslant p(M-m)\|T\|$ 类似可证。

由性质 1 可立刻推得以下性质 2。

性质 2　设 T_1, T_2 为 $[a,b]$ 的两个分割，$T = T_1 + T_2$ 为将 T_1, T_2 的分点合并后的新分割（重复的分点取一次），则有

$$S(T) \leqslant S(T_1), \quad S(T) \leqslant S(T_2),$$

$$s(T) \geqslant s(T_1), \quad s(T) \geqslant s(T_2)。$$

性质 3 若 $[a,b]$ 的分割 T' 有 p 个分点，则对 $[a,b]$ 的任意分割 T，有

$$S(T) - S(T') \leqslant p(M-m)\|T\|。$$

证 由性质 1，

$$S(T) - S(T') \leqslant S(T) - S(T'+T) \leqslant p(M-m)\|T\|。$$

性质 4 对 $[a,b]$ 的任意两个分割 T_1, T_2，有

$$s(T_1) \leqslant S(T_2)。$$

证 设 $T = T_1 + T_2$，由性质 2，有

$$s(T_1) \leqslant s(T) \leqslant S(T) \leqslant S(T_2)。$$

性质 4 说明，对 $[a,b]$ 的任意两个分割，一个分割的下和总不大于另一个分割的上和。从而，所有分割的上和构成的集合有下界，所有分割的下和构成的集合有上界，因此它们分别有下确界与上确界，给出如下定义。

定义 3.1.4 设 T 为 $[a,b]$ 上的任意分割，分别称

$$S = \inf_T S(T), \quad s = \sup_T s(T)$$

为 $f(x)$ 在 $[a,b]$ 上的**上积分**与**下积分**。

注 1 上、下积分与分割、介点集均无关。从积分和到达布和，再到上、下积分，逐步摆脱了两个任意性。而上、下积分是否相等就意味着函数是否可积，这是将要论述的可积条件，也是本章的主要内容。

注 2 由上、下确界的性质，显然有 $m(b-a) \leqslant s \leqslant S \leqslant M(b-a)$。

定义 3.1.4 中，上、下积分是由确界来定义的，实质上，上、下积分又分别是上、下和的极限，即有如下性质。

性质 5（达布定理） 对 $f(x)$ 在区间 $[a,b]$ 上的上、下积分 S, s，有

$$S = \lim_{\|T\|\to 0} S(T), \quad s = \lim_{\|T\|\to 0} s(T)。$$

证 只证 $S = \lim\limits_{\|T\|\to 0} S(T)$，另一式类似可证。

任给 $\varepsilon > 0$，由于 $S = \inf\limits_T S(T)$，则存在分割 T'，使得

$$S(T') < S + \frac{\varepsilon}{2}。$$

设 T' 有 p 个分点，令 $\delta = \dfrac{\varepsilon}{2(M-m)p}$，由性质 3，对任意分割 T，只要 $\|T\| < \delta$，就有

$$S(T) - S(T') \leqslant p(M-m)\|T\| < p(M-m) \cdot \frac{\varepsilon}{2(M-m)p} = \frac{\varepsilon}{2},$$

从而有

$$S(T) < S(T') + \frac{\varepsilon}{2} < S + \frac{\varepsilon}{2} + \frac{\varepsilon}{2} = S + \varepsilon。$$

又由于显然有 $S \leqslant S(T)$，从而当 $\|T\| < \delta$ 时，有

$$S - \varepsilon < S(T) < S + \varepsilon。$$

这便证明了 $\lim\limits_{\|T\| \to 0} S(T) = S$。

综上所述，对闭区间上的有界函数，当分割细度趋于 0 时，达布上、下和的极限一定是存在的，分别等于达布上、下和的确界，也就是上、下积分，即

$$S = \inf_{T} S(T) = \lim_{\|T\| \to 0} S(T), \quad s = \sup_{T} s(T) = \lim_{\|T\| \to 0} s(T)。$$

以下性质描述上、下积分与积分和的关系，从中可以发现，上、下积分是如何摆脱两个任意性的。

性质 6　对同一个分割 T，上和是所有积分和的上确界，下和是所有积分和的下确界，即

$$S(T) = \sup_{\{\xi_i\}} \sum_{i=1}^{n} f(\xi_i)\Delta x_i, \quad s(T) = \inf_{\{\xi_i\}} \sum_{i=1}^{n} f(\xi_i)\Delta x_i。$$

证　只证 $S(T) = \sup\limits_{\{\xi_i\}} \sum\limits_{i=1}^{n} f(\xi_i)\Delta x_i$，另一式类似可证。

由式 (3.1.1) 可知上和是积分和的上界。任给 $\varepsilon > 0$，对任意 i，由于 $M_i = \sup\limits_{x \in \Delta_i} f(x)$，则存在 $\xi_i \in \Delta_i$，使得 $f(\xi_i) > M_i - \dfrac{\varepsilon}{b-a}$，则

$$\sum_{i=1}^{n} f(\xi_i)\Delta x_i > \sum_{i=1}^{n} \left(M_i - \frac{\varepsilon}{b-a}\right)\Delta x_i = S(T) - \varepsilon。$$

这说明 $S(T)$ 是积分和的最小上界，因而，$S(T) = \sup\limits_{\{\xi_i\}} \sum\limits_{i=1}^{n} f(\xi_i)\Delta x_i$。

注　综合定义 3.1.4 和性质 6，有

$$S = \inf_{T} \sup_{\{\xi_i\}} \sum_{i=1}^{n} f(\xi_i)\Delta x_i = \lim_{\|T\| \to 0} \sup_{\{\xi_i\}} \sum_{i=1}^{n} f(\xi_i)\Delta x_i,$$

$$s = \sup_{T} \inf_{\{\xi_i\}} \sum_{i=1}^{n} f(\xi_i)\Delta x_i = \lim_{\|T\| \to 0} \sup_{\{\xi_i\}} \sum_{i=1}^{n} f(\xi_i)\Delta x_i。$$

3.1.2 可积的条件

要判断一个函数在某个闭区间上是否可积, 由于积分和极限的复杂性, 直接利用定义是极其困难的, 因而下面从函数的性质出发来推出一些可积的条件。

定理 3.1.1(**可积的第一充要条件**) 有界函数 $f(x)$ 在区间 $[a,b]$ 上可积的充要条件为: $f(x)$ 在 $[a,b]$ 上的上、下积分相等, 即 $S=s$。

证 (必要性) 设

$$\int_a^b f(x)\mathrm{d}x = \lim_{\|T\|\to 0}\sum_{i=1}^n f(\xi_i)\Delta x_i = J。$$

任给 $\varepsilon > 0$, 则存在 $\delta > 0$, 当 $\|T\| < \delta$ 时,

$$\left|\sum_{i=1}^n f(\xi_i)\Delta x_i - J\right| < \varepsilon。$$

利用上、下确界的性质, 当 $\|T\| < \delta$ 时, 有

$$|S(T)-J| \leqslant \varepsilon, \quad |s(T)-J| \leqslant \varepsilon,$$

这便证明了

$$\lim_{\|T\|\to 0}S(T) = \lim_{\|T\|\to 0}s(T) = J,$$

即

$$S = s = J。$$

(充分性) 设 $S = s = J$, 即

$$\lim_{\|T\|\to 0}S(T) = \lim_{\|T\|\to 0}s(T) = J。$$

任给 $\varepsilon > 0$, 则存在 $\delta > 0$, 当 $\|T\| < \delta$ 时, 有

$$|S(T)-J| < \varepsilon, \quad |s(T)-J| < \varepsilon,$$

因而有

$$J - \varepsilon < s(T) \leqslant \sum_{i=1}^n f(\xi_i)\Delta x_i < S(T) < J + \varepsilon,$$

即

$$\left|\sum_{i=1}^n f(\xi_i)\Delta x_i - J\right| < \varepsilon,$$

从而 $f(x)$ 在区间 $[a,b]$ 上可积且 $\int_a^b f(x)\mathrm{d}x = S = s$。

注 由此定理及其证明可以看出, 可积的第一充要条件实际上等价于

$$\lim_{\|T\|\to 0}S(T) = \lim_{\|T\|\to 0}s(T) \text{ 或 } \lim_{\|T\|\to 0}(S(T)-s(T)) = 0。$$

事实上，对于闭区间上的有界函数，当分割细度 $\|T\| \to 0$ 时，上和 $S(T)$ 在减小（不一定严格减小），下和 $s(T)$ 在增大（不一定严格增大），而函数是否可积，依赖于二者是否趋于同一极限，或者二者之差 $S(T) - s(T)$ 是否趋于零。也就是说，函数是否可积，$S(T) - s(T)$ 起着决定作用。

例 3.1.1 中的狄利克雷函数 $D(x)$ 在 $[0,1]$ 上的上、下积分分别为 $1, 0$，二者不相等，因而在 $[0,1]$ 上不可积，还可发现，分割细度 $\|T\| \to 0$ 时，$S(T) - s(T)$ 恒为 1，不减小更不趋于零，这也是狄利克雷函数不可积的本质原因。

定义 3.1.5　设 $f(x)$ 为区间 $[a,b]$ 上的有界函数，$T = \{x_0, x_1, \cdots, x_n\}$ 为 $[a,b]$ 的一个分割，称 $\omega_i = M_i - m_i$ 为函数 $f(x)$ 在 Δ_i 上的**振幅** $(i = 1, 2, \cdots, n)$，并称

$$\sum_{i=1}^{n} \omega_i \Delta x_i = S(T) - s(T)$$

为函数 $f(x)$ 对应于分割 T 的振幅面积，有时记为 $\sum_{T} \omega_i \Delta x_i$。

定理 3.1.2（可积的第二充要条件、可积准则）　有界函数 $f(x)$ 在区间 $[a,b]$ 上可积的充要条件为：任给 $\varepsilon > 0$，总存在某一分割 T，使得

$$\sum_{T} \omega_i \Delta x_i < \varepsilon。$$

证　（必要性）设 $f(x)$ 在 $[a,b]$ 上可积，由定理 3.1.1 知 $S = s$，即

$$\lim_{\|T\| \to 0} (S(T) - s(T)) = 0,$$

因而，任给 $\varepsilon > 0$，总存在分割 T，满足 $\|T\|$ 充分小且

$$\sum_{T} \omega_i \Delta x_i = S(T) - s(T) < \varepsilon。$$

（充分性）任给 $\varepsilon > 0$，若存在分割 T，使得

$$S(T) - s(T) < \varepsilon,$$

则显然有

$$0 \leqslant S - s \leqslant S(T) - s(T) < \varepsilon,$$

由 ε 的任意性可知 $S = s$，从而再由定理 3.1.1 可知 $f(x)$ 在 $[a,b]$ 上可积。

注　由可积准则可知，对事先给定的 $\varepsilon > 0,$，只需找到振幅面积 $\sum_{T} \omega_i \Delta x_i = S(T) - s(T) < \varepsilon$ 的一个分割 T 即可，这要比第一充要条件容易得多，因而可积准则是后续学习中判断有界函数可积最常用的定理。

例 3.1.2　设 $f(x)$ 在 $[a,b]$ 上可积，且满足 $|f(x)| \geqslant m > 0$，证明：$\dfrac{1}{f(x)}$ 在 $[a,b]$ 上也可积。

证 任给 $\varepsilon > 0$，由于 $f(x)$ 在 $[a,b]$ 上可积，根据可积准则，存在 $[a,b]$ 的一个分割 T，使得

$$\sum_T \omega_i^f \Delta x_i < m^2 \varepsilon。$$

又由于

$$\left| \frac{1}{f(x')} - \frac{1}{f(x'')} \right| = \frac{|f(x') - f(x'')|}{|f(x')f(x'')|} \leqslant \frac{|f(x') - f(x'')|}{m^2},$$

因而振幅

$$\omega_i^{\frac{1}{f}} = \sup_{x',x'' \in \Delta_i} \left| \frac{1}{f(x')} - \frac{1}{f(x'')} \right| = \frac{\sup\limits_{x',x'' \in \Delta_i} |f(x') - f(x'')|}{m^2} \leqslant \frac{\omega_i^f}{m^2},$$

所以有

$$\sum_T \omega_i^{\frac{1}{f}} \Delta x_i \leqslant \sum_T \frac{\omega_i^f}{m^2} \Delta x_i < \frac{m^2 \varepsilon}{m^2} = \varepsilon,$$

这说明 $\dfrac{1}{f(x)}$ 在 $[a,b]$ 上也可积。

定理 3.1.3（可积的第三充要条件） 有界函数 $f(x)$ 在区间 $[a,b]$ 上可积的充要条件为：任给正数 ε, η，总存在某一分割 T，使得属于 T 的所有小区间中，振幅 $\omega_{k'} \geqslant \varepsilon$ 的小区间 $\Delta_{k'}$ 的总长

$$\sum_{k'} \Delta x_{k'} < \eta。$$

证 （必要性）任给正数 ε, η，由 $f(x)$ 在 $[a,b]$ 上可积，利用定理 3.1.2，对正数 $\varepsilon\eta$，存在分割 T，使得

$$\sum_T \omega_i \Delta x_i < \varepsilon\eta,$$

则有

$$\varepsilon \sum_{k'} \Delta x_{k'} \leqslant \sum_{k'} \omega_{k'} \Delta x_{k'} \leqslant \sum_T \omega_i \Delta x_i < \varepsilon\eta,$$

因而

$$\sum_{k'} \Delta x_{k'} < \eta。$$

（充分性）任给 $\varepsilon > 0$，令 $\varepsilon' = \dfrac{\varepsilon}{2(b-a)}$，$\eta' = \dfrac{\varepsilon}{2(M-m)}$。由假设，存在分割 T，使得振幅 $\omega_{k'} \geqslant \varepsilon'$ 的区间 $\Delta_{k'}$ 的总长 $\sum\limits_{k'} \Delta x_{k'} < \eta'$，记其余小区间为 $\Delta_{k''}$，有

$$\sum_T \omega_i \Delta x_i = \sum_{k'} \omega_{k'} \Delta x_{k'} + \sum_{k''} \omega_{k''} \Delta x_{k''} < \sum_{k'} (M-m) \Delta x_{k'} + \sum_{k''} \varepsilon' \Delta x_{k''} \leqslant$$

$$(M-m)\eta' + \varepsilon'(b-a) = \frac{\varepsilon}{2} + \frac{\varepsilon}{2} = \varepsilon,$$

从而利用定理 3.1.2，可知 $f(x)$ 在区间 $[a,b]$ 上可积。

例 3.1.3　证明：黎曼函数

$$R(x) = \begin{cases} \dfrac{1}{q}, & x = \dfrac{p}{q}, p < q, p, q \text{ 互素}, \\ 0, & x = 0, 1 \text{ 或 } (0,1) \text{ 内的无理数} \end{cases}$$

在区间 $[0,1]$ 上可积，并求 $\displaystyle\int_0^1 R(x)\mathrm{d}x$。

证　证法一（利用第二充要条件）：对任意 $\varepsilon > 0$，在 $[0,1]$ 上函数值大于 $\dfrac{\varepsilon}{2}\left(\text{即 } \dfrac{1}{q} > \dfrac{\varepsilon}{2}\right)$ 的点只有有限个，设为 K 个。

任取满足 $\|T\| < \dfrac{\varepsilon}{2K}$ 的分割 T。将此分割的小区间分为两类，含有上述 K 个点中某个点的小区间至多有 $2K$ 个，记为 $\Delta_{k'}$，其余的小区间上的函数值均不大于 $\dfrac{\varepsilon}{2}$，记为 $\Delta_{k''}$。黎曼函数的最大函数值为 $\dfrac{1}{2}$，最小函数值为 0，则有

$$\sum_T \omega_i \Delta x_i = \sum_{k'} \omega_{k'} \Delta x_{k'} + \sum_{k''} \omega_{k''} \Delta x_{k''} \leqslant \sum_{k'} \frac{1}{2} \cdot \Delta x_{k'} + \sum_{k''} \frac{\varepsilon}{2} \Delta x_{k''} \leqslant$$
$$\frac{1}{2} \cdot 2K \cdot \|T\| + \frac{\varepsilon}{2} \cdot 1 < \frac{\varepsilon}{2} + \frac{\varepsilon}{2} = \varepsilon。$$

由可积准则可知黎曼函数在 $[0,1]$ 上可积。

又易知，对任意分割 T，达布下和 $s(T) = 0$，因而

$$\int_0^1 R(x)\mathrm{d}x = s = \lim_{\|T\| \to 0} s(T) = 0。$$

证法二（利用第三充要条件）：任给正数 ε, η，由于函数值大于或等于 $\varepsilon\left(\text{即 } \dfrac{1}{q} \geqslant \varepsilon\right)$ 的点只有有限个，设为 K 个。任取满足 $\|T\| < \dfrac{\eta}{2K}$ 的分割 T，这个分割的振幅大于或等于 ε 的小区间（即含有上述 K 个点中某个点的小区间）至多有 $2K$ 个，记为 $\Delta_{k'}$，因而有

$$\sum_{k'} \Delta x_{k'} \leqslant 2K \cdot \|T\| < 2K \cdot \frac{\eta}{2K} = \eta。$$

由可积的第三充要条件可知，$R(x)$ 在 $[0,1]$ 上可积。

例 3.1.4　$f(x)$ 在 $[a,b]$ 上连续，$\varphi(t)$ 在 $[\alpha,\beta]$ 上可积，$a \leqslant \varphi(t) \leqslant b$ $(t \in [\alpha,\beta])$，证明：复合函数 $F(t) = f(\varphi(t))$ 在 $[\alpha,\beta]$ 上可积。

证　任给正数 ε, η，利用可积的第三充要条件，需找到 $[\alpha,\beta]$ 的一个分割 T，使得属于 T 的所有小区间中，振幅 $\omega_{k'}^F \geqslant \varepsilon$ 的小区间 $\Delta_{k'}$ 的总长 $\sum_{k'} \Delta t_{k'} < \eta$。

对上述 ε，由于 $f(x)$ 在 $[a,b]$ 上连续，从而一致连续，则存在 $\delta > 0$，使得 $x', x'' \in [a,b]$，$|x' - x''| < \delta$ 时，有

$$|f(x') - f(x'')| < \frac{\varepsilon}{2} < \varepsilon。$$

对上述 δ, η, 由于 $\varphi(t)$ 在 $[\alpha, \beta]$ 可积, 则存在 $[\alpha, \beta]$ 的分割 T, 使得其所有小区间中, 振幅 $\omega_{k'}^{\varphi} \geqslant \delta$ 的小区间 $\Delta_{k'}$ 的总长 $\sum\limits_{k'} \Delta t_{k'} < \eta$。其余小区间的振幅 $\omega_{k''}^{\varphi} < \delta$, 从而由上述 $f(x)$ 的一致连续性可知, $\omega_{k''}^{F} \leqslant \dfrac{\varepsilon}{2} < \varepsilon$。

因而, $[\alpha, \beta]$ 的分割 T 的所有小区间中, 振幅 $\omega_{k'}^{F} \geqslant \varepsilon$ 的小区间至多为上述所有的 $\Delta_{k'}$, 其总长 $\sum\limits_{k'} \Delta t_{k'} < \eta$, 由可积的第三充要条件可知 $F(t)$ 在 $[\alpha, \beta]$ 上可积。

定理 3.1.4(可积的必要条件) 若 $f(x)$ 在区间 $[a, b]$ 上可积, 则 $f(x)$ 在区间 $[a, b]$ 上必有界。

证 用反证法。假设 $f(x)$ 在 $[a, b]$ 上无界, 则对任意分割 $T = \{x_0, x_1, \cdots, x_n\}$, $f(x)$ 必在某个 Δ_i 上无界, 不妨设 $f(x)$ 在 Δ_1 上无界。

对任意正数 G, 先任取介点集 $\{\xi_2, \xi_3, \cdots, \xi_n\}$, $\sum\limits_{i=2}^{n} f(\xi_i) \Delta x_i$ 便确定下来。由于 $f(x)$ 在 Δ_1 上无界, 再适当选取 $\xi_1 \in \Delta_1$, 使其满足

$$\left| f(\xi_1) \Delta x_1 + \sum_{i=2}^{n} f(\xi_i) \Delta x_i \right| = \left| \sum_{i=1}^{n} f(\xi_i) \Delta x_i \right| > G,$$

因而积分和的极限 $\lim\limits_{\|T\| \to 0} \sum\limits_{i=1}^{n} f(\xi_i) \Delta x_i$ 不存在, 从而函数在 $[a, b]$ 上不可积。

这个定理指出, 闭区间上函数有界是可积的必要条件, 但有界的函数不一定可积, 如例 3.1.1 中的狄利克雷函数在 $[0, 1]$ 上有界, 但不可积。

3.1.3 可积函数类

下面给出在黎曼可积意义下函数可积的充分条件, 即哪些函数类型是可积的。

定理 3.1.5 $[a, b]$ 上的连续函数 $f(x)$ 在 $[a, b]$ 上可积。

证 由康托尔定理, $f(x)$ 在 $[a, b]$ 上连续, 则一致连续, 从而, 对任意正数 ε, 存在 $\delta > 0$, 使得 $x', x'' \in [a, b], |x' - x''| < \delta$ 时, 有

$$|f(x') - f(x'')| < \frac{\varepsilon}{b - a}。$$

任取 $[a, b]$ 的满足 $\|T\| < \delta$ 的分割 T, 由上述结论可知, 每个小区间 Δ_i 上的振幅

$$\omega_i = \sup_{x', x'' \in \Delta_i} |f(x') - f(x'')| \leqslant \frac{\varepsilon}{b - a},$$

从而有

$$\sum_{T} \omega_i \Delta x_i \leqslant \frac{\varepsilon}{b - a} \sum_{T} \Delta x_i = \varepsilon。$$

根据可积准则, $f(x)$ 在 $[a, b]$ 上可积。

注 由例 3.1.3 可知黎曼函数在 $[0, 1]$ 可积, 但不连续, 因而此定理的逆命题一般不成立。

定理 3.1.6 $[a, b]$ 上只有有限个间断点的有界函数 $f(x)$ 在 $[a, b]$ 上可积。

证 为不失一般性，设 $f(x)$ 在区间 $[a, b]$ 上只有一个间断点，且为 b。令 M, m 分别表示函数 $f(x)$ 在 $[a, b]$ 上的上、下确界。

任给 $\varepsilon > 0$，取 $x' \in (a, b)$，使

$$b - x' < \frac{\varepsilon}{2(M - m)}。$$

由于 $f(x)$ 在 $[a, x']$ 上连续，从而可积，则存在 $[a, x']$ 的分割 $T' = \{x_0, x_1, \cdots, x_{n-1}\}$ $(x_0 = a,$ $x_{n-1} = x')$，使得

$$\sum_{T'} \omega_i \Delta x_i < \frac{\varepsilon}{2}。$$

令 $T = \{x_0, x_1, \cdots, x_{n-1}, x_n\}$ $(x_n = b)$，则 T 为 $[a, b]$ 的一个分割，且有

$$\sum_{T} \omega_i \Delta x_i = \sum_{T'} \omega_i \Delta x_i + \omega_n \Delta x_n < \frac{\varepsilon}{2} + (M - m) \cdot \frac{\varepsilon}{2(M - m)} = \varepsilon,$$

由可积准则可知 $f(x)$ 在 $[a, b]$ 上可积。

例 3.1.5 证明：函数

$$f(x) = \begin{cases} \sin \dfrac{1}{x}, & x \in (0, 1], \\ 0, & x = 0 \end{cases}$$

在 $[0, 1]$ 上可积。

证 由于函数 $f(x)$ 在 $[0, 1]$ 上有界且只有一个间断点 $x = 0$，从而在 $[0, 1]$ 上可积。

定理 3.1.7 $[a, b]$ 上的单调函数 $f(x)$ 在 $[a, b]$ 上可积。

证 为不失一般性，设 $f(x)$ 为 $[a, b]$ 上的非常值增函数。任给 $\varepsilon > 0$，任取 $[a, b]$ 的满足 $\|T\| < \dfrac{\varepsilon}{f(b) - f(a)}$ 的分割 T，增函数在每个小区间上的振幅 $\omega_i = f(x_i) - f(x_{i-1})$，于是有

$$\sum_{T} \omega_i \Delta x_i \leqslant \sum_{i=1}^{n} (f(x_i) - f(x_{i-1})) \|T\| < (f(b) - f(a)) \cdot \frac{\varepsilon}{f(b) - f(a)} = \varepsilon,$$

由可积准则可知 $f(x)$ 在 $[a, b]$ 上可积。

注 有限闭区间上定义的单调函数即使有无数个间断点，仍是可积的。

例 3.1.6 证明：函数

$$f(x) = \begin{cases} 0, & x = 0, \\ \dfrac{1}{n}, & \dfrac{1}{n+1} < x \leqslant \dfrac{1}{n} (n = 1, 2, \cdots) \end{cases}$$

在 $[0, 1]$ 上可积。

证 函数 $f(x)$ 在 $[0, 1]$ 上单调递增，从而可积。

注 1 本节所讲的这 3 类可积函数是常见的可积函数,它们并没有穷尽所有黎曼可积函数类型。例如,例 3.1.3 中的黎曼函数在 $[0,1]$ 上是可积的,但由于它在开区间 $(0,1)$ 内所有有理点是间断的,它不属于这 3 类中任何一类。

注 2 由定理 3.1.5 知,闭区间上的连续函数自然在此闭区间是可积的,而闭区间上不连续的函数,如果满足定理 3.1.6 或定理 3.1.7 的条件,也一定是可积的,如果不满足定理 3.1.6 或定理 3.1.7 的条件(如黎曼函数),也有可能是可积的。那么,在闭区间上可积的不连续函数到底是什么样的呢?事实上,这与函数间断点的个数无关,与间断点在闭区间上占据的"长度"有关。如果间断点占据的"长度"太大,会导致振幅面积不能随着分割细度趋于 0 而无限减小,从而不能趋于 0。在本书第 6 章会学习到,有界函数在闭区间上黎曼可积当且仅当其间断点的"长度"为零。这个结论彻底解决了黎曼可积函数类的问题,但需要更深刻的知识才能掌握它。

习 题 3.1

1. 设 T 为 $[a,b]$ 的一个分割,T' 为 T 增加若干个分点后得到的新分割,证明:

$$\sum_{T'} \omega_i' \Delta x_i \leqslant \sum_T \omega_i \Delta x_i。$$

2. 若 $f(x)$ 在 $[a,b]$ 上可积,$[\alpha,\beta] \subset [a,b]$,证明:$f(x)$ 在 $[\alpha,\beta]$ 上也可积。

3. 设

$$f(x) = \begin{cases} x, & x \text{ 为有理数}, \\ 0, & x \text{ 为无理数}, \end{cases}$$

求 $f(x)$ 在 $[0,1]$ 上的上积分和下积分,并判断 $f(x)$ 在 $[0,1]$ 上是否可积。

4. $f(x), g(x)$ 均为 $[a,b]$ 上的有界函数,且只在有限个点处 $f(x) \neq g(x)$,证明:当 $f(x)$ 在 $[a,b]$ 上可积时,$g(x)$ 在 $[a,b]$ 上也可积,且有

$$\int_a^b f(x)\mathrm{d}x = \int_a^b g(x)\mathrm{d}x。$$

5. $f(x)$ 在 $[a,b]$ 上有界,$\{a_n\} \subset [a,b]$,$\lim\limits_{n\to\infty} a_n = c$,证明:若 $f(x)$ 在 $[a,b]$ 上以 $\{a_n | n = 1, 2, \cdots\}$ 为其间断点的全体,则 $f(x)$ 在 $[a,b]$ 上可积。

6. 证明:可积的第二充要条件等价于:对任意 $\varepsilon > 0$,存在 $\delta > 0$,使得对一切满足 $\|T\| < \delta$ 的分割 T,都有 $\sum\limits_T \omega_i \Delta x_i < \varepsilon$。

7. 利用可积的第三充要条件证明:函数

$$f(x) = \begin{cases} \dfrac{1}{x} - \left[\dfrac{1}{x}\right], & x \in (0,1], \\ 0, & x = 0 \end{cases}$$

在 $[0,1]$ 上可积。

8. 按照以下步骤证明: 若函数 $f(x)$ 在闭区间 $[a, b]$ 上可积, 则它必在闭区间 $[a, b]$ 的一个稠密子集上连续。

(1) 若 T 是 $[a, b]$ 的一个满足 $\sum\limits_T \omega_i \Delta x_i < b - a$ 的分割 (由可积准则知这样的分割存在), 则在分割 T 下, 必存在某个小区间 Δ_i, 使得函数在此小区间上的振幅 $\omega_i < 1$。由此可知, 存在闭区间 $I_1 = [a_1, b_1] \subset (a, b)$, 且 $|I_1| < 1$ 使得函数在区间 I_1 上的振幅 $\omega(I_1) = \sup\limits_{x \in I_1} f(x) - \inf\limits_{x \in I_1} f(x) < 1$。

(2) 利用函数在区间 $[a_1, b_1]$ 上的可积性, 若 T_1 是 $[a_1, b_1]$ 的一个满足 $\sum\limits_{T_1} \omega_i \Delta x_i < \frac{1}{2}(b_1 - a_1)$ 的分割, 类似 (1), 存在闭区间 $I_2 = [a_2, b_2] \subset (a_1, b_1)$, 且 $|I_2| < \frac{1}{2}$ 使得函数在区间 I_2 上的振幅 $\omega(I_2) = \sup\limits_{x \in I_2} f(x) - \inf\limits_{x \in I_2} f(x) < \frac{1}{2}$。

(3) 重复以上步骤, 得闭区间套 $\{I_n\}$, 且 $|I_n| < \frac{1}{n}$ 使得 $\omega(I_n) = \sup\limits_{x \in I_n} f(x) - \inf\limits_{x \in I_n} f(x) < \frac{1}{n}$ $(n = 1, 2, \cdots)$, 从而, 存在一点 $x_0 \in I_n (n = 1, 2, \cdots)$。由此区间套的构造以及区间套的性质, 易知 $f(x)$ 在 x_0 处连续。

(4) 要证明连续点在闭区间 $[a, b]$ 上稠密, 由稠密子集的定义, 任取 $c, d \in [a, b], c < d$, 需证明存在连续点 x 满足 $c < x < d$。为此, 利用函数在 (c, d) 的任意闭子区间 $[c_1, d_1] \subset (c, d)$ 上的可积性, 重复以上步骤 (1)~(3), 便可得到一个连续点 $x \in [c_1, d_1] \subset (c, d)$, 即 $c < x < d$。

3.2　定积分的性质

3.2.1　定积分的基本性质

性质 1　若函数 $f(x), g(x)$ 在区间 $[a, b]$ 上均可积, 则 $\lambda f(x) + \mu g(x)$ 也在区间 $[a, b]$ 上可积, 且有
$$\int_a^b (\lambda f(x) + \mu g(x)) \mathrm{d}x = \lambda \int_a^b f(x) \mathrm{d}x + \mu \int_a^b g(x) \mathrm{d}x,$$
其中 λ, μ 为任意常数。

证　由定积分的定义,
$$\begin{aligned} \int_a^b (\lambda f(x) + \mu g(x)) \mathrm{d}x &= \lim_{\|T\| \to 0} \sum_{i=1}^n (\lambda f(\xi_i) + \mu g(\xi_i)) \Delta x_i \\ &= \lambda \lim_{\|T\| \to 0} \sum_{i=1}^n f(\xi_i) \Delta x_i + \mu \lim_{\|T\| \to 0} \sum_{i=1}^n g(\xi_i) \Delta x_i \\ &= \lambda \int_a^b f(x) \mathrm{d}x + \mu \int_a^b g(x) \mathrm{d}x, \end{aligned}$$
结论成立。

注　令 $\lambda = 1, \mu = \pm 1$ 及 $\mu = 0$, 分别可以得到

$$\int_a^b (f(x) \pm g(x))\mathrm{d}x = \int_a^b f(x)\mathrm{d}x \pm \int_a^b g(x)\mathrm{d}x,$$

$$\int_a^b \lambda f(x)\mathrm{d}x = \lambda \int_a^b f(x)\mathrm{d}x。$$

性质 2 若函数 $f(x)$, $g(x)$ 在区间 $[a,b]$ 上均可积, 则 $f(x)g(x)$ 也在区间 $[a,b]$ 上可积.

证 由于 $f(x)$, $g(x)$ 在区间 $[a,b]$ 上均可积, 从而有界, 则存在 $M > 0$, 使得

$$|f(x)| \leqslant M, \ |g(x)| \leqslant M。$$

任给 $\varepsilon > 0$, 根据可积准则, 存在 $[a,b]$ 的分割 T_1, T_2, 使得

$$\sum_{T_1} \omega_i^f \Delta x_i < \frac{\varepsilon}{2M}, \quad \sum_{T_2} \omega_i^g \Delta x_i < \frac{\varepsilon}{2M}。$$

又由于

$$|f(x')g(x') - f(x'')g(x'')| \leqslant |f(x')g(x') - f(x')g(x'')| + |f(x')g(x'') - f(x'')g(x'')|$$
$$= |f(x')||g(x') - g(x'')| + |g(x'')||f(x') - f(x'')| \leqslant$$
$$M(\,|g(x') - g(x'')| + |f(x') - f(x'')|\,),$$

因而振幅

$$\omega_i^{fg} = \sup_{x', x'' \in \Delta_i} |f(x')g(x') - f(x'')g(x'')| \leqslant$$
$$M(\sup_{x', x'' \in \Delta_i} |g(x') - g(x'')| + \sup_{x', x'' \in \Delta_i} |f(x') - f(x'')|\,) \leqslant$$
$$M(\omega_i^f + \omega_i^g)。$$

设 $T = T_1 + T_2$, 有

$$\sum_T \omega_i^{fg} \Delta x_i \leqslant \sum_T M(\omega_i^f + \omega_i^g)\Delta x_i \leqslant$$
$$M \sum_{T_1} \omega_i^f \Delta x_i + M \sum_{T_2} \omega_i^g \Delta x_i < M\frac{\varepsilon}{2M} + M\frac{\varepsilon}{2M} = \varepsilon。$$

这便证明了 $f(x)g(x)$ 在 $[a,b]$ 上也可积.

注 一般来说, $\int_a^b (f(x)g(x))\mathrm{d}x \neq \int_a^b f(x)\mathrm{d}x \int_a^b g(x)\mathrm{d}x$.

性质 3（关于积分区间的可加性） $f(x)$ 在 $[a,b]$ 上可积的充要条件为: 对任意 $c \in (a,b)$, $f(x)$ 在 $[a,c]$ 与 $[b,c]$ 上均可积. 此外, 有

$$\int_a^b f(x)\mathrm{d}x = \int_a^c f(x)\mathrm{d}x + \int_c^b f(x)\mathrm{d}x。$$

证 (必要性) 对任意 $\varepsilon > 0$, 由于 $f(x)$ 在 $[a,b]$ 上可积, 则存在 $[a,b]$ 的一个分割 T', 使得

$$\sum_{T'} \omega_i \Delta x_i < \varepsilon。$$

令 T 为 T' 加入新分点 c 的分割，显然有

$$\sum_T \omega_i \Delta x_i \leqslant \sum_{T'} \omega_i \Delta x_i < \varepsilon。$$

分别记分割 T 在区间 $[a, c]$ 和 $[c, b]$ 的两部分分割为 T_1 与 T_2，则有

$$\sum_{T_1} \omega_i \Delta x_i \leqslant \sum_T \omega_i \Delta x_i < \varepsilon,$$

$$\sum_{T_2} \omega_i \Delta x_i \leqslant \sum_T \omega_i \Delta x_i < \varepsilon,$$

从而由可积准则可知 $f(x)$ 在 $[a, c]$ 与 $[c, b]$ 上均可积。

(充分性) 任给 $\varepsilon > 0$，由于 $f(x)$ 在 $[a, c]$ 与 $[c, b]$ 上均可积，则分别存在 $[a, c]$ 与 $[c, b]$ 的分割 T_1 与 T_2，使得

$$\sum_{T_1} \omega_i \Delta x_i < \frac{\varepsilon}{2}, \quad \sum_{T_2} \omega_i \Delta x_i < \frac{\varepsilon}{2}。$$

令 $T = T_1 + T_2$，则 T 为 $[a, b]$ 的一个分割，且

$$\sum_T \omega_i \Delta x_i = \sum_{T_1} \omega_i \Delta x_i + \sum_{T_2} \omega_i \Delta x_i < \frac{\varepsilon}{2} + \frac{\varepsilon}{2} = \varepsilon,$$

因而 $f(x)$ 在 $[a, b]$ 上可积。

取含分点 c 的分割 T，此时由定积分的定义可得到

$$\int_a^b f(x)\mathrm{d}x = \lim_{\|T\| \to 0} \sum_T f(\xi_i) \Delta x_i$$

$$= \lim_{\|T\| \to 0} \sum_{T_1} f(\xi_i) \Delta x_i + \lim_{\|T\| \to 0} \sum_{T_2} f(\xi_i) \Delta x_i$$

$$= \int_a^c f(x)\mathrm{d}x + \int_c^b f(x)\mathrm{d}x。$$

注　规定

$$\int_a^b f(x)\mathrm{d}x = -\int_b^a f(x)\mathrm{d}x,$$

则很容易证明，不论 a, b, c 大小顺序如何，均有 $\displaystyle\int_a^b f(x)\mathrm{d}x = \int_a^c f(x)\mathrm{d}x + \int_c^b f(x)\mathrm{d}x$，也就是说，均有 $\displaystyle\int_a^b f(x)\mathrm{d}x + \int_b^a f(x)\mathrm{d}x = 0$, $\displaystyle\int_a^b f(x)\mathrm{d}x + \int_b^c f(x)\mathrm{d}x + \int_c^a f(x)\mathrm{d}x = 0$。

利用定积分的定义很容易证明以下性质。

性质 4　若在 $[a, b]$ 上，$f(x), g(x)$ 均可积且 $f(x) \leqslant g(x)$，则有

$$\int_a^b f(x)\mathrm{d}x \leqslant \int_a^b g(x)\mathrm{d}x。$$

特别地，若在 $[a,b]$ 上 $f(x) \geqslant 0$，则有 $\int_a^b f(x)\mathrm{d}x \geqslant 0$。

例 3.2.1 设 $f(x)$ 在 $[a,b]$ 上连续非负，且至少存在 $x_0 \in [a,b]$，使得 $f(x_0) > 0$，证明：$\int_a^b f(x)\mathrm{d}x > 0$。

证 不妨设 $x_0 \in (a,b)$，由连续函数的保号性，存在 $\delta > 0$，使得 $x \in [x_0-\delta, x_0+\delta] \subset [a,b]$ 时，$f(x) > \dfrac{f(x_0)}{2} > 0$。再利用定积分的性质 3、4 有

$$\int_a^b f(x)\mathrm{d}x = \int_a^{x_0-\delta} f(x)\mathrm{d}x + \int_{x_0-\delta}^{x_0+\delta} f(x)\mathrm{d}x + \int_{x_0+\delta}^b f(x)\mathrm{d}x \geqslant$$

$$0 + \int_{x_0-\delta}^{x_0+\delta} f(x)\mathrm{d}x + 0 \geqslant \int_{x_0-\delta}^{x_0+\delta} \frac{f(x_0)}{2} = \delta f(x_0) > 0。$$

注 由例 3.2.1 易得以下结论：若 $f(x)$ 在 $[a,b]$ 上连续非负，且 $\int_a^b f(x)\mathrm{d}x = 0$，则 $f(x_0) = 0$，$x \in [a,b]$。

性质 5 若 $f(x)$ 在 $[a,b]$ 上可积，则 $|f(x)|$ 在 $[a,b]$ 上也可积，且有

$$\left| \int_a^b f(x)\mathrm{d}x \right| \leqslant \int_a^b |f(x)|\mathrm{d}x。$$

证 对任意 $\varepsilon > 0$，由于 $f(x)$ 在 $[a,b]$ 上可积，则存在 $[a,b]$ 的一个分割 T，使得

$$\sum_T \omega_i^f \Delta x_i < \varepsilon。$$

由于

$$|\,|f(x')| - |f(x'')|\,| \leqslant |f(x') - f(x'')|,$$

因此振幅

$$\omega_i^{|f|} = \sup_{x',x'' \in \Delta_i} |\,|f(x')| - |f(x'')|\,| \leqslant \sup_{x',x'' \in \Delta_i} |f(x') - f(x'')| \leqslant \omega_i^f,$$

于是有

$$\sum_T \omega_i^{|f|} \Delta x_i \leqslant \sum_T \omega_i^f \Delta x_i < \varepsilon,$$

这便证明了 $|f(x)|$ 在 $[a,b]$ 上也可积。

由于 $-|f(x)| \leqslant f(x) \leqslant |f(x)|$，利用性质 4，有

$$-\int_a^b |f(x)|\mathrm{d}x \leqslant \int_a^b f(x)\mathrm{d}x \leqslant \int_a^b |f(x)|\mathrm{d}x,$$

即

$$\left| \int_a^b f(x)\mathrm{d}x \right| \leqslant \int_a^b |f(x)|\mathrm{d}x。$$

注 这个定理的逆命题一般不成立。

例 3.2.2 设

$$f(x) = \begin{cases} -1, & x \text{ 为 } [0,1] \text{ 内的有理数,} \\ 1, & x \text{ 为 } [0,1] \text{ 内的无理数,} \end{cases}$$

类似例 3.1.1 的狄利克雷函数, $f(x)$ 在 $[0,1]$ 上不可积, 但 $|f(x)| = 1$ 在 $[0,1]$ 上可积。

3.2.2 积分中值定理与微积分基本定理

利用连续函数的介值定理可以证明以下积分中值定理。

定理 3.2.1（积分第一中值定理） 若 $f(x)$ 在 $[a,b]$ 上连续, $g(x)$ 在 $[a,b]$ 上可积且不变号, 则至少存在一点 $\xi \in [a,b]$, 使得

$$\int_a^b f(x)g(x)\mathrm{d}x = f(\xi)\int_a^b g(x)\mathrm{d}x。$$

证 不妨设 $g(x)$ 在 $[a,b]$ 上非负, $f(x)$ 在 $[a,b]$ 上的最大、小值分别为 M, m, 则有

$$mg(x) \leqslant f(x)g(x) \leqslant Mg(x), \ x \in [a,b],$$

从而有

$$m\int_a^b g(x)\mathrm{d}x \leqslant \int_a^b f(x)g(x)\mathrm{d}x \leqslant M\int_a^b g(x)\mathrm{d}x。$$

若 $\int_a^b g(x)\mathrm{d}x = 0$, 则由上式有 $\int_a^b f(x)g(x)\mathrm{d}x = 0$, 因而取 ξ 为 $[a,b]$ 中任意点, 结论都成立。

若 $\int_a^b g(x)\mathrm{d}x > 0$, 则有

$$m \leqslant \frac{\displaystyle\int_a^b f(x)g(x)\mathrm{d}x}{\displaystyle\int_a^b g(x)\mathrm{d}x} \leqslant M。$$

利用连续函数的介值定理, 存在 $\xi \in [a,b]$, 使得

$$f(\xi) = \frac{\displaystyle\int_a^b f(x)g(x)\mathrm{d}x}{\displaystyle\int_a^b g(x)\mathrm{d}x},$$

即

$$\int_a^b f(x)g(x)\mathrm{d}x = f(\xi)\int_a^b g(x)\mathrm{d}x。$$

令 $g(x) = 1$, 可得以下推论。

推论（积分中值定理） 若 $f(x)$ 在 $[a,b]$ 上连续, 则至少存在一点 $\xi \in [a,b]$, 使得

$$\int_a^b f(x)\mathrm{d}x = f(\xi)(b-a)。$$

注 有时称这个推论为**积分第一中值定理**，称定理 3.2.1 为**推广的积分第一中值定理**，称 $\dfrac{1}{b-a}\displaystyle\int_a^b f(x)\mathrm{d}x$ 为连续函数 $f(x)$ 在 $[a,b]$ 上的平均值。

由定积分的性质可知，若 $f(t)$ 在 $[a,b]$ 上可积，则对任意 $x \in [a,b]$, $f(t)$ 在 $[a,x]$ 与 $[x,b]$ 上也可积，下面给出变限积分的概念。

定义 3.2.1 若 $f(t)$ 在 $[a,b]$ 上可积，则分别称积分

$$\varPhi(x) = \int_a^x f(t)\mathrm{d}t, \ \ \varPsi(x) = \int_x^b f(t)\mathrm{d}t, \ \ x \in [a,b]$$

为**变上限积分**与**变下限积分**。

由于 $\displaystyle\int_x^b f(t)\mathrm{d}t = -\int_b^x f(t)\mathrm{d}t$, 下面只讨论变上限积分的性质。

定理 3.2.2 若 $f(x)$ 在 $[a,b]$ 上可积，则 $\varPhi(x) = \displaystyle\int_a^x f(t)\mathrm{d}t$ 在 $[a,b]$ 上连续。

证 若 $f(x)$ 在 $[a,b]$ 上可积，则必有界，设 $|f(x)| \leqslant M$, $x \in [a,b]$, 则

$$\begin{aligned}
|\Delta\varPhi| &= |\varPhi(x+\Delta x) - \varPhi(x)| \\
&= \left|\int_a^{x+\Delta x} f(t)\mathrm{d}t - \int_a^x f(t)\mathrm{d}t\right| = \left|\int_x^{x+\Delta x} f(t)\mathrm{d}t\right| \leqslant \\
&\left|\int_x^{x+\Delta x} |f(t)|\mathrm{d}t\right| \leqslant \left|\int_x^{x+\Delta x} M\mathrm{d}x\right| = M|\Delta x|,
\end{aligned}$$

因而

$$\lim_{\Delta x \to 0} \Delta\varPhi = 0,$$

即 $\varPhi(x) = \displaystyle\int_a^x f(t)\mathrm{d}t$ 在 $[a,b]$ 上连续。

定理 3.2.3 若 $f(x)$ 在 $[a,b]$ 上连续，则 $\varPhi(x) = \displaystyle\int_a^x f(t)\mathrm{d}t$ 在 $[a,b]$ 上可导，且 $\varPhi'(x) = f(x)$。

证 若 $f(x)$ 在 $[a,b]$ 上连续，则

$$\begin{aligned}
\varPhi'(x) &= \lim_{\Delta x \to 0} \frac{\varPhi(x+\Delta x) - \varPhi(x)}{\Delta x} = \lim_{\Delta x \to 0} \frac{1}{\Delta x}\int_x^{x+\Delta x} f(t)\mathrm{d}t \\
&= \lim_{\Delta x \to 0} f(x+\theta\Delta x) \ \ (\theta \in [0,1]) = f(x),
\end{aligned}$$

即 $\varPhi(x) = \displaystyle\int_a^x f(t)\mathrm{d}t$ 在 $[a,b]$ 上可导，且 $\varPhi'(x) = f(x)$。

注 1 定积分与不定积分是两个完全不同的概念。简而言之，不定积分是原函数的全体，而定积分是黎曼和的极限。定理 3.2.3 称为**原函数存在定理**，它不但又一次说明了连续

函数必有原函数, 而且给出了一个定积分形式的原函数, 将不定积分与定积分联系起来, 因而这个定理也被称为**微积分基本定理**。此外, 假设 $F(x)$ 为 $f(x)$ 的任意一个原函数, 必有 $F(x) = \int_a^x f(x)\mathrm{d}x + C$, 从而 $C = F(a)$, 由此可得到**微积分基本公式** (**牛顿–莱布尼茨公式**)

$$\int_a^x f(x)\mathrm{d}x = F(x) - F(a)。$$

注 2 至此已经知道, 闭区间上的连续函数, 其定积分与不定积分都存在。但要注意的是, 一般来说, 不定积分存在不能保证定积分存在, 定积分存在也不能保证不定积分存在, 二者并没有蕴含关系。

如黎曼函数 $R(x)$ 在 $[0,1]$ 上是可积的, 即定积分存在, 但由于其间断点均为第一类间断点 (可去间断点), 由导函数间断点的性质, 它不可能是某个函数的导函数, 也就是说它的原函数不存在, 即不定积分不存在。又如

$$f(x) = \begin{cases} 2x\sin\dfrac{1}{x^2} - \dfrac{2}{x}\cos\dfrac{1}{x^2}, & x \in [-1,0) \cup (0,1], \\ 0, & x = 0, \end{cases}$$

显然 $f(x)$ 在 $[-1,1]$ 无界 (取 $x_n = \dfrac{1}{\sqrt{2n\pi}}, n = 1, 2, \cdots$), 从而不可积, 即定积分不存在。但 $f(x)$ 的不定积分存在, 因它有原函数

$$F(x) = \begin{cases} x^2\sin\dfrac{1}{x^2}, & x \in [-1,0) \cup (0,1], \\ 0, & x = 0。 \end{cases}$$

利用变限积分, 可以证明以下积分第二中值定理。

定理 3.2.4 (积分第二中值定理) 设 $f(x)$ 在 $[a,b]$ 上可积, $g(x)$ 在 $[a,b]$ 上单调非负。

I) 若 $g(x)$ 在 $[a,b]$ 上单调递减, 则存在 $\xi \in [a,b]$, 使得

$$\int_a^b f(x)g(x)\mathrm{d}x = g(a)\int_a^\xi f(x)\mathrm{d}x;$$

II) 若 $g(x)$ 在 $[a,b]$ 上单调递增, 则存在 $\xi \in [a,b]$, 使得

$$\int_a^b f(x)g(x)\mathrm{d}x = g(b)\int_\xi^b f(x)\mathrm{d}x。$$

证 下面只证 I), 类似可证得 II)。

由于 $f(x)$ 在 $[a,b]$ 上可积, 则变限积分 $F(x) = \int_a^x f(x)\mathrm{d}x$ 在 $[a,b]$ 上连续, 从而有最大值 M 和最小值 m, 即 $m \leqslant F(x) \leqslant M(x \in [a,b])$。

若 $g(a) = 0$, 由假设 $g(x)$ 单减非负可知 $g(x) = 0$ $(x \in [a,b])$, 结论显然成立。

若 $g(a) > 0$, 只需证明

$$m \leqslant \dfrac{\displaystyle\int_a^b f(x)g(x)\mathrm{d}x}{g(a)} \leqslant M,$$

再由 $F(x)$ 的介值性有 $\displaystyle\int_a^\xi f(x)\mathrm{d}x = F(\xi) = \dfrac{\displaystyle\int_a^b f(x)g(x)\mathrm{d}x}{g(a)}$，故结论成立。

由于可积函数 $f(x)$ 必有界，则在 $[a,b]$ 上，设有 $|f(x)| \leqslant L$，对任意 $\varepsilon > 0$，再由单调函数 $g(x)$ 必可积，则存在 $[a,b]$ 的分割 $T : a = x_0, x_1, \cdots, x_n = b$，使得

$$\sum_T \omega_i^g \Delta x_i < \frac{\varepsilon}{L}。$$

利用定积分的性质（关于积分区间的可加性）有

$$
\begin{aligned}
I &= \sum_{i=1}^n \int_{x_{i-1}}^{x_i} f(x)g(x)\mathrm{d}x \\
&= \sum_{i=1}^n \int_{x_{i-1}}^{x_i} f(x)[(g(x) - g(x_{i-1})) + g(x_{i-1})]\mathrm{d}x \\
&= \sum_{i=1}^n \int_{x_{i-1}}^{x_i} f(x)(g(x) - g(x_{i-1}))\mathrm{d}x + \sum_{i=1}^n \int_{x_{i-1}}^{x_i} f(x)g(x_{i-1})\mathrm{d}x = I_1 + I_2。
\end{aligned}
$$

此时，

$$
|I_1| \leqslant \sum_{i=1}^n \int_{x_{i-1}}^{x_i} |f(x)|\,|g(x) - g(x_{i-1})|\mathrm{d}x \leqslant
$$

$$
\sum_{i=1}^n \int_{x_{i-1}}^{x_i} L\omega_i^g \mathrm{d}x = L \sum_T \omega_i^g \Delta x_i < L \cdot \frac{\varepsilon}{L} = \varepsilon。
$$

$$
\begin{aligned}
I_2 &= \sum_{i=1}^n g(x_{i-1}) \int_{x_{i-1}}^{x_i} f(x)\mathrm{d}x = \sum_{i=1}^n g(x_{i-1})(F(x_i) - F(x_{i-1})) \\
&= g(x_0)[F(x_1) - F(x_0)] + g(x_1)[F(x_2) - F(x_1)] + \cdots + g(x_{n-1})[F(x_n) - F(x_{n-1})] \\
&= F(x_1)[g(x_0) - g(x_1)] + F(x_2)[g(x_1) - g(x_2)] + \cdots + F(x_{n-1})[g(x_{n-2}) - g(x_{n-1})] + \\
&\quad F(x_n)g(x_{n-1}) \\
&= \sum_{i=1}^{n-1} F(x_i)[g(x_{i-1}) - g(x_i)] + F(b)g(x_{n-1}) \leqslant \\
&\quad M \sum_{i=1}^{n-1} [g(x_{i-1}) - g(x_i)] + M \cdot g(x_{n-1}) \\
&= M[(g(x_0) - g(x_1)) + (g(x_1) - g(x_2)) + \cdots + (g(x_{n-2}) - g(x_{n-1})) + g(x_{n-1})] \\
&= M \cdot g(a),
\end{aligned}
$$

同理有

$$m \cdot g(a) \leqslant I_2,$$

这样就有

$$m \cdot g(a) - \varepsilon \leqslant I_1 + I_2 \leqslant M \cdot g(a) + \varepsilon,$$

由 ε 的任意性，便得

$$m \cdot g(a) \leqslant I \leqslant M \cdot g(a),$$

即

$$m \leqslant \frac{\displaystyle\int_a^b f(x)g(x)\mathrm{d}x}{g(a)} \leqslant M,$$

从而结论成立。

推论 设 $f(x)$ 在 $[a,b]$ 上可积，$g(x)$ 在 $[a,b]$ 上单调，则存在 $\xi \in [a,b]$，使得

$$\int_a^b f(x)g(x)\mathrm{d}x = g(a) \int_a^\xi f(x)\mathrm{d}x + g(b) \int_\xi^b f(x)\mathrm{d}x。$$

证 不妨设 $g(x)$ 单减，则令 $h(x) = g(x) - g(b)$，显然 $h(x)$ 单减非负。由定理 3.2.4，存在 $\xi \in [a,b]$，使得

$$\int_a^b f(x)g(x)\mathrm{d}x - g(b) \int_a^b f(x)\mathrm{d}x = \int_a^b f(x)h(x)\mathrm{d}x = h(a) \int_a^\xi f(x)\mathrm{d}x = [g(a) - g(b)] \int_a^\xi f(x)\mathrm{d}x。$$

由此式便可得

$$\int_a^b f(x)g(x)\mathrm{d}x = g(a) \int_a^\xi f(x)\mathrm{d}x + g(b) \int_\xi^b f(x)\mathrm{d}x。$$

例 3.2.3 $f(x)$ 为 $[0, 2\pi]$ 上的单调减函数，证明：对任意正整数 n，恒有

$$\int_0^{2\pi} f(x) \sin nx \ \mathrm{d}x \geqslant 0。$$

证 由于在 $[0, 2\pi]$ 上，$\sin nx$ 可积，$f(x)$ 单调，则利用积分第二中值定理的推论，存在 $\xi \in [0, 2\pi]$，有

$$\int_0^{2\pi} f(x) \sin nx \ \mathrm{d}x$$

$$= f(0) \int_0^\xi \sin nx \ \mathrm{d}x + f(2\pi) \int_\xi^{2\pi} \sin nx \ \mathrm{d}x$$

$$= f(0) \left(-\frac{1}{n}\right)(\cos n\xi - 1) + f(2\pi)\left(-\frac{1}{n}\right)(1 - \cos n\xi)$$

$$= \frac{1}{n}(1 - \cos n\xi)(f(0) - f(2\pi)) \geqslant 0。$$

习 题 3.2

1. 设 $f(x), g(x)$ 在 $[a,b]$ 上可积，证明：函数

$$M(x) = \max_{x \in [a,b]}\{f(x), \ g(x)\}, \quad m(x) = \min_{x \in [a,b]}\{f(x), \ g(x)\}$$

在 $[a, b]$ 上也可积。

2. 设 $f(x), g(x)$ 均在 $[a, b]$ 上可积，且 $g(x)$ 在 $[a, b]$ 上不变号，M, m 分别为 $f(x)$ 在 $[a, b]$ 上的上、下确界，证明：存在实数 μ $(m \leqslant \mu \leqslant M)$，使得

$$\int_a^b f(x)g(x)\mathrm{d}x = \mu \int_a^b g(x)\mathrm{d}x。$$

3. 若 $f(x)$ 在 $[a, b]$ 上可积，证明：存在 $\xi \in [a, b]$，使得

$$\int_a^\xi f(x)\mathrm{d}x = \int_\xi^b f(x)\mathrm{d}x。$$

4. 设 $f(x)$ 在 $(-\infty, +\infty)$ 上连续，$g(x) = f(x) \int_0^x f(t)\mathrm{d}t$，且 $g(x)$ 在 $(-\infty, +\infty)$ 上单调减少，证明：

$$f(x) \equiv 0, \ x \in (-\infty, +\infty)。$$

3.3　二元函数的可积条件

类似一元函数的可积条件，本节将以二元函数为代表讨论多元函数的可积条件。

定义 3.3.1　设 D 为实平面上可求面积的闭区域，用任意曲线将 D 分为 n 个可求面积的小闭区域

$$\sigma_1, \sigma_2, \cdots, \sigma_n,$$

称这些小区域构成 D 的一个**分割**，记为 T。若用 d_i 表示小区域 σ_i 的直径，即

$$d_i = \sup\{\rho(P, P') | P, P' \in \sigma_i\}, \ i = 1, 2, \cdots, n,$$

称

$$\|T\| = \max_{1 \leqslant i \leqslant n} d_i$$

为分割 T 的**分割细度**。

若记第 i 个小区域 σ_i 的面积为 $\Delta\sigma_i (i = 1, 2, \cdots, n)$，在每个小区域上取一点 $(\xi_i, \eta_i) \in \sigma_i$，作和式

$$\sum_{i=1}^n f(\xi_i, \eta_i)\Delta\sigma_i,$$

称这个和式为分割 T 的一个**积分和**。

定义 3.3.2　设 $f(x, y)$ 为定义在可求面积的有界闭区域 D 上的函数，J 是一个确定的数。若对任意 $\varepsilon > 0$，总存在 $\delta > 0$，使得对 D 的任意分割 T 及任意介点集 $\{(\xi_i, \eta_i)\}$，只要 $\|T\| < \delta$，就有

$$\left| \sum_{i=1}^n f(\xi_i, \eta_i)\Delta\sigma_i - J \right| < \varepsilon,$$

即

$$\lim_{\|T\|\to 0}\sum_{i=1}^{n}f(\xi_i,\eta_i)\Delta\sigma_i = J,$$

则称 $f(x,y)$ 在闭区域 D 上**可积**，并称 J 为 $f(x,y)$ 在闭区域 D 上的**二重积分**，记为

$$J = \iint\limits_{D} f(x,y)\mathrm{d}\sigma$$

或

$$J = \iint\limits_{D} f(x,y)\mathrm{d}x\mathrm{d}y。$$

定义 3.3.2 中，积分和的极限存在要求与两个任意性无关，即与分割的任意性以及介点集取法的任意性无关，否则函数在有界闭区域上不可积。类似 $[0,1]$ 上的狄利克雷函数，可以证明以下二元函数在 $[0,1]\times[0,1]$ 上不可积。

例 3.3.1　证明：区域 $D = [0,1]\times[0,1]$ 上定义的二元函数

$$f(x,y) = \begin{cases} 1, & (x,y) \text{ 为 } D \text{ 内的有理点,} \\ 0, & (x,y) \text{ 为 } D \text{ 内的无理点} \end{cases}$$

在 D 上不可积。

证　对 D 的任意分割 T，当介点集 $\{(\xi_i,\eta_i)\}$ 全取有理点时，积分和为 $\sum_{i=1}^{n}f(\xi_i,\eta_i)\Delta\sigma_i = \sum_{i=1}^{n}\Delta\sigma_i = 1$；当介点集 $\{(\xi_i,\eta_i)\}$ 全取无理点时，积分和为 $\sum_{i=1}^{n}f(\xi_i,\eta_i)\Delta\sigma_i = 0$，因而当 $\|T\|\to 0$ 时，积分和 $\sum_{i=1}^{n}f(\xi_i,\eta_i)\Delta\sigma_i$ 的极限不存在，即 $f(x,y)$ 在 D 上不可积。

定义 3.3.3　设 $f(x,y)$ 为有界闭区域 D 上的有界函数，T 为闭区域 D 上的一个分割，则 $f(x,y)$ 在每个 σ_i 上存在上、下确界

$$M_i = \sup_{x\in\sigma_i} f(x,y), \quad m_i = \inf_{x\in\sigma_i} f(x,y), \ i = 1,2,\cdots,n,$$

分别称

$$S(T) = \sum_{i=1}^{n}M_i\Delta\sigma_i, \quad s(T) = \sum_{i=1}^{n}m_i\Delta\sigma_i$$

为函数 $f(x,y)$ 在闭区域 D 上的**上和**与**下和**，称 $\omega_i = S(T) - s(T)$ 为函数 $f(x,y)$ 在小区域 σ_i 上的**振幅** $(i = 1,2,\cdots)$。

下面列出二元函数的可积性定理，请读者自行证明。

定理 3.3.1（必要条件）　若 $f(x,y)$ 在有界闭区域 D 上可积，则 $f(x,y)$ 在区域 D 上必有界。

定理 3.3.2（充要条件一） 函数 $f(x,y)$ 在有界闭区域 D 上可积的充要条件为：

$$\lim_{||T|| \to 0} S(T) = \lim_{||T|| \to 0} s(T)$$

或者

$$\lim_{||T|| \to 0} (S(T) - s(T)) = 0。$$

定理 3.3.3（充要条件二、可积准则） 函数 $f(x,y)$ 在有界闭区域 D 上可积的充要条件为：任给 $\varepsilon > 0$，总存在某一分割 T，使得

$$S(T) - s(T) = \sum_T \omega_i \Delta \sigma_i < \varepsilon。$$

定理 3.3.4 平面有界闭区域上的二元连续函数必可积。

定理 3.3.5 设 $f(x,y)$ 为有界闭区域 D 上的有界函数，若 $f(x,y)$ 只在 D 的一个面积为 0 的子集上不连续，则 $f(x,y)$ 在 D 上可积。

定理 3.3.6（积分中值定理） 若 $f(x,y)$ 在有界闭区域 D 上连续，$g(x,y)$ 在 D 上可积且不变号，则存在一点 $(\xi, \eta) \in D$，使得

$$\iint\limits_D f(x,y)g(x,y)\mathrm{d}x\mathrm{d}y = f(\xi, \eta) \iint\limits_D g(x,y)\mathrm{d}x\mathrm{d}y。$$

注 本定理中，若令 $g(x,y) = 1$，便得到常用的积分中值定理：若 $f(x,y)$ 在有界闭区域 D 上连续，则存在一点 $(\xi, \eta) \in D$，使得

$$\iint\limits_D f(x,y)\mathrm{d}x\mathrm{d}y = f(\xi, \eta)S_D,$$

其中，S_D 为区域 D 的面积。

例 3.3.2（二重积分化为累次积分） 设 $f(x,y)$ 在矩形区域 $[a,b] \times [c,d]$ 上可积，且对任意 $x \in [a,b]$，积分 $\int_c^d f(x,y)\mathrm{d}y$ 存在，则累次积分

$$\int_a^b \mathrm{d}x \int_c^d f(x,y)\mathrm{d}y$$

也存在，且

$$\iint\limits_D f(x,y)\mathrm{d}x\mathrm{d}y = \int_a^b \mathrm{d}x \int_c^d f(x,y)\mathrm{d}y。$$

证 设 $F(x) = \int_c^d f(x,y)\mathrm{d}y (x \in [a,b])$，任给 $[a,b]$ 一个分割 $T: a = x_0, x_1, \cdots, x_n = b$（分点由小到大排列），并任取 $\xi_i \in [x_{i-1}, x_i]$ $(i = 1, 2, \cdots, n)$。

要证 $F(x)$ 在区间 $[a,b]$ 上可积, 且积分值为 $\displaystyle\iint\limits_{D} f(x,y)\mathrm{d}x\mathrm{d}y$, 只需证明

$$\lim_{||T||\to 0} F(\xi_i)\Delta x_i = \iint\limits_{D} f(x,y)\mathrm{d}x\mathrm{d}y。$$

再将 $[c,d]$ 任意分割, 分点由小到大依次为: $c = y_0, y_1, \cdots, y_m = d$, 则直线

$$x = x_i \ (i=1,2,\cdots,n), y = y_j \ (j=1,2,\cdots,m)$$

将 D 分割为 mn 个小矩形 $\sigma_{ij} \ (i=1,2,\cdots,n; j=1,2,\cdots,m)$, 面积记为 $\Delta\sigma_{ij} \ (i=1,2,\cdots,n; j=1,2,\cdots,m)$, 并记 D 的这个分割为 τ。若函数值在每个 σ_{ij} 内的上、下确界分别记为 M_{ij}, m_{ij}, 则

$$\sum_{j=1}^{m} m_{ij}\Delta y_j \leqslant F(\xi_i) \leqslant \sum_{j=1}^{m} M_{ij}\Delta y_j。$$

因而,

$$\sum_{i=1}^{n}\sum_{j=1}^{m} m_{ij}\Delta y_j \Delta x_i \leqslant \sum_{i=1}^{n} F(\xi_i)\Delta x_i \leqslant \sum_{i=1}^{n}\sum_{j=1}^{m} M_{ij}\Delta y_j \Delta x_i,$$

即

$$s(\tau) = \sum_{i=1}^{n}\sum_{j=1}^{m} m_{ij}\Delta\sigma_{ij} \leqslant \sum_{i=1}^{n} F(\xi_i)\Delta x_i \leqslant \sum_{i=1}^{n}\sum_{j=1}^{m} M_{ij}\Delta\sigma_{ij} = S(\tau)。$$

由于二重积分存在, 令 $||\tau|| \to 0$, 上式两端的极限均为 $\displaystyle\iint\limits_{D} f(x,y)\mathrm{d}x\mathrm{d}y$, 此时 $||T|| \to 0$, 因而有

$$\lim_{||T||\to 0}\sum_{i=1}^{n} F(\xi_i)\Delta x_i = \iint\limits_{D} f(x,y)\mathrm{d}x\mathrm{d}y,$$

即累次积分 $\displaystyle\int_a^b \mathrm{d}x \int_c^d f(x,y)\mathrm{d}y$ 存在, 且

$$\iint\limits_{D} f(x,y)\mathrm{d}x\mathrm{d}y = \int_a^b \mathrm{d}x \int_c^d f(x,y)\mathrm{d}y。$$

例 3.3.3 计算下列极限:

(1) $I = \displaystyle\lim_{r\to 0} \frac{1}{r^2} \iint\limits_{D_r} \frac{\mathrm{d}x\mathrm{d}y}{1+\cos x^2 + \cos y^2}$, 其中 $D_r = x^2 + y^2 \leqslant r^2$;

(2) $I = \displaystyle\lim_{R\to +\infty} \iint\limits_{D_R} \mathrm{e}^{-x}\arctan\frac{y}{x}\mathrm{d}x\mathrm{d}y$, 其中 D_R 为由直线 $x = R, y = 0, y = \dfrac{2x}{R} - 1$ 围成的三角形区域。

解 (1) 由被积函数连续，利用积分中值定理，存在 $(\xi, \eta) \in D_r$，使得

$$\iint\limits_{D_r} \frac{\mathrm{d}x\mathrm{d}y}{1 + \cos x^2 + \cos y^2} = \frac{\pi r^2}{1 + \cos \xi^2 + \cos \eta^2},$$

从而，

$$I = \lim_{r \to 0} \frac{1}{r^2} \cdot \frac{\pi r^2}{1 + \cos \xi^2 + \cos \eta^2} = \frac{\pi}{3}.$$

(2) 由被积函数连续，利用积分中值定理，存在 $(\xi, \eta) \in D_R$，使得

$$\iint\limits_{D_R} \mathrm{e}^{-x} \arctan \frac{y}{x} \mathrm{d}x\mathrm{d}y = \mathrm{e}^{-\xi} \arctan \frac{\eta}{\xi} \cdot \frac{R}{4},$$

其中 $\xi \in \left[\dfrac{R}{2}, R\right], \eta \in [0, 1]$，从而，当 $R \to +\infty$ 时，

$$\left| \iint\limits_{D_R} \mathrm{e}^{-x} \arctan \frac{y}{x} \mathrm{d}x\mathrm{d}y \right| = \mathrm{e}^{-\xi} \arctan \frac{\eta}{\xi} \cdot \frac{R}{4} \leqslant \mathrm{e}^{-\frac{R}{2}} \cdot \frac{\pi}{2} \cdot \frac{R}{4} = \frac{\frac{\pi}{8} R}{\mathrm{e}^{\frac{R}{2}}} \to 0,$$

即 $I = 0$。

习　题　3.3

1. 证明：区域 $D = [0, 1] \times [0, 1]$ 上定义的二元函数

$$f(x, y) = \begin{cases} 1, & x \text{ 为无理数}, \\ 2y, & x \text{ 为有理数} \end{cases}$$

在 D 上不可积。

2. 证明定理 3.3.1。

3. 证明定理 3.3.4。

总 习 题 3

1. 设

$$f(x) = \begin{cases} x(1-x), & x \text{ 为有理数}, \\ 0, & x \text{ 为无理数}, \end{cases}$$

$f(x)$ 在 $[0, 1]$ 上是否可积？

2. 若 $f(x)$ 在 $[a, b]$ 上每一点处极限为 0，证明：$f(x)$ 在 $[a, b]$ 上可积，且

$$\int_a^b f(x)\mathrm{d}x = 0.$$

3. 设 $f(x)$ 在 $[a, b]$ 上可积，$\varphi(t)$ 在 $[\alpha, \beta]$ 上严格单调且连续可微，$\varphi(\alpha) = a$, $\varphi(\beta) = b$，证明：

$$\int_a^b f(x)\mathrm{d}x = \int_\alpha^\beta f(\varphi(t))\varphi'(t)\mathrm{d}t。$$

4. 设 $f(x)$ 在 $[a, b]$ 上连续，$g(x)$ 在 $[a, b]$ 上单调且连续可微，证明：存在 $\xi \in [a, b]$，使得

$$\int_a^b f(x)g(x)\mathrm{d}x = g(a)\int_a^\xi f(x)\mathrm{d}x + g(b)\int_\xi^b f(x)\mathrm{d}x。$$

注：不用积分第二中值定理。

5. 证明定理 3.3.6。

6. 若 $F(x)$ 在 $[a, b]$ 上连续，$f(x)$ 在 $[a, b]$ 上可积，且在区间 $[a, b]$ 上除有限个点外有 $F'(x) = f(x)$，证明：$\displaystyle\int_a^b f(x)\mathrm{d}x = F(b) - F(a)$。

第4章 函数列与函数项级数的一致收敛性

4.1 函数列的一致收敛性

4.1.1 函数列在数集上一致收敛的概念

定义 4.1.1 若一列函数

$$f_1(x),\ f_2(x),\ \cdots,\ f_n(x),\ \cdots$$

均定义在数集 E 上，则称这列函数为数集 E 上的一个**函数列**，记为 $\{f_n(x)\}$ 或 $f_n(x)$ $(n=1,2,\cdots)$。

对 $x_0 \in E$，若对应的数列 $\{f_n(x_0)\}$ 收敛，称 x_0 为函数列 $\{f_n(x)\}$ 的一个**收敛点**，若对应的数列 $\{f_n(x_0)\}$ 发散，称 x_0 为函数列 $\{f_n(x)\}$ 的一个**发散点**。

函数列 $\{f_n(x)\}$ 的所有收敛点构成的集合 $D \subset E$ 称为它的**收敛域**。此时，对每一个 $x \in D$，有数列 $\{f_n(x)\}$ 的极限值与 x 对应，这个对应法则 (记为 f) 确定 D 上的一个函数 $f(x)$，称此函数为函数列 $\{f_n(x)\}$ 在收敛域 D 上的**极限函数**，即函数列 $\{f_n(x)\}$ 在 D 上**收敛于** $f(x)$，记为

$$\lim_{n\to\infty} f_n(x) = f(x),\quad x \in D。$$

从以上定义可以看出，函数列 $\{f_n(x)\}$ 的极限函数 $f(x)$ 是在收敛域 D 中逐点定义的，因而也称函数列 $\{f_n(x)\}$ **逐点收敛**于函数 $f(x)$。也就是说，对于 D 中每一个固定的 x，数列 $\{f_n(x)\}$ 收敛于数 $f(x)$。按照数列极限的 ε-N 定义，这个事实可以叙述如下：

任给 $\varepsilon > 0$，对每一个 $x \in D$，由于数列 $\{f_n(x)\}$ 收敛于 $f(x)$，则存在正整数 N，当 $n > N$ 时，有 $|f_n(x) - f(x)| < \varepsilon$。

因为对于 D 中不同的 x，考虑的是不同的数列 $\{f_n(x)\}$ 的极限，因此 N 不仅随 ε 变化，也随 x 变化。如果可以找到这样一个 N，它只随 ε 变化，不随 x 变化，即对所有 $x \in D$ 公用，则可得到一种比逐点收敛更强的收敛性，这种收敛性才能满足将来对极限函数提出的更高要求，这就是接下来要讨论的一致收敛性。

定义 4.1.2 设函数列 $\{f_n(x)\}$ 与函数 $f(x)$ 均定义在数集 D 上。若对任意 $\varepsilon > 0$，都存在正整数 N，使得当 $n > N$ 时，对一切 $x \in D$，有 $|f_n(x) - f(x)| < \varepsilon$，则称函数列 $\{f_n(x)\}$ 在 D 上一致收敛，记为

$$f_n(x) \rightrightarrows f(x)\ (n \to \infty),\ x \in D。$$

注 1 由一致收敛的定义可以看出，函数列在数集上一致收敛必逐点收敛，但反之不然。定义中，对给定的 $\varepsilon > 0$，不论 x 在 D 中取何值，都可找到一个共同的 N，使得 $n > N$

时，对所有 $x \in D$，$|f_n(x) - f(x)| < \varepsilon$ 都成立，因此一致收敛是对 D 中所有的 x 一起定义的，是一个整体性质，而逐点收敛是逐点定义的，是一个局部性质。

例 4.1.1　设 $f_n(x) = x^n(n = 1, 2, \cdots)$，易知此函数列在 $(-\infty, +\infty)$ 上有定义，且收敛域为 $(-1, 1]$。对任意 $x \in (-1, 1)$，有 $\lim\limits_{n \to \infty} f_n(x) = 0$，又 $\lim\limits_{n \to \infty} f_n(1) = 1$，因而在收敛域内函数列收敛于极限函数

$$f(x) = \begin{cases} 0, & |x| < 1, \\ 1, & x = 1。\end{cases}$$

任给 $\varepsilon > 0$(不妨设 $\varepsilon < 1$)，当 $0 < |x| < 1$，即 $x \in (-1, 0) \cup (0, 1)$ 时，由于

$$|f_n(x) - f(x)| = |x|^n,$$

要使此式小于 ε，只需取 $N = \left[\dfrac{\ln \varepsilon}{\ln |x|}\right] + 1$ 且 $n > N$ 即可。从这里可以看出，当 ε 值给定时，显然 N 随 x 变化，当 $|x|$ 趋于 1 时，N 将趋于无穷大。因而对 $(-1, 0) \cup (0, 1)$ 内的所有 x，不能取到公用的 N，使得 $|f_n(x) - f(x)| < \varepsilon$ 成立，则在 $(-1, 1]$ 内更不能取到公用 N 满足要求，所以可以初步断定此函数列在收敛域内不一致收敛于 $f(x)$（尽管收敛于 $f(x)$）。

例 4.1.2　定义在 $(-\infty, +\infty)$ 上的函数列 $f_n(x) = \dfrac{\sin nx}{n}(n = 1, 2, \cdots)$，由于对任意 $x \in (-\infty, +\infty)$，有

$$0 \leqslant \left|\frac{\sin nx}{n}\right| \leqslant \frac{1}{n} \to 0 \ (n \to \infty),$$

显然此函数列在 $(-\infty, +\infty)$ 上收敛于 $f(x) = 0$，而且对任意 $\varepsilon > 0$，取 $N = \left[\dfrac{1}{\varepsilon}\right] + 1$，当 $n > N$ 时，$\dfrac{1}{n} < \varepsilon$，则对一切 $x \in (-\infty, +\infty)$，

$$\left|\frac{\sin nx}{n} - 0\right| = \left|\frac{\sin nx}{n}\right| \leqslant \frac{1}{n} < \varepsilon,$$

因而函数列 $\{f_n(x)\}$ 在收敛域上一致收敛于 0。

注 2　由一致收敛的定义可以看出其几何意义。"$n > N$ 时，对一切 $x \in D$，有 $|f_n(x) - f(x)| < \varepsilon$"就是说，下标 n 大于 N 的所有函数曲线 $y = f_n(x)$ 全部落在以曲线 $y = f(x)$ 为"中心线"，宽度为 2ε 的带形区域内。

由一致收敛的定义很容易得到非一致收敛的定义。

定义 4.1.2′　设函数列 $\{f_n(x)\}$ 与函数 $f(x)$ 定义在数集 D 上且 $\lim\limits_{n \to \infty} f_n(x) = f(x)$，$(x \in D)$。若存在 $\varepsilon_0 > 0$，对任意正整数 N，存在 $n_0 > N$ 及 $x_0 \in D$，有 $|f_{n_0}(x_0) - f(x_0)| \geqslant \varepsilon_0$，则称函数列 $\{f_n(x)\}$ 在 D 上**非一致收敛**于 $f(x)$。

注　从这个定义可以看出它描述的几何意义是：有一个以 $f(x)$ 为"中心线"，宽度为 $2\varepsilon_0$ 的带形区域，函数列 $\{f_n(x)\}$ 中总可以找出一个子列，使得这个子列的每个函数曲线上至少有一个点在该带形区域外。

如果此函数列 $\{f_n(x)\}$ 的每个函数曲线（或除去有限个函数曲线）上至少有一个点在带形区域外，则显然是非一致收敛的。因此，在某些情况下可以用这个更强的条件来判定函数列的非一致收敛性，如下所述。

存在 $\varepsilon_0 > 0$ 及 $\{x_n\} \subset D$, 对任意 n(或 n 充分大时), 有 $|f_n(x_n) - f(x_n)| \geqslant \varepsilon_0$, 则函数列 $\{f_n(x)\}$ 在 D 上非一致收敛于 $f(x)$。

如例 4.1.1, 取 $x_n = 1 - \dfrac{1}{n} \in (-1, 1]$, 有

$$|f_n(x_n) - f(x_n)| = \left(1 - \frac{1}{n}\right)^n \to \frac{1}{\mathrm{e}} > \frac{1}{2\mathrm{e}} \ , n \to \infty。$$

令 $\varepsilon_0 = \dfrac{1}{2\mathrm{e}}$, 则由上式, n 充分大时,

$$|f_n(x_n) - f(x_n)| \geqslant \varepsilon_0,$$

从而证明了例 4.1.1 中的函数列在其收敛域上非一致收敛。

函数列是否一致收敛与所讨论的数集是密不可分的, 即一致收敛性是函数列在数集上的一个性质。由一致收敛的定义显然可以看出, 在较大数集上一致收敛的函数列, 在较小的子集上也一定一致收敛。但在较大数集上非一致收敛的函数列, 在较小的子集上可能一致收敛, 因而不能说"函数列 $\{f_n(x)\}$ 是一致收敛函数列", 而应该是"函数列 $\{f_n(x)\}$ 在数集 D 上一致收敛"。

例 4.1.3 证明例 4.1.1 中的函数列在 $[-\delta, \delta]$ $(0 < \delta < 1)$ 上一致收敛于 $f(x) = 0$。

分析 对任意 $\varepsilon > 0$(不妨设 $\varepsilon < 1$), 由例 4.1.1 可知, 要使

$$|f_n(x) - f(x)| = |x|^n < \varepsilon,$$

只要 $n > \dfrac{\ln \varepsilon}{\ln |x|}$ 即可, $\dfrac{\ln \varepsilon}{\ln |x|}$ 不是所需要的 N, 因它随 x 变化。此时由于对所有 $x \in [-\delta, \delta]$, 有 $\dfrac{\ln \varepsilon}{\ln |x|} \leqslant \dfrac{\ln \varepsilon}{\ln \delta}$, 因而, 比 $\dfrac{\ln \varepsilon}{\ln \delta}$ 大的正整数即可作为 $[-\delta, \delta]$ 内所有 x 公用的 N。

证 对任意 $\varepsilon > 0$(不妨设 $\varepsilon < 1$), 令 $N = \left[\dfrac{\ln \varepsilon}{\ln \delta}\right] + 1$, $n > N$ 时, 对一切 $x \in [-\delta, \delta]$, 有

$$|f_n(x) - f(x)| = |x|^n \leqslant \delta^n < \delta^{\frac{\ln \varepsilon}{\ln \delta}} = \varepsilon,$$

从而函数列 $\{f_n(x)\}$ 在区间 $[-\delta, \delta]$ 上一致收敛于 0。

注 由例 4.1.1 和例 4.1.3 可知, 函数列 $\{f_n(x)\} = \{x^n\}$ 在区间 $(-1, 1)$ 上非一致收敛, 在 $(-1, 1)$ 的任意闭子区间上一致收敛。若函数列在区间 I 的任意闭子区间上一致收敛, 则称此函数列在区间 I 上**内闭一致收敛**。

4.1.2 函数列在数集上一致收敛的判别

判别数集上函数列是否一致收敛, 除了以上的定义之外, 还有如下方法。

定理 4.1.1(**优势判别法**) 函数列 $\{f_n(x)\}$ 在数集 D 上一致收敛于函数 $f(x)$ 的充要条件为: 存在收敛于 0 的非负数列 $\{a_n\}$, 使得对任意 $x \in D$, 有

$$|f_n(x) - f(x)| \leqslant a_n, \ n = 1, 2, \cdots。$$

证　（必要性）令 $\sup\limits_{x\in D}|f_n(x)-f(x)|=a_n\ (n=1,2,\cdots)$，对任意 $\varepsilon>0$，由于 $\{f_n(x)\}$ 在数集 D 上一致收敛于函数 $f(x)$，则存在 N，当 $n>N$ 时，对一切 $x\in D$，有 $|f_n(x)-f(x)|<\varepsilon$，因而

$$a_n=\sup_{x\in D}|f_n(x)-f(x)|\leqslant\varepsilon,$$

这便证明了 $\lim\limits_{n\to\infty}a_n=0$。

（充分性）对任意 $\varepsilon>0$，由于 $\lim\limits_{n\to\infty}a_n=0$，则存在 N，当 $n>N$ 时，$|a_n-0|=a_n<\varepsilon$，从而对 $\forall x\in D$，有 $|f_n(x)-f(x)|\leqslant a_n<\varepsilon$，即函数列 $\{f_n(x)\}$ 在数集 D 上一致收敛于函数 $f(x)$。

优势判别法常用下面的上确界判别法代替。

推论（上确界判别法）　函数列 $\{f_n(x)\}$ 在数集 D 上一致收敛于函数 $f(x)$ 的充要条件为

$$\lim_{n\to\infty}\sup_{x\in D}|f_n(x)-f(x)|=0。$$

证　必要性证明与定理 4.1.1 相同，另外，只需设

$$\sup_{x\in D}|f_n(x)-f(x)|=a_n,$$

由定理 4.1.1，充分性立刻可证得。

注　事实上，很容易看出定理 4.1.1 与推论是可以互推的，因而二者是等价的。

我们称优势判别法中的无穷小数列 $\{a_n\}$ 为优势数列，用此方法证明函数列的一致收敛性时，就是要看是否存在优势数列。一般情况下，若对所有的 $x\in D$，$\{|f_n(x)-f(x)|\}$ 能放大为不含 x 的无穷小数列 $\{a_n\}$，$\{a_n\}$ 便是优势数列。为了得到优势数列，对每一个 n，有时需取 $|f_n(x)-f(x)|$ 在 D 内的最大值或上确界，上确界判别法中就是把优势数列取为上确界数列或最大值数列。

例 4.1.4　证明：函数列 $f_n(x)=\left(1+\dfrac{x}{n}\right)^n\ (n=1,2,\cdots)$ 在区间 $[0,1]$ 上一致收敛。

证　先求极限函数 $f(x)$。由于 $f_n(0)=1$，且

$$f(x)=\lim_{n\to\infty}f_n(x)=\lim_{n\to\infty}\left(1+\frac{x}{n}\right)^n=\lim_{n\to\infty}\left(\left(1+\frac{x}{n}\right)^{\frac{n}{x}}\right)^x=\mathrm{e}^x,\ x\in(0,1],$$

$$x=0时，\quad f(0)=1=\mathrm{e}^0。$$

因此 $f(x)=\mathrm{e}^x(x\in[0,1])$，并且对任意 $x\in[0,1]$，数列 $\{f_n(x)\}$ 单调递增收敛于 e^x。

根据优势判别法，下面将 $\{|f_n(x)-f(x)|\}$ 放大为不含 x 的收敛于 0 的数列。由于对任意 n，有

$$(|f_n(x)-f(x)|)'=(f(x)-f_n(x))'=\left(\mathrm{e}^x-\left(1+\frac{x}{n}\right)^n\right)'=\mathrm{e}^x-\left(1+\frac{x}{n}\right)^{n-1}\geqslant\mathrm{e}^x-\left(1+\frac{x}{n}\right)^n>0,$$

则对每一个 n，$f(x)-f_n(x)$ 在区间 $[0,1]$ 上为单调递增函数，从而对 $\forall x\in[0,1]$，

$$0\leqslant f(x)-f_n(x)\leqslant\mathrm{e}-\left(1+\frac{1}{n}\right)^n。$$

由于 $\lim\limits_{n\to\infty}\left(\mathrm{e}-\left(1+\dfrac{1}{n}\right)^n\right)=0$, 由优势判别法可知 $\{f_n(x)\}$ 在区间 $[0,1]$ 上一致收敛于 e^x。

注 此例中的优势数列 $\left\{\mathrm{e}-\left(1+\dfrac{1}{n}\right)^n\right\}$ 是 $\{|f_n(x)-f(x)|\}$ 在 $[0,1]$ 上的最大值数列,同时也是上确界数列。

例 4.1.5 证明:函数列 $f_n(x)=nx\mathrm{e}^{-nx^2}(n=1,2,\cdots)$ 在 $(0,+\infty)$ 上非一致收敛,但在 $(0,+\infty)$ 上内闭一致收敛。

证

$$f(x)=\lim_{n\to\infty}f_n(x)=0,\ x\in(0,+\infty)。$$

$\forall n$, 由于 $|f_n(x)-f(x)|=nx\mathrm{e}^{-nx^2}$ 在 $(0,+\infty)$ 上的唯一驻点为 $x_n=\dfrac{1}{\sqrt{2n}}$, 容易判断它为极大值点, 因而为最大值点, 其函数值为上确界, 从而有

$$\lim_{n\to\infty}\sup_{x\in(0,+\infty)}f_n(x)=\lim_{n\to\infty}\sqrt{\frac{n}{2}}\mathrm{e}^{-\frac{1}{2}}=+\infty,$$

这便证明了函数列 $\{f_n(x)\}$ 在 $(0,+\infty)$ 上非一致收敛。

另外, 对任意闭区间 $[a,b]\subset(0,+\infty)$ 及一切 $x\in[a,b]$, 有

$$|f_n(x)-f(x)|=\frac{nx}{\mathrm{e}^{nx^2}}\leqslant\frac{nb}{\mathrm{e}^{na^2}}\to0,\ n\to\infty$$

因而函数列 $\{f_n(x)\}$ 在 $[a,b]$ 上一致收敛, 这便证明了函数列 $\{f_n(x)\}$ 在 $(0,+\infty)$ 上内闭一致收敛。

下面给出数集上函数列一致收敛的柯西准则, 它在以后的理论证明中有着非常重要的应用。

定理 4.1.2 函数列 $\{f_n(x)\}$ 在数集 D 上一致收敛的充要条件为: 对任意正数 ε, 总存在正整数 N, 使得当 $m,\ n>N$ 时, 对一切 $x\in D$, 有

$$|f_n(x)-f_m(x)|<\varepsilon。 \tag{4.1.1}$$

证 (必要性) 设函数列 $\{f_n(x)\}$ 在数集 D 上一致收敛于函数 $f(x)$, 则对任意 $\varepsilon>0$, 存在 N, 当 $n>N$ 时, 对一切 $x\in D$, 有

$$|f_n(x)-f(x)|<\frac{\varepsilon}{2},$$

当 $m,\ n>N$ 时, 有

$$|f_n(x)-f_m(x)|<|f_n(x)-f(x)|+|f_m(x)-f(x)|<\frac{\varepsilon}{2}+\frac{\varepsilon}{2}=\varepsilon。$$

(充分性) 由已知条件及数列收敛的柯西准则可知, 对每一个 $x\in[a,b]$, 数列 $\{f_n(x)\}$ 收敛, 记其极限为 $f(x)$。对式 (4.1.1), 固定 n, 令 $m\to\infty$ 取极限, 则 $n>N$ 时, 对一切 $x\in D$, 有

$$|f_n(x)-f(x)|\leqslant\varepsilon,$$

从而证明了函数列 $\{f_n(x)\}$ 在数集 D 上一致收敛。

4.1.3　数集上一致收敛的函数列的性质

下面讨论数集上一致收敛的函数列的极限函数的性质, 包括连续性、可微性、可积性。

定理 4.1.3　函数列 $\{f_n(x)\}$ 在 x_0 的某个邻域 $U^{\circ}(x_0)$ 内一致收敛于 $f(x)$, 且对任意 n, 存在有限极限 $\lim\limits_{x \to x_0} f_n(x)$, 则 $\lim\limits_{n \to \infty} \lim\limits_{x \to x_0} f_n(x)$ 与 $\lim\limits_{x \to x_0} \lim\limits_{n \to \infty} f_n(x)$ 都存在且相等, 即

$$\lim\limits_{n \to \infty} \lim\limits_{x \to x_0} f_n(x) = \lim\limits_{x \to x_0} \lim\limits_{n \to \infty} f_n(x)。$$

证　先证 $\lim\limits_{n \to \infty} \lim\limits_{x \to x_0} f_n(x)$ 存在。设 $\lim\limits_{x \to x_0} f_n(x) = a_n$, 即证 $\lim\limits_{n \to \infty} a_n$ 存在。

任给 $\varepsilon > 0$, 由于 $\{f_n(x)\}$ 在 $U^{\circ}(x_0)$ 内一致收敛, 因此存在 N, 当 $n > N$ 时, 对任意正整数 p 及一切 $x \in U^{\circ}(x_0)$, 有

$$|f_n(x) - f_{n+p}(x)| < \varepsilon,$$

从而令 $x \to x_0$, 有

$$|a_n - a_{n+p}| \leqslant \varepsilon。$$

由数列收敛的柯西准则可知 $\lim\limits_{n \to \infty} a_n$ 存在。

设 $\lim\limits_{n \to \infty} a_n = A$, 要证明此定理的其他结论, 只需证明 $\lim\limits_{x \to x_0} f(x) = A$。

任给 $\varepsilon > 0$, 由 $\{f_n(x)\}$ 在 $U^{\circ}(x_0)$ 内一致收敛于 $f(x)$ 及 $\lim\limits_{n \to \infty} a_n = A$, 存在 N, 当 $n \geqslant N$ 时, 对一切 $x \in U^{\circ}(x_0)$, 有

$$|f_n(x) - f(x)| < \frac{\varepsilon}{3}, \quad |a_n - A| < \frac{\varepsilon}{3},$$

特别地, 取 $n = N$, 有

$$|f_N(x) - f(x)| < \frac{\varepsilon}{3}, \quad |a_N - A| < \frac{\varepsilon}{3}。$$

又由于 $\lim\limits_{x \to x_0} f_N(x) = a_N$, 则存在 $\delta > 0$, 当 $0 < |x - x_0| < \delta$ 时,

$$|f_N(x) - a_N| < \frac{\varepsilon}{3}。$$

因此, 当 $0 < |x - x_0| < \delta$ 时,

$$|f(x) - A| \leqslant |f(x) - f_N(x)| + |f_N(x) - a_N| + |a_N - A| < \frac{\varepsilon}{3} + \frac{\varepsilon}{3} + \frac{\varepsilon}{3} = \varepsilon,$$

这便证明了 $\lim\limits_{x \to x_0} f(x) = A$。

定理 4.1.3 说明在一致收敛条件下, 两种极限过程可以交换次序。由此定理可以得到以下连续性定理。

定理 4.1.4（连续性）　若函数列 $\{f_n(x)\}$ 在区间 I 上一致收敛于 $f(x)$, 且对任意 n, $f_n(x)$ 均在 I 上连续, 则 $f(x)$ 在 I 上连续。

证　任取 $x_0 \in I$, 由每一个 $f_n(x)$ 在 x_0 处连续及定理 4.1.3, 有

$$\lim\limits_{x \to x_0} f(x) = \lim\limits_{x \to x_0} \lim\limits_{n \to \infty} f_n(x) = \lim\limits_{n \to \infty} \lim\limits_{x \to x_0} f_n(x) = \lim\limits_{n \to \infty} f_n(x_0) = f(x_0),$$

因而 $f(x)$ 在 x_0 处连续，由 x_0 的任意性知 $f(x)$ 在 I 上连续。

注 1 从以上证明可以看出，只需连续函数列 $\{f_n(x)\}$ 在开区间 I 上内闭一致收敛于 $f(x)$，就可得到 $f(x)$ 在 I 上连续。

注 2 用这个定理可以判断函数列在区间上非一致收敛，如函数列 $f_n(x) = x^n$ $(n = 1, 2, \cdots)$ 在 $(0, 1]$ 上均连续，且极限函数为

$$f(x) = \begin{cases} 0, & 0 < x < 1, \\ 1, & x = 1, \end{cases}$$

极限函数在 $x = 1$ 处不连续，从而此函数列在 $(0, 1]$ 上非一致收敛。

以下定理将说明，在一致收敛条件下，积分运算和极限运算可以交换次序。

定理 4.1.5（可积性） 若函数列 $\{f_n(x)\}$ 在区间 $[a, b]$ 上一致收敛，且对任意 n, $f_n(x)$ 均在 $[a, b]$ 上连续，则 $f(x)$ 在 $[a, b]$ 上可积，且

$$\int_a^b (\lim_{n \to \infty} f_n(x)) \mathrm{d}x = \lim_{n \to \infty} \int_a^b f_n(x) \mathrm{d}x。$$

证 设 $\lim_{n \to \infty} f_n(x) = f(x)$，由定理 4.1.4 可知 $f(x)$ 在 $[a, b]$ 上连续，从而在 $[a, b]$ 上可积。

对任意 $\varepsilon > 0$，由函数列在 $[a, b]$ 上一致收敛，则存在 N，当 $n > N$ 时，对一切 $x \in [a, b]$，有

$$|f_n(x) - f(x)| < \frac{\varepsilon}{b - a},$$

从而，当 $n > N$ 时，有

$$\left| \int_a^b f_n(x) \mathrm{d}x - \int_a^b f(x) \mathrm{d}x \right| = \left| \int_a^b (f_n(x) - f(x)) \mathrm{d}x \right| \leqslant \int_a^b |f_n(x) - f(x)| \mathrm{d}x < \int_a^b \frac{\varepsilon}{b - a} \mathrm{d}x = \varepsilon,$$

这便证明了

$$\int_a^b (\lim_{n \to \infty} f_n(x)) \mathrm{d}x = \lim_{n \to \infty} \int_a^b f_n(x) \mathrm{d}x。$$

定理 4.1.6（可微性） 函数列 $\{f_n(x)\}$ 在区间 $[a, b]$ 上连续可微且存在收敛点 $x_0 \in [a, b]$，$f_n'(x)$ 在 $[a, b]$ 上一致收敛，则

$$\frac{\mathrm{d}}{\mathrm{d}x} (\lim_{n \to \infty} f_n(x)) = \lim_{n \to \infty} \frac{\mathrm{d}}{\mathrm{d}x} f_n(x)。$$

证 设 $\lim_{n \to \infty} f_n(x_0) = A$，$f_n'(x) \rightrightarrows g(x)$ $(n \to \infty)$，$x \in [a, b]$。

下面证明函数列 $\{f_n(x)\}$ 在区间 $[a, b]$ 上极限函数存在，并证明极限函数可导且导数为 $g(x)$。

由以上可积性定理，对任意 $x \in [a, b]$，有

$$\lim_{n \to \infty} f_n(x) = \lim_{n \to \infty} (f_n(x_0) + \int_{x_0}^x f_n'(t) \mathrm{d}t) = A + \int_{x_0}^x g(t) \mathrm{d}t。$$

因而, 对任意 $x \in [a,b]$, $\lim\limits_{n \to \infty} f_n(x)$ 存在, 记为 $f(x)$, 显然 $f(x_0) = A$, 且

$$f(x) = A + \int_{x_0}^{x} g(t)\mathrm{d}t。$$

根据微积分基本定理, 有

$$f'(x) = g(x)。$$

注 1　此定理中, 将 "区间 $[a,b]$" 改为 "开区间 I", 将条件 "$f_n'(x)$ 在 $[a,b]$ 上一致收敛" 改为 "$f_n'(x)$ 在开区间 I 上内闭一致收敛", 结论仍然成立。

注 2　在定理条件下不仅能保证函数列 $\{f_n(x)\}$ 在区间上收敛, 还能保证一致收敛。

事实上, $\{f_n(x)\}$ 的收敛性已证明。任给 $\varepsilon > 0$, 由于

$$\lim_{n \to \infty} f_n(x_0) = f(x_0), \ f_n'(x) \rightrightarrows g(x) \ (n \to \infty), x \in [a,b],$$

则存在 N, 当 $n > N$ 时, 对一切 $x \in [a,b]$, 有

$$|f_n(x_0) - f(x_0)| < \frac{\varepsilon}{2}, \quad |f_n'(x) - g(x)| < \frac{\varepsilon}{2(b-a)},$$

从而, 当 $n > N$ 时, 对一切 $x \in [a,b]$, 有

$$|f_n(x) - f(x)| = \left| \left(f_n(x_0) + \int_{x_0}^{x} f_n'(t)\mathrm{d}t \right) - \left(f(x_0) + \int_{x_0}^{x} g(t)\mathrm{d}t \right) \right| \leqslant$$

$$\int_{a}^{b} |f_n'(t) - g(t)|\mathrm{d}t + |f_n(x_0) - f(x_0)| <$$

$$\int_{a}^{b} \frac{\varepsilon}{2(b-a)}\mathrm{d}t + \frac{\varepsilon}{2} = \varepsilon,$$

因而函数列 $\{f_n(x)\}$ 在区间上一致收敛。

由以上几个定理可知, 即使没有求出极限函数, 也可以通过函数列本身的性质获得其极限函数的解析性质。

<h3 style="text-align:center">习　题　4.1</h3>

1. 讨论下列函数列 $\{f_n(x)\}$ 在指定区间 D 上是否一致收敛。

(1) $f_n(x) = \dfrac{x}{1 + n^2 x^2}$, $D = (-\infty, +\infty)$;

(2) $f_n(x) = \dfrac{nx}{1 + n^2 x^2}$, $D = (-\infty, +\infty)$;

(3) $f_n(x) = \sqrt{x^2 + \dfrac{1}{n^2}}$, $D = (-\infty, +\infty)$;

(4) $f_n(x) = \dfrac{x}{n}$, ① $D = [0, +\infty)$, ② $D = [0, 1\,000]$;

(5) $f_n(x) = \sin\dfrac{x}{n}$, ① $D = [-l, l]$, ② $D = (-\infty, +\infty)$;

(6) $f_n(x) = \dfrac{x}{n} \ln \dfrac{x}{n}$,   ① $D = (0,\ 1)$,   ② $D = (0,\ +\infty)$。

2. k 为何值时，下列函数列 $\{f_n(x)\}$ 在区间 D 上一致收敛。

(1) $f_n(x) = xn^k e^{-nx}$, $D = [0,+\infty)$;

(2) $f_n(x) = \begin{cases} xn^k, & 0 \leqslant x \leqslant \dfrac{1}{n}, \\[2mm] \left(\dfrac{2}{n} - x\right) n^k, & \dfrac{1}{n} < x \leqslant \dfrac{2}{n}, \\[2mm] 0, & \dfrac{2}{n} < x \leqslant 1, \end{cases}$ $n = 2, 3, \cdots, D = [0,1]$。

3. 设 $\{f_n(x)\}$ 为有界闭区间 $[a,b]$ 上的连续函数列，它在开区间 (a,b) 上一致收敛，证明：函数列 $\{f_n(x)\}$ 在端点 $x = a, x = b$ 处收敛，且在 $[a,b]$ 上一致收敛。

4. 设函数列 $\{f_n(x)\}$ 在区间 I 上一致收敛于函数 $f(x)$, $f(x)$ 在 I 上有界，证明：函数列 $\{f_n(x)\}$ 除去至多有限项后在区间 I 上一致有界 (见定义 4.2.3)。

5. 设函数列 $\{f_n(x)\}$ 在区间 I 上一致收敛于函数 $f(x)$, 且每一个 $f_n(x)$ 在 I 上有界，证明：函数列 $\{f_n(x)\}$ 在区间 I 上一致有界。

6. $f(x)$ 在 $\left[\dfrac{1}{2}, 1\right]$ 连续，证明：

(1) $\{x^n f(x)\}$ 在 $\left[\dfrac{1}{2}, 1\right]$ 上收敛；

(2) $\{x^n f(x)\}$ 在 $\left[\dfrac{1}{2}, 1\right]$ 上一致收敛的充要条件为 $f(1) = 0$。

7. 设可微函数列 $\{f_n(x)\}$ 在 $[a,b]$ 上收敛，且 $f_n'(x)$ 在 $[a,b]$ 上一致有界，证明：函数列 $\{f_n(x)\}$ 在 $[a,b]$ 上一致收敛。

8. 设 $f(x)$ 在 (a,b) 内有连续的导函数，定义

$$F_n(x) = \frac{n}{2}\left[f\left(x + \frac{1}{n}\right) - f\left(x - \frac{1}{n}\right)\right], \ x \in (a,b), \ n = 1, 2, \cdots,$$

证明：函数列 $F_n(x)$ 在 (a,b) 上处处收敛，且内闭一致收敛。

9. 设区间 $[a,b]$ 上的连续函数列 $\{f_n(x)\}$ 一致收敛于极限函数 $f(x)$, 函数 $f(x)$ 在 $[a,b]$ 上无零点，证明：函数列 $\left\{\dfrac{1}{f_n(x)}\right\}$ 在区间 $[a,b]$ 上也一致收敛。

10. 设 $f(x)$ 在 $(-\infty, +\infty)$ 上有连续的导函数 $f'(x)$, 令

$$f_n(x) = e^n(f(x + e^{-n}) - f(x)), \ n = 1, 2, \cdots,$$

证明：$\{f_n(x)\}$ 在任意有限区间 (a,b) 上一致收敛于 $f'(x)$。

11. 设函数列 $\{f_n(x)\}$ 与 $\{g_n(x)\}$ 均在区间 I 上一致收敛，且每一个 $f_n(x)$ 与 $g_n(x)$ 在区间 I 上有界，证明：函数列 $\{f_n(x)g_n(x)\}$ 在 I 上一致收敛。

12. 若把可积性定理中的条件"对任意 n, $f_n(x)$ 在区间 $[a,b]$ 上连续"改为"对任意 n, $f_n(x)$ 在区间 $[a,b]$ 上可积"，证明：极限函数 $f(x)$ 在 $[a,b]$ 上也可积。

4.2　函数项级数的一致收敛性

4.2.1　函数项级数在数集上一致收敛的概念

定义 4.2.1　设 $\{u_n(x)\}$ 为定义在数集 E 上的函数列, 称表达式

$$u_1(x) + u_2(x) + \cdots + u_n(x) + \cdots, \quad x \in E$$

为定义在 E 上的**函数项级数**, 记为 $\displaystyle\sum_{n=1}^{\infty} u_n(x)$ 或 $\displaystyle\sum u_n(x)$。

设 $S_n(x) = \displaystyle\sum_{k=1}^{n} u_k(x)(x \in E, \ n = 1, 2, \cdots)$, 称函数列 $\{S_n(x)\}$ 为函数项级数 $\displaystyle\sum_{n=1}^{\infty} u_n(x)$ 的**部分和函数列**。

对 $x_0 \in E$, 若对应的数项级数 $\displaystyle\sum_{n=1}^{\infty} u_n(x_0)$ 收敛, 则称 x_0 为函数项级数 $\displaystyle\sum_{n=1}^{\infty} u_n(x)$ 的一个**收敛点**, 若对应的数项级数 $\displaystyle\sum_{n=1}^{\infty} u_n(x_0)$ 发散, 则称 x_0 为函数项级数 $\displaystyle\sum_{n=1}^{\infty} u_n(x)$ 的一个**发散点**。

函数项级数 $\displaystyle\sum_{n=1}^{\infty} u_n(x)$ 的所有收敛点构成的集合 $D \subset E$ 称为它的**收敛域**。此时, 对每一个 $x \in D$, 函数项级数 $\displaystyle\sum_{n=1}^{\infty} u_n(x)$ 的和 $S(x)$ 与 x 对应, 构成 D 上的一个函数, 称此函数为函数项级数 $\displaystyle\sum_{n=1}^{\infty} u_n(x)$ 在收敛域 D 上的**和函数**, 即

$$\lim_{n \to \infty} S_n(x) = S(x), \quad x \in D,$$

或

$$\sum_{n=1}^{\infty} u_n(x) = S(x)。$$

定义 4.2.2　若函数项级数 $\displaystyle\sum_{n=1}^{\infty} u_n(x)$ 的部分和函数列 $\{S_n(x)\}$ 在数集 D 上一致收敛于函数 $S(x)$, 则称函数项级数 $\displaystyle\sum_{n=1}^{\infty} u_n(x)$ 在 D 上一致收敛于和函数 $S(x)$。

从定义 4.2.2 可以看出, 函数项级数的一致收敛性实质上就是其部分和函数列的一致收敛性, 因而可以通过函数列一致收敛性的知识来考察函数项级数的一致收敛性。

例 4.2.1　定义在整个实数轴上的函数项级数

$$1 + x + x^2 + \cdots + x^n + \cdots$$

的部分和函数列为 $S_n(x) = \dfrac{1-x^n}{1-x}$，由数项级数的知识可知它的收敛域为 $(-1,1)$，在收敛域内的和函数为 $S(x) = \dfrac{1}{1-x}$。

由于

$$|S_n(x) - S(x)| = \frac{|x|^n}{1-x} \geqslant \frac{|x|^n}{2}, \quad x \in (-1,1),$$

取 $\varepsilon_0 = \dfrac{1}{4}$ 及 $x_n = \sqrt[n]{\dfrac{1}{2}} \subset (-1,1)$，则

$$|S_n(x_n) - S(x_n)| \geqslant \frac{|x_n|^n}{2} = \frac{1}{4} = \varepsilon_0。$$

由上一节的知识可知，函数列 $\{S_n(x)\}$ 在 $(-1,1)$ 上非一致收敛于 $S(x)$，即函数项级数 $\sum\limits_{n=1}^{\infty} x^n$ 在其收敛域内非一致收敛。

4.2.2 函数项级数在数集上一致收敛的判别

接下来考虑函数项级数在数集上一致收敛性的判别法。如果能求出和函数，可以利用以上的定义，将其转化为判别部分和函数列是否一致收敛于和函数，因而可以利用函数列的优势判别法。

设函数项级数 $\sum\limits_{n=1}^{\infty} u_n(x)$ 在数集 D 上的和函数为 $S(x)$，称 $R_n(x) = S(x) - S_n(x)$ 为函数项级数 $\sum\limits_{n=1}^{\infty} u_n(x)$ 的**第 n 个余项**。

由函数列一致收敛的上确界判别法，有以下定理。

定理 4.2.1 函数项级数 $\sum\limits_{n=1}^{\infty} u_n(x)$ 在数集 D 上一致收敛的充要条件为：

$$\lim_{n \to \infty} \sup_{x \in D} |R_n(x)| = 0。$$

例 4.2.2 证明：$\sum\limits_{n=1}^{\infty} \dfrac{(-1)^n n}{n^2 + x^2}$ 在 $D = (-\infty, +\infty)$ 上一致收敛。

证 对任意 $x \in D$，级数 $\sum\limits_{n=1}^{\infty} \dfrac{(-1)^n n}{n^2 + x^2}$ 为莱布尼茨级数。由莱布尼茨级数的估计式，有

$$\sup_{x \in D} |R_n(x)| \leqslant \sup_{x \in D} \frac{n}{n^2 + x^2} \leqslant \frac{n}{n^2} = \frac{1}{n} \to 0, \ n \to \infty,$$

因而，$\sum\limits_{n=1}^{\infty} \dfrac{(-1)^n n}{n^2 + x^2}$ 在 $D = (-\infty, +\infty)$ 上一致收敛。

以下介绍的方法均不需要求出和函数。

定理 4.2.2（柯西准则）　　函数项级数 $\sum\limits_{n=1}^{\infty} u_n(x)$ 在数集 D 上一致收敛的充要条件为：对任意正数 ε，存在正整数 N，当 $n > N$ 时，对一切正整数 p 和一切 $x \in D$，有

$$|u_{n+1}(x) + u_{n+2}(x) + \cdots + u_{n+p}(x)| < \varepsilon。$$

证　　利用函数项级数一致收敛的定义及函数列一致收敛的柯西准则，只需将 $m, n > N$ 等价地改为 $n > N, m = n + p$（p 为任意正整数），则有

$$|S_n(x) - S_m(x)| = |S_{n+p}(x) - S_n(x)| = |u_{n+1}(x) + u_{n+2}(x) + \cdots + u_{n+p}(x)|,$$

即可证得定理 4.2.2。

例 4.2.3　　函数项级数 $\sum\limits_{n=1}^{\infty} u_n(x)$ 在数集 D 上一致收敛，函数 $g(x)$ 在 D 上有界，证明：级数 $\sum\limits_{n=1}^{\infty} g(x)u_n(x)$ 在 D 上一致收敛。

证　　设 $|g(x)| \leqslant M, x \in D$，对任意 $\varepsilon > 0$，由于 $\sum\limits_{n=1}^{\infty} u_n(x)$ 在数集 D 上一致收敛，则存在 N，当 $n > N$ 时，对任意正整数 p 及任意 $x \in D$ 有

$$|u_{n+1}(x) + u_{n+2}(x) + \cdots + u_{n+p}(x)| < \frac{\varepsilon}{M},$$

从而有

$$|g(x)u_{n+1}(x) + g(x)u_{n+2}(x) + \cdots + g(x)u_{n+p}(x)|$$
$$= |g(x)| \cdot |u_{n+1}(x) + u_{n+2}(x) + \cdots + u_{n+p}(x)| < M \cdot \frac{\varepsilon}{M} = \varepsilon,$$

即级数 $\sum\limits_{n=1}^{\infty} g(x)u_n(x)$ 在 D 上一致收敛。

例 4.2.4　　对任意 n，函数 $u_n(x)$ 在 $[c, d)$ 上连续，数项级数 $\sum\limits_{n=1}^{\infty} u_n(c)$ 发散，证明：$\sum\limits_{n=1}^{\infty} u_n(x)$ 在任意 $(c, c + \delta) \subset [c, d)$ 上必不一致收敛。

证　　用反证法。假设函数项级数 $\sum\limits_{n=1}^{\infty} u_n(c)$ 在某个 $(c, c + \delta) \subset [c, d)$ 上一致收敛，则对任意 $\varepsilon > 0$，存在 N，当 $n > N$ 时，对任意自然数 p 和一切 $x \in (c, c + \delta)$，有

$$|u_{n+1}(x) + u_{n+2}(x) + \cdots + u_{n+p}(x)| < \varepsilon。$$

由已知条件，对任意 $n, u_n(x)$ 均在 c 处右连续，令上式中 $x \to c^+$，有

$$|u_{n+1}(c) + u_{n+2}(c) + \cdots + u_{n+p}(c)| \leqslant \varepsilon。$$

利用数项级数收敛的柯西准则可知 $\sum\limits_{n=1}^{\infty} u_n(c)$ 收敛，与已知矛盾，这便证明了 $\sum\limits_{n=1}^{\infty} u_n(x)$ 在任意 $(c, c+\delta) \subset [c, d]$ 上非一致收敛。

注 由此题证明过程可以得到，若对任意 n，函数 $u_n(x)$ 在 $[c, d)$ 上连续，且函数项级数 $\sum\limits_{n=1}^{\infty} u_n(x)$ 在 (c, d) 上一致收敛，则 $\sum\limits_{n=1}^{\infty} u_n(x)$ 必在 $[c, d)$ 上一致收敛。

在定理 4.2.2 中，令 $p=1$，便得到函数项级数一致收敛的一个必要条件。

推论 函数项级数 $\sum\limits_{n=1}^{\infty} u(x)$ 在数集 D 上一致收敛的必要条件为函数列 $u_n(x)$ 在 D 上一致收敛于 0。

例 4.2.5 证明：$\sum \dfrac{n}{e^{nx}}$ 在 $D = (0, +\infty)$ 上非一致收敛。

证 证法一：对每一个 $x \in D$，利用数项级数的比式判别法或根式判别法容易证明级数 $\sum \dfrac{n}{e^{nx}}$ 收敛。设 $u_n(x) = \dfrac{n}{e^{nx}}$，取 $x_n = \dfrac{1}{n}$，有

$$|u_n(x_n) - 0| = \frac{n}{e} \to \infty, \ n \to \infty,$$

因而 $u_n(x)$ 非一致收敛于 0。根据推论，$\sum \dfrac{n}{e^{nx}}$ 在 $D = (0, +\infty)$ 上非一致收敛。

证法二：利用例 4.2.4 的结论证明此题。对每一个 n，$\dfrac{n}{e^{nx}}$ 在 $[0, +\infty)$ 上连续，但级数 $\sum \dfrac{n}{e^{nx}}$ 在 $x = 0$ 处发散，则 $\sum \dfrac{n}{e^{nx}}$ 在 $D = (0, +\infty)$ 上非一致收敛。

定理 4.2.3（魏尔斯特拉斯判别法） 函数项级数 $\sum u_n(x)$ 定义在数集 D 上，若存在收敛的正项级数 $\sum M_n$，使得对一切 $x \in D$，有

$$|u_n(x)| \leqslant M_n, \ n = 1, 2, \cdots,$$

则函数项级数 $\sum u_n(x)$ 在数集 D 上一致收敛。

证 任给正数 ε，由于正项级数 $\sum M_n$ 收敛，由数项级数收敛的柯西准则，存在 N，当 $n > N$ 时，对任意正整数 p，有

$$M_{n+1} + M_{n+2} + \cdots + M_{n+p} < \varepsilon,$$

从而由定理条件，对一切 $x \in D$ 有

$$|u_{n+1} + u_{n+2} + \cdots + u_{n+p}| \leqslant |u_{n+1}| + |u_{n+2}| + \cdots + |u_{n+p}| \leqslant M_{n+1} + M_{n+2} + \cdots + M_{n+p} < \varepsilon,$$

根据定理 4.2.2，函数项级数 $\sum u_n(x)$ 在数集 D 上一致收敛。

注 魏尔斯特拉斯判别法又称**优级数判别法**或**M判别法**，称正项级数 $\sum M_n$ 为函数项级数 $\sum u_n(x)$ 的**优级数**。

例 4.2.6 证明：$\sum x^n (1-x)^2$ 在 $[0, 1]$ 上一致收敛。

证　设 $u_n(x) = x^n(1-x)^2 (n = 1, 2, \cdots)$，由 $u_n'(x) = (1-x)x^{n-1}[n - (n+2)x]$，易求得驻点 $x_n = \dfrac{n}{n+2}$，并可判断 x_n 为 $u_n(x)$ 在 $[0,1]$ 内的最大值点，从而 $x \in [0,1]$ 时，

$$|u_n(x)| \leqslant u_n\left(\frac{n}{n+2}\right) = \left(\frac{n}{n+2}\right)^n \left(\frac{2}{n+2}\right)^2 \leqslant \left(\frac{2}{n+2}\right)^2 \leqslant \frac{4}{n^2}.$$

由于 $\sum \dfrac{4}{n^2}$ 收敛，因此由优级数判别法可知，$\sum x^n(1-x)^2$ 在 $[0,1]$ 上一致收敛。

例 4.2.7　证明：$\sum x^2 \mathrm{e}^{-nx}$ 在 $(0, +\infty)$ 上一致收敛。

证　由泰勒定理，$x \in (0, +\infty)$ 时，

$$\mathrm{e}^{nx} = 1 + nx + \frac{n^2x^2}{2!} + \cdots > \frac{n^2x^2}{2!},$$

则

$$\frac{x^2}{\mathrm{e}^{nx}} < \frac{x^2}{\dfrac{n^2x^2}{2}} = \frac{2}{n^2}.$$

由于级数 $\sum \dfrac{2}{n^2}$ 收敛，因此由优级数判别法可知，$\sum x^2 \mathrm{e}^{-nx}$ 在 $(0, +\infty)$ 上一致收敛。

下面讨论形如 $\sum u_n(x)v_n(x)$ 的函数项级数在区间 I 上的一致收敛性。

以下两个定理的证明基于由阿贝尔变换得出的阿贝尔引理，如下所述。

设 $\varepsilon_i, \eta_i (i = 1, 2, \cdots, n)$ 为两组实数，且 $S_i = \eta_1 + \eta_2 + \cdots + \eta_i (i = 1, 2, \cdots, n)$。若

I）$\varepsilon_1, \varepsilon_2, \cdots, \varepsilon_n$ 单调，且记 $\varepsilon = \max\{\varepsilon_i | i = 1, 2, \cdots, n\}$，

II）存在 $A > 0$，使得对任意 $i = 1, 2, \cdots, n$，有 $|S_i| \leqslant A$，

则有

$$\left|\sum_{i=1}^n \varepsilon_i \eta_i\right| \leqslant 3\varepsilon A.$$

定义 4.2.3　设 $\{u_n(x)\}$ 为定义在数集 D 上的函数列，若存在正数 M，使得对一切 $x \in I$ 及一切 n，有

$$|u_n(x)| \leqslant M,$$

则称函数列 $\{u_n(x)\}$ 在数集 D 上**一致有界**。

定理 4.2.4（阿贝尔判别法）　设

I）$\sum u_n(x)$ 在区间 I 上一致收敛，

II）对每一个 $x \in I$，数列 $\{v_n(x)\}$ 单调，

III）函数列 $\{v_n(x)\}$ 在区间 I 上一致有界，

则函数项级数 $\sum u_n(x)v_n(x)$ 在区间 I 上一致收敛。

证　对任意 $\varepsilon > 0$，由于 $\sum u_n(x)$ 在区间 I 上一致收敛，则存在 N，使得 $n > N$ 时，对任意自然数 p 及一切 $x \in I$，有

$$|u_{n+1}(x) + u_{n+2}(x) + \cdots + u_{n+p}(x)| < \varepsilon.$$

由Ⅲ), 存在正数 M, 使得对任意 n 及一切 $x \in I$, 有

$$|v_n(x)| \leqslant M,$$

再由Ⅱ) 及阿贝尔引理可得

$$|u_{n+1}(x)v_{n+1}(x) + u_{n+2}(x)v_{n+2}(x) + \cdots + u_{n+p}(x)v_{n+p}(x)| < 3M\varepsilon,$$

因而, 利用函数项级数一致收敛的柯西准则可得, 函数项级数 $\sum u_n(x)v_n(x)$ 在区间 I 上一致收敛.

定理 4.2.5 (狄利克雷判别法) 设

Ⅰ) $\sum u_n(x)$ 的部分和函数列

$$U_n(x) = \sum_{k=1}^{n} u_k(x) , \ n = 1, 2, \cdots$$

在区间 I 上一致有界,

Ⅱ) 对每一个 $x \in I$, 数列 $\{v_n(x)\}$ 单调,

Ⅲ) 函数列 $\{v_n(x)\}$ 在区间 I 上一致收敛于 0,

则函数项级数 $\sum u_n(x)v_n(x)$ 在区间 I 上一致收敛.

证 对任意 $\varepsilon > 0$, 由于 $\{v_n(x)\}$ 在区间 I 上一致收敛于 0, 则存在 N, 使得 $n > N$ 时, 对一切 $x \in I$, 有

$$|v_n(x)| < \varepsilon,$$

由Ⅰ), 存在正数 M, 使得对一切 n 及 $x \in I$, 有

$$|U_n(x)| \leqslant M,$$

因而对上述 N, 当 $n > N$ 时, 对任意自然数 p 及 $x \in I$, 有

$$|u_{n+1}(x) + u_{n+2}(x) + \cdots + u_{n+p}(x)| = |U_{n+p}(x) - U_n(x)| \leqslant |U_{n+p}(x)| + |U_n(x)| \leqslant 2M.$$

再由Ⅱ) 及阿贝尔引理可得

$$|u_{n+1}(x)v_{n+1}(x) + u_{n+2}(x)v_{n+2}(x) + \cdots + u_{n+p}(x)v_{n+p}(x)| < 3 \times 2M\varepsilon = 6M\varepsilon.$$

利用函数项级数一致收敛的柯西准则可得, 函数项级数 $\sum u_n(x)v_n(x)$ 在区间 I 上一致收敛.

例 4.2.8 证明: 函数项级数 $\sum \dfrac{(-1)^n(x+n)^n}{n^{n+1}}$ 在 $[0,1]$ 上一致收敛.

证 令 $u_n(x) = \dfrac{(-1)^n}{n}$, $v_n(x) = \left(1 + \dfrac{x}{n}\right)^n$.

显然, 交错级数 $\sum u_n(x)$ 收敛 (由于不含 x, 则认为该级数在 $[0,1]$ 上一致收敛); 此外, 对任意 $x \in [0,1]$, 数列 $\{v_n(x)\}$ 单调增加, 且对任意 n 及 $x \in [0,1]$, 有 $|v_n(x)| \leqslant \mathrm{e}$, 即函数列 $\{v_n(x)\}$ 在 $[0,1]$ 上一致有界, 由阿贝尔判别法可知结论成立。

例 4.2.9　若数列 $\{a_n\}$ 单调收敛于 0, 证明: 函数项级数 $\sum a_n \cos nx$ 在 $[\delta, 2\pi - \delta]$ $(0 < \delta < \pi)$ 上一致收敛。

证　由于

$$2\sin \frac{x}{2} \left(\frac{1}{2} + \sum_{k=1}^{n} \cos kx \right) = \sin \frac{x}{2} + \left(\sin \frac{3x}{2} - \sin \frac{x}{2} \right) + \cdots + \left[\sin \left(n + \frac{1}{2} \right) x - \sin \left(n - \frac{1}{2} \right) x \right]$$
$$= \sin \left(n + \frac{1}{2} \right) x,$$

当 $x \in [\delta, 2\pi - \delta]$ 时, $\sin \frac{x}{2} \neq 0$, 则有

$$\left| \sum_{k=1}^{n} \cos kx \right| = \left| \frac{\sin \left(n + \frac{1}{2} \right) x}{2 \sin \frac{x}{2}} - \frac{1}{2} \right| \leqslant \frac{1}{2 \left| \sin \frac{x}{2} \right|} + \frac{1}{2} \leqslant \frac{1}{2 \sin \frac{\delta}{2}} + \frac{1}{2},$$

从而 $\sum \cos nx$ 的部分和函数列在 $[\delta, 2\pi - \delta]\,(0 < \delta < \pi)$ 上一致有界。令 $u_n(x) = \cos nx$, $v_n(x) = a_n$, 由狄利克雷判别法可知结论成立。

注　由本例可得, 此级数在不包含 $2k\pi$ (k 为整数) 的任意闭子区间上一致收敛。例如, 级数 $\sum \frac{\cos nx}{n}$, $\sum \frac{\sin nx}{n}$ 均在不包含 $2k\pi$ (k 为整数) 的任意闭子区间上一致收敛。

4.2.3　数集上一致收敛的函数项级数的性质

结合区间上一致收敛函数列的性质及函数项级数一致收敛的定义, 容易推导出以下一致收敛的函数项级数的性质, 请读者自己完成其证明。

定理 4.2.6 (连续性)　若函数项级数 $\sum_{n=1}^{\infty} u_n(x)$ 在区间 $[a,b]$ 上一致收敛, 且每一项 $u_n(x)$ 均连续, 则和函数在区间 $[a,b]$ 上连续。

注　这个定理说明, 在一致收敛条件下, 求和运算和极限运算可以交换次序, 即

$$\sum_{n=1}^{\infty} \left(\lim_{x \to x_0} u_n(x) \right) = \lim_{x \to x_0} \left(\sum_{n=1}^{\infty} u_n(x) \right).$$

定理 4.2.7 (逐项积分)　若函数项级数 $\sum_{n=1}^{\infty} u_n(x)$ 在区间 $[a,b]$ 上一致收敛, 且每一项 $u_n(x)$ 均连续, 则

$$\sum_{n=1}^{\infty} \int_a^b u_n(x)\mathrm{d}x = \int_a^b \left(\sum_{n=1}^{\infty} u_n(x) \right) \mathrm{d}x.$$

定理 4.2.8（逐项求导） 若函数项级数 $\sum\limits_{n=1}^{\infty} u_n(x)$ 的每一项 $u_n(x)$ 在区间 $[a,b]$ 上均有连续的导数，且此级数在 $x_0 \in [a,b]$ 处收敛，$\sum\limits_{n=1}^{\infty} u'_n(x)$ 在区间 $[a,b]$ 上一致收敛，则

$$\sum_{n=1}^{\infty} \left(\frac{\mathrm{d}}{\mathrm{d}x} u_n(x) \right) = \frac{\mathrm{d}}{\mathrm{d}x} \left(\sum_{n=1}^{\infty} u_n(x) \right).$$

由以上几个定理可知，即使没有求出和函数，也可以通过函数项级数本身的性质获得和函数的解析性质。

例 4.2.10 讨论函数项级数

$$\sum_{n=1}^{\infty} \frac{1}{n^3} \ln(1 + n^2 x^2)$$

在 $[0,1]$ 上的和函数的连续性、可积性和可微性。

解 设 $u_n(x) = \dfrac{1}{n^3} \ln(1 + n^2 x^2)$，利用不等式 $\ln(1 + t^2) \leqslant t \ (t > 0)$，有

$$u_n(x) \leqslant \frac{nx}{n^3} = \frac{x}{n^2} \leqslant \frac{1}{n^2}.$$

由优级数判别法可知，该函数项级数在 $[0,1]$ 上一致收敛。

根据连续性定理和可积性定理可知，和函数在 $[0,1]$ 上连续且可积，且

$$u'_n(x) = \frac{2x}{n(1 + n^2 x^2)} = \frac{2nx}{n^2(1 + n^2 x^2)} \leqslant \frac{1}{n^2}, \ n = 1, 2, \cdots,$$

再利用优级数判别法，$\sum\limits_{n=1}^{\infty} u'_n(x)$ 在 $[0,1]$ 上一致收敛，因而根据可微性定理，$\sum\limits_{n=1}^{\infty} \dfrac{1}{n^3} \ln(1 + n^2 x^2)$ 的和函数在 $[0,1]$ 上可微。

例 4.2.11 证明：函数

$$\zeta(x) = \sum_{n=1}^{\infty} \frac{1}{n^x}$$

在 $(1, +\infty)$ 上有连续的各阶导数。

证 设 $u_n(x) = \dfrac{1}{n^x} (x \in (1, +\infty), \ n = 1, 2, \cdots)$ 在任意闭子区间 $[a,b] \subset (1, +\infty)$ 上，对任意正整数 k，$u_n(x)$ 的 k 阶导数满足

$$|u_n^{(k)}(x)| = \left| (-1)^k \frac{\ln^k n}{n^x} \right| \leqslant \frac{\ln^k n}{n^a},$$

而 $\sum \dfrac{\ln^k n}{n^a}$ 为收敛的正项级数，利用优级数判别法，对任意 k，$\sum u_n^{(k)}(x)$ 在 $(1, +\infty)$ 上均内闭一致收敛，因而由连续性定理和可微性定理，$\zeta(x)$ 在 $(1, +\infty)$ 上有连续的各阶导数。

4.2.4　幂级数与傅里叶级数的性质

幂级数在其收敛区间内可逐项求导和逐项积分, 实际上是由于幂级数在其收敛域上是内闭一致收敛的。下面将讨论幂级数 $\sum a_n x^n$ 的一致收敛性。

定理 4.2.9　设幂级数 $\sum a_n x^n$ 的收敛半径为 R, 则它在 $(-R, R)$ 的任意闭子区间 $[a, b]$ 上一致收敛。

证　令 $c = \max\{|a|, |b|\}$, 显然 $0 < c < R$。因而, 对 $[a, b]$ 上任意一点 x, 都有

$$|a_n x^n| \leqslant |a_n c^n|。$$

由于幂级数在其收敛区间内任意一点处绝对收敛, 则级数 $\sum |a_n c^n|$ 收敛, 且为 $\sum a_n x^n$ 在 $[a, b]$ 上的优级数, 因而 $\sum a_n x^n$ 在 $[a, b]$ 上一致收敛。

定理 4.2.10　设幂级数 $\sum a_n x^n$ 的收敛半径为 R, 且在 $x = R\,(x = -R)$ 处收敛, 则它在 $[0, R]\,([-R, 0])$ 上一致收敛。

证　对任意 $x \in [0, R]$, 有

$$\sum a_n x^n = \sum a_n R^n \left(\frac{x}{R}\right)^n,$$

显然, $\sum a_n R^n$ 收敛且对任意 $x \in [0, R]$, 数列 $\left\{\left(\dfrac{x}{R}\right)^n\right\}$ 单调递减。又易知函数列 $\left\{\left(\dfrac{x}{R}\right)^n\right\}$ 在 $[0, R]$ 一致有界, 即 $\left|\left(\dfrac{x}{R}\right)^n\right| \leqslant 1\,(x \in [0, 1], n = 1, 2, \cdots)$, 从而由阿贝尔判别法可知, 幂级数 $\sum a_n x^n$ 在 $[0, R]$ 上一致收敛。

类似可证 $[-R, 0]$ 上的情况。

由定理 4.2.9 和定理 4.2.10 可知, 幂级数在其收敛域的任意闭子区间上一致收敛, 又由于幂级数 $\sum n a_n x^{n-1}$, $\sum \dfrac{a_n}{n+1} x^{n+1}$ 与 $\sum a_n x^n$ 有相同的收敛区间, 因此可得以下定理。

定理 4.2.11　设幂级数 $\sum\limits_{n=0}^{\infty} a_n x^n$ 的收敛半径为 R, 且在其收敛域内和函数为 $S(x)$, 则

Ⅰ) $S(x)$ 在收敛域内连续;

Ⅱ) $S(x)$ 在任意 $x \in (-R, R)$ 处可导, 并可逐项求导, 即

$$S'(x) = \sum_{n=1}^{\infty} n a_n x^{n-1},$$

且可逐项求导任意次;

Ⅲ) 对任意 $x \in (-R, R)$, $S(x)$ 在 $[0, x]$（$[x, 0]$）上可积, 并可逐项积分, 即

$$\int_0^x S'(t)\mathrm{d}t = \sum_{n=1}^{\infty} \frac{a_n}{n+1} x^{n+1},$$

且可逐项积分任意次。

下面讨论傅里叶级数的一些性质。

回顾三角函数系：

$$1, \cos x, \sin x, \cos 2x, \sin 2x, \cdots, \cos nx, \sin nx, \cdots。$$

三角函数系为正交函数系，即其中任意两个不同的函数的乘积在 $[-\pi, \pi]$ 上积分为 0，

$$\int_{-\pi}^{\pi} \cos nx \mathrm{d}x = \int_{-\pi}^{\pi} \sin nx \mathrm{d}x = 0,$$

$$\int_{-\pi}^{\pi} \cos nx \cos mx \mathrm{d}x = \int_{-\pi}^{\pi} \sin nx \sin mx \mathrm{d}x = 0 \ (m \neq n),$$

$$\int_{-\pi}^{\pi} \cos nx \sin mx \mathrm{d}x = 0。$$

三角函数系中任意一个函数的平方在 $[-\pi, \pi]$ 上积分不为 0，

$$\int_{-\pi}^{\pi} \cos^2 nx \mathrm{d}x = \int_{-\pi}^{\pi} \sin^2 nx \mathrm{d}x = \pi,$$

$$\int_{-\pi}^{\pi} 1^2 \mathrm{d}x = 2\pi。$$

定理 4.2.12　若在整个数轴上

$$f(x) = \frac{a_0}{2} + \sum_{n=1}^{\infty} (a_n \cos nx + b_n \sin nx),$$

且等式右边一致收敛，则有如下关系式：

$$a_0 = \frac{1}{\pi} \int_{-\pi}^{\pi} f(x) \mathrm{d}x,$$

$$a_n = \frac{1}{\pi} \int_{-\pi}^{\pi} f(x) \cos nx \mathrm{d}x, \ b_n = \frac{1}{\pi} \int_{-\pi}^{\pi} f(x) \sin nx \mathrm{d}x, \ n = 1, 2, \cdots。$$

证　由逐项积分定理 4.2.7，对等式

$$f(x) = \frac{a_0}{2} + \sum_{n=1}^{\infty} (a_n \cos nx + b_n \sin nx)$$

两边积分，有

$$\int_{-\pi}^{\pi} f(x) \mathrm{d}x = \pi a_0 + \sum_{n=1}^{\infty} \left(a_n \int_{-\pi}^{\pi} \cos nx \mathrm{d}x + b_n \int_{-\pi}^{\pi} \sin nx \mathrm{d}x \right) = \pi a_0,$$

因而

$$a_0 = \frac{1}{\pi} \int_{-\pi}^{\pi} f(x) \mathrm{d}x。$$

由例 4.2.3 的结论，对等式

$$f(x)\cos kx = \frac{a_0}{2}\cos kx + \sum_{n=1}^{\infty}(a_n\cos nx\cos kx + b_n\sin nx\cos kx)$$

两边积分，利用三角函数系的正交性，有

$$\int_{-\pi}^{\pi} f(x)\cos kx\mathrm{d}x = \frac{a_0}{2}\int_{-\pi}^{\pi}\cos kx\mathrm{d}x + \sum_{n=1}^{\infty}\left(a_n\int_{-\pi}^{\pi}\cos nx\cos kx\mathrm{d}x + b_n\int_{-\pi}^{\pi}\sin nx\cos kx\mathrm{d}x\right)$$

$$= a_k\int_{-\pi}^{\pi}\cos kx\cos kx\mathrm{d}x = \pi a_k,$$

所以有

$$a_k = \frac{1}{\pi}\int_{-\pi}^{\pi} f(x)\cos kx\mathrm{d}x, k = 1, 2, \cdots。$$

同理，对等式

$$f(x)\sin kx = \frac{a_0}{2}\sin kx + \sum_{n=1}^{\infty}(a_n\cos nx\sin kx + b_n\sin nx\sin kx)$$

两边积分，可得

$$b_k = \frac{1}{\pi}\int_{-\pi}^{\pi} f(x)\sin kx\mathrm{d}x, \ k = 1, 2, \cdots。$$

若 $F(x)$ 为以 2π 为周期且在 $[-\pi, \pi]$ 上可积的函数，按照定理 4.2.12 的公式可计算出 a_n, b_n，称它们为 $f(x)$ 的 **傅里叶系数**，称以 $f(x)$ 的傅里叶系数作为系数的三角级数

$$\frac{a_0}{2} + \sum_{n=1}^{\infty}(a_n\cos nx + b_n\sin nx)$$

为 $f(x)$ **的傅里叶级数**。

以上论述是在右边级数一致收敛的条件下进行的，然而要注意的是，$f(x)$ 的傅里叶级数在 $[-\pi, \pi]$ 上不一定收敛，更不一定一致收敛，即使收敛也不一定收敛于 $f(x)$。下面将讨论几个重要性质，在此基础上可以得到傅里叶级数收敛的条件。

定理 4.2.13　若函数 $f(x)$ 在 $[-\pi, \pi]$ 可积，则以下**贝塞尔** (Bessel) **不等式**成立：

$$\frac{a_0^2}{2} + \sum_{n=1}^{\infty}(a_n^2 + b_n^2) \leqslant \frac{1}{\pi}\int_{-\pi}^{\pi} f^2(x)\mathrm{d}x,$$

其中，a_n, b_n 为 $f(x)$ 的傅里叶系数。

证　设 $S_m(x) = \dfrac{a_0}{2} + \sum_{n=1}^{m}(a_n\cos nx + b_n\sin nx)$，由于

$$0 \leqslant \int_{-\pi}^{\pi}[f(x) - S_m(x)]^2\mathrm{d}x = \int_{-\pi}^{\pi} f^2(x)\mathrm{d}x - 2\int_{-\pi}^{\pi} f(x)S_m(x)\mathrm{d}x + \int_{-\pi}^{\pi} S_m^2(x)\mathrm{d}x,$$

由三角函数系的正交性及傅里叶系数的定义可以得出,

$$\int_{-\pi}^{\pi} S_m^2(x)\mathrm{d}x = \pi\left(\frac{a_0^2}{2} + \sum_{n=1}^{m}(a_n^2 + b_n^2)\right) = \int_{-\pi}^{\pi} f(x)S_m(x)\mathrm{d}x,$$

从而

$$\frac{a_0^2}{2} + \sum_{n=1}^{m}(a_n^2 + b_n^2) \leqslant \frac{1}{\pi}\int_{-\pi}^{\pi} f^2(x)\mathrm{d}x$$

对任意 m 成立, 因此有

$$\frac{a_0^2}{2} + \sum_{n=1}^{\infty}(a_n^2 + b_n^2) \leqslant \frac{1}{\pi}\int_{-\pi}^{\pi} f^2(x)\mathrm{d}x.$$

注 定理 4.2.13 说明, 任何以 2π 为周期的函数 $f(x)$, 只要 $f(x)$ 在 $[-\pi,\pi]$ 上可积, 则其傅里叶系数的平方和是收敛的数项级数, 因而有以下推论。

推论 (黎曼-勒贝格定理) 若 $f(x)$ 在 $[-\pi,\pi]$ 上可积, 则其傅里叶系数为无穷小数列, 即

$$\lim_{n\to\infty} a_n = \lim_{n\to\infty} b_n = 0,$$

也就是

$$\lim_{n\to\infty}\int_{-\pi}^{\pi} f(x)\sin nx\,\mathrm{d}x = 0, \quad \lim_{n\to\infty}\int_{-\pi}^{\pi} f(x)\cos nx\,\mathrm{d}x = 0.$$

例 4.2.12 当 $0 < p < \dfrac{1}{2}$ 时, 三角级数 $\displaystyle\sum_{n=0}^{\infty}\frac{\sin nx}{n^p}$, $\displaystyle\sum_{n=0}^{\infty}\frac{\cos nx}{n^p}$ 均不可能为某可积函数的傅里叶级数。

定理 4.2.14 若 $f(x)$ 在 $[-\pi,\pi]$ 上可积且 $f(x)$ 的傅里叶级数一致收敛于 $f(x)$, 则帕塞瓦尔 (Parseval) 等式成立:

$$\frac{a_0^2}{2} + \sum_{n=1}^{\infty}(a_n^2 + b_n^2) = \frac{1}{\pi}\int_{-\pi}^{\pi} f^2(x)\mathrm{d}x,$$

其中, a_n, b_n 为 $f(x)$ 的傅里叶系数。

证 由于 $f(x)$ 在 $[-\pi,\pi]$ 上可积, 从而有界, 利用例 4.2.3 的结论及逐项积分定理, 对等式

$$f^2(x) = \frac{a_0}{2}f(x) + \sum_{n=1}^{\infty}(a_n f(x)\cos nx + b_n f(x)\sin nx)$$

两边积分, 有

$$\frac{1}{\pi}\int_{-\pi}^{\pi} f^2(x)\mathrm{d}x = \frac{a_0^2}{2} + \sum_{n=1}^{\infty}(a_n^2 + b_n^2).$$

定理 4.2.15 (帕塞瓦尔等式的推广) 若 $f(x), g(x)$ 在 $[-\pi,\pi]$ 上均可积且 $f(x), g(x)$ 的傅里叶级数分别一致收敛于 $f(x), g(x)$, 则有

$$\frac{a_0\alpha_0}{2} + \sum_{n=1}^{\infty}(a_n\alpha_n + b_n\beta_n) = \frac{1}{\pi}\int_{-\pi}^{\pi} f(x)g(x)\mathrm{d}x,$$

其中, a_n, b_n 为 $f(x)$ 的傅里叶系数, α_n, β_n 为 $g(x)$ 的傅里叶系数。

如果函数 $f(x)$ 的导函数 $f'(x)$ 在闭区间 $[a,b]$ 上连续, 则称此函数为此闭区间上的**光滑函数**。如果函数 $f(x)$ 在闭区间 $[a,b]$ 上有至多有限个第一类间断点与角点 (两个单侧导数存在, 但导数不存在的连续点), 除去这至多有限个点后, 导函数在区间 $[a,b]$ 上连续, 则称 $f(x)$ 为闭区间 $[a,b]$ 上的**按段光滑函数**。下面证明有关傅里叶级数收敛的一个非常重要的定理。

定理 4.2.16 (收敛定理) 若以 2π 为周期的函数 $f(x)$ 在 $[-\pi,\pi]$ 上按段光滑, 则对任意 $x \in [-\pi,\pi]$, $f(x)$ 的傅里叶级数收敛于 $f(x)$ 的左极限与右极限的算术平均值, 即

$$\frac{f(x+0)+f(x-0)}{2} = \frac{a_0}{2} + \sum_{n=1}^{\infty}(a_n\cos nx + b_n\sin nx),$$

其中, a_n, b_n 为 $f(x)$ 的傅里叶系数。

证 首先证明, 以 2π 为周期的函数 $f(x)$, 如果它在 $[-\pi,\pi]$ 上可积, 则它的傅里叶级数的部分和 $S_n(x)$ 可以写成

$$S_n(x) = \frac{1}{\pi}\int_{-\pi}^{\pi} f(x+t)\frac{\sin\left(n+\frac{1}{2}\right)t}{2\sin\frac{t}{2}}\mathrm{d}t,$$

其中, $t=0$ 是被积函数中的不定式 $\dfrac{\sin\left(n+\frac{1}{2}\right)t}{2\sin\frac{t}{2}}$ 的可去间断点, 其极限值存在,

$$\lim_{t\to 0}\frac{\sin\left(n+\frac{1}{2}\right)t}{2\sin\frac{t}{2}} = n+\frac{1}{2},$$

因而此积分为正常定积分。

傅里叶级数的部分和为

$$S_n(x) = \frac{a_0}{2} + \sum_{k=1}^{n}(a_k\cos kx + b_k\sin kx),$$

代入傅里叶系数后为

$$S_n(x) = \frac{\frac{1}{\pi}\int_{-\pi}^{\pi}f(u)\mathrm{d}u}{2} + \sum_{k=1}^{n}\left[\left(\frac{1}{\pi}\int_{-\pi}^{\pi}f(u)\cos ku\,\mathrm{d}u\right)\cos kx + \left(\frac{1}{\pi}\int_{-\pi}^{\pi}f(u)\sin ku\,\mathrm{d}u\right)\sin kx\right]$$

$$= \frac{1}{\pi}\int_{-\pi}^{\pi}f(u)\left[\frac{1}{2}+\sum_{k=1}^{n}\cos k(u-x)\right]\mathrm{d}u$$

$$= \frac{1}{\pi}\int_{-\pi-x}^{\pi-x}f(x+t)\left[\frac{1}{2}+\sum_{k=1}^{n}\cos kt\right]\mathrm{d}t \quad (u=x+t)。$$

再由

$$\left(2\sin\frac{t}{2}\right)\left(\frac{1}{2}+\sum_{k=1}^{n}\cos kt\right)=\sin\frac{t}{2}+\left(\sin\frac{3t}{2}-\sin\frac{t}{2}\right)+\cdots+\left[\sin\left(n+\frac{1}{2}\right)t-\sin\left(n-\frac{1}{2}\right)t\right]$$

$$=\sin\left(n+\frac{1}{2}\right)t,$$

当 $t\neq 0$ 时,

$$\frac{1}{2}+\sum_{k=1}^{n}\cos kt=\frac{\sin\left(n+\frac{1}{2}\right)t}{2\sin\frac{t}{2}}, \tag{4.2.1}$$

将此式代入上述部分和的被积函数中,再注意到被积函数以 2π 为周期,在任何一个周期上积分相同,便得到

$$S_n(x)=\frac{1}{\pi}\int_{-\pi}^{\pi}f(x+t)\frac{\sin\left(n+\frac{1}{2}\right)t}{2\sin\frac{t}{2}}\mathrm{d}t。$$

其次证明, $\forall x\in[-\pi,\pi]$,

$$\lim_{n\to\infty}\left[\frac{f(x+0)+f(x-0)}{2}-S_n(x)\right]=0。 \tag{4.2.2}$$

由前面已经证明的部分和的公式,只需证明以下二式成立:

$$\lim_{n\to\infty}\left[\frac{f(x+0)}{2}-\frac{1}{\pi}\int_0^{\pi}f(x+t)\frac{\sin\left(n+\frac{1}{2}\right)t}{2\sin\frac{t}{2}}\mathrm{d}t\right]=0, \tag{4.2.3}$$

$$\lim_{n\to\infty}\left[\frac{f(x-0)}{2}-\frac{1}{\pi}\int_{-\pi}^{0}f(x+t)\frac{\sin\left(n+\frac{1}{2}\right)t}{2\sin\frac{t}{2}}\mathrm{d}t\right]=0。 \tag{4.2.4}$$

下面只证式 (4.2.3) 成立,式 (4.2.4) 类似可证。

对式 (4.2.1) 两边积分,

$$1=\frac{1}{\pi}\int_{-\pi}^{\pi}\left[\frac{1}{2}+\sum_{k=1}^{n}\cos kt\right]\mathrm{d}t=\frac{1}{\pi}\int_{-\pi}^{\pi}\frac{\sin\left(n+\frac{1}{2}\right)t}{2\sin\frac{t}{2}}\mathrm{d}t$$

$$=2\cdot\frac{1}{\pi}\int_0^{\pi}\frac{\sin\left(n+\frac{1}{2}\right)t}{2\sin\frac{t}{2}}\mathrm{d}t,$$

其中,后面的等式成立是由于被积函数是偶函数,两边再乘以 $\dfrac{f(x+0)}{2}$,便有

$$\frac{f(x+0)}{2} = \frac{1}{\pi} \int_0^\pi f(x+0) \frac{\sin\left(n+\dfrac{1}{2}\right)t}{2\sin\dfrac{t}{2}} \mathrm{d}t,$$

代入式 (4.2.3) 后, 式 (4.2.3) 变为

$$\lim_{n\to\infty} \frac{1}{\pi} \int_0^\pi [f(x+0)-f(x+t)] \frac{\sin\left(n+\dfrac{1}{2}\right)t}{2\sin\dfrac{t}{2}} \mathrm{d}t = \lim_{n\to\infty} \frac{1}{\pi} \int_0^\pi \frac{f(x+0)-f(x+t)}{2\sin\dfrac{t}{2}} \sin\left(n+\frac{1}{2}\right)t\mathrm{d}t = 0,$$

$$(4.2.5)$$

下面只需证明此式即可。

为此, 首先证明 $g(t) = \dfrac{f(x+0)-f(x+t)}{2\sin\dfrac{t}{2}}$ 在 $[0,\pi]$ 上可积。由 $f(x)$ 按段光滑, 则 $f(x)$ 在 $[0,\pi]$ 上有有限个第一类间断点, 从而 $g(t)$ 在 $(0,\pi]$ 上有有限个第一类间断点。考虑到 $g(t)$ 的分母在 $t=0$ 时的值为零, 如果 $g(t)$ 在 $t\to 0^+$ 时单侧极限存在, 则 $g(t)$ 在 $[0,\pi]$ 上的积分为正常定积分, 即 $g(t)$ 在 $[0,\pi]$ 上可积。事实上, 这个单侧极限为

$$\lim_{t\to 0^+} g(t) = \lim_{t\to 0^+} \frac{f(x+0)-f(x+t)}{t} \frac{\dfrac{t}{2}}{\sin\dfrac{t}{2}} = -f'_+(x)\cdot 1 = -f'_+(x),$$

这是由于 $f(x)$ 按段光滑, 因此 $f(x)$ 在 x 点的右导数是存在的, 这也表明了 $g(t)$ 在 $t=0$ 时的单侧右极限是存在的, 因而 $g(t)$ 在 $[0,\pi]$ 上可积。

以下将利用定理 4.2.13 的推论 (黎曼-勒贝格定理) 证明式 (4.2.5) 成立。

由于

$$\int_0^\pi g(t)\sin\left(n+\frac{1}{2}\right)t\mathrm{d}t = \int_0^\pi g(t)\left[\cos\frac{t}{2}\sin nt + \sin\frac{t}{2}\cos nt\right]\mathrm{d}t$$

$$= \int_0^\pi \left[g(t)\cos\frac{t}{2}\right]\sin nt\mathrm{d}t + \int_0^\pi \left[g(t)\sin\frac{t}{2}\right]\cos nt\mathrm{d}t$$

$$= \int_{-\pi}^\pi [g_1(t)]\sin nt\mathrm{d}t + \int_0^\pi [g_2(t)]\cos nt\mathrm{d}t,$$

其中,

$$g_1(t) = \begin{cases} g(t)\cos\dfrac{t}{2}, & t\in[0,\pi], \\ 0, & t\in[-\pi,0), \end{cases}$$

$$g_2(t) = \begin{cases} g(t)\sin\dfrac{t}{2}, & t\in[0,\pi], \\ 0, & t\in[-\pi,0), \end{cases}$$

$g_1(t)$, $g_2(t)$ 在 $[-\pi,\pi]$ 上可积, 由定理 4.2.13 的推论 (黎曼-勒贝格定理) 可知, 式 (4.2.5) 成立, 从而式 (4.2.3) 成立。类似可证式 (4.2.4) 成立, 便可得到式 (4.2.2), 定理 4.2.16 得证。

推论 若以 2π 为周期的函数 $f(x)$ 在 $[-\pi, \pi]$ 上按段光滑且连续, 则对任意 $x \in [-\pi, \pi]$, $f(x)$ 的傅里叶级数收敛于 $f(x)$。

利用一致收敛的优级数判别法, 结合前面所讲的一些性质和收敛定理, 容易得到以下定理 (请读者自己完成证明)。

定理 4.2.17 若数项级数 $\sum(|a_n| + |b_n|)$ 收敛, 则三角级数 $\dfrac{a_0}{2} + \sum\limits_{n=1}^{\infty}(a_n \cos nx + b_n \sin nx)$ 在闭区间 $[0, 2\pi]$ 上一致收敛于一个连续函数 $g(x)$, 并且此三角级数是 $g(x)$ 的傅里叶级数。

习　题　4.2

1. 判断下列函数项级数在给定区间 D 上的一致收敛性。

(1) $\sum \dfrac{1 - 2n}{(x^2 + n^2)[x^2 + (n-1)^2]}$,　$D = [-1, 1]$;

(2) $\sum 2^n \sin \dfrac{x}{3^n}$,　$D = (0, +\infty)$;

(3) $\sum \dfrac{x^2}{[1 + (n-1)x^2](1 + nx^2)}$,　$D = (0, +\infty)$;

(4) $\sum \dfrac{x}{(1 + x^2)^n}$,　$D = (0, +\infty)$。

2. 在 $[0, 1]$ 上, 证明级数 $\sum\limits_{n=1}^{\infty}(-1)^n x^n(1-x)$ 绝对收敛且一致收敛, 但其各项的绝对值组成的级数不一致收敛。

3. 设 $f(x) = \sum\limits_{n=1}^{\infty} \dfrac{x^{n-1}}{n^2}$, $x \in [-1, 1]$, 计算 $\displaystyle\int_0^x f(t)\mathrm{d}t$。

4. 设 $f(x) = \sum\limits_{n=1}^{\infty} \dfrac{\cos nx}{n\sqrt{n}}$, $x \in (-\infty, +\infty)$, 计算 $\displaystyle\int_0^x f(t)\mathrm{d}t$。

5. 设 $f(x) = \sum\limits_{n=1}^{\infty} n\mathrm{e}^{-nx}$, $x \in (0, +\infty)$, 计算 $\displaystyle\int_{\ln 2}^{\ln 3} f(t)\mathrm{d}t$。

6. 设 $f(x) = \sum\limits_{n=1}^{\infty} \dfrac{\sin nx}{n^3}$, $x \in (-\infty, +\infty)$, 证明: $f(x)$ 在 $(-\infty, +\infty)$ 上连续且有连续的导数。

7. 计算 $\lim\limits_{x \to 0^+} \sum\limits_{n=1}^{\infty} \dfrac{1}{2^n n^x}$。

8. 确定 $S(x) = \sum\limits_{n=1}^{\infty} \left(x + \dfrac{1}{n}\right)^n$ 的定义域, 并讨论其连续性与可微性。

9. 证明: 函数项级数 $\sum\limits_{n=1}^{\infty} \dfrac{x + (-1)^n n}{x^2 + n^2}$ 在任意有界闭区间上一致收敛, 且其和函数在 $(-\infty, +\infty)$ 上可导。

10. 设 $f(x) = \sum\limits_{n=1}^{\infty} \dfrac{2^n x^n}{n^2}$, 证明: 函数 $f(x)$ 在 $\left[-\dfrac{1}{2}, \dfrac{1}{2}\right]$ 上连续, 在 $\left(-\dfrac{1}{2}, \dfrac{1}{2}\right)$ 上可导。

11. 设 $\{u_n(x)\}$ 为 $[a, b]$ 上的函数列，且对任意 n，函数 $u_n(x)$ 为 $[a, b]$ 上的单调函数，数项级数 $\sum u_n(a), \sum u_n(b)$ 均绝对收敛，证明：级数 $\sum u_n(x)$ 在 $[a, b]$ 上绝对收敛且一致收敛。

12. 设 $f(x)$ 为以 2π 为周期的函数，且有二阶连续导数，证明：$f(x)$ 的傅里叶级数在 $(-\infty, +\infty)$ 上一致收敛于 $f(x)$。

13. 证明定理 4.2.15。

4.3　几个经典构造

以下几个数学分析中的经典例子，就是建立在函数项级数的一致收敛性的基础之上的。

4.3.1　R 上处处连续、处处不可微的函数

令

$$h(x) = \begin{cases} x, & 0 \leqslant x < 1, \\ 2 - x, & 1 \leqslant x \leqslant 2, \end{cases}$$

再令 $h(x + 2) = h(x)$，将 $h(x)$ 延拓到 **R** 上，使其成为以 2 为周期的连续函数。

定义以下函数列：

$$h_0(x) = h(x),$$

$$h_1(x) = \frac{3}{4} h(4x),$$

$$h_2(x) = \left(\frac{3}{4}\right)^2 h(4^2 x),$$

$$h_3(x) = \left(\frac{3}{4}\right)^3 h(4^3 x),$$

$$\cdots\cdots$$

$$h_n(x) = \left(\frac{3}{4}\right)^n h(4^n x),$$

$$\cdots\cdots$$

令

$$f(x) = \sum_{n=0}^{\infty} h_n(x), \quad x \in \mathbf{R},$$

下面证明 $f(x)$ 在 **R** 上处处连续、处处不可微。

由于 $|h_n(x)| \leqslant \left(\frac{3}{4}\right)^n$，而优级数 $\sum_{n=0}^{\infty} \left(\frac{3}{4}\right)^n$ 收敛，因此函数项级数 $\sum_{n=0}^{\infty} h_n(x)$ 在 **R** 上一致收敛。又因每一项 $h_n(x)$ 在 **R** 上连续，由函数项级数的性质知 $f(x)$ 在 **R** 上处处连续。

对任意正实数 x，任意正整数 m，必存在非负整数 k，使得

$$k \leqslant 4^m x < k + 1 (\text{即} k = [4^m x]),$$

显然，$\frac{k}{4^m} \leqslant x < \frac{k+1}{4^m}$，令 $\alpha_m = \frac{k}{4^m}, \beta_m = \frac{k+1}{4^m} (m = 1, 2, \cdots)$，从而对任意 m，有 $\alpha_m \leqslant x < \beta_m$，以及 $\beta_m - \alpha_m \to 0 \ (m \to \infty)$，则有

$$\beta_m \to x, \quad \alpha_m \to x \ (m \to \infty)。 \tag{4.3.1}$$

取定 m，对任意 n，分以下三种情况讨论。

① $n > m$。

由 $4^n\beta_m - 4^n\alpha_m = \frac{4^n}{4^m}(k+1) - \frac{4^n}{4^m}k = 4^{n-m}$（显然是偶数），又 $h(x)$ 以 2 为周期，则有 $h(4^n\beta_m) = h(4^n\alpha_n)$，即 $h(4^n\beta_m) - h(4^n\alpha_n) = 0$。

② $n = m$。

显然，$4^n\beta_m - 4^n\alpha_m = 1$，又 $4^n\beta_m = k+1$，$4^n\alpha_m = k$，由 $h(x)$ 的定义知 $|h(4^n\beta_m) - h(4^n\alpha_n)| = 1$。

③ $n < m$。

此时，$4^n\beta_m - 4^n\alpha_m = \frac{1}{4^{m-n}} < \frac{1}{4}$，且 $4^n\alpha_m = \frac{k}{4^{m-n}}$ 与 $4^n\beta_m = \frac{k+1}{4^{m-n}}$ 之间无整数，由 $h(x)$ 的函数图像可以看出，它们的对应点在同一直线段上，这些直线段的斜率为 1 或 -1，因而函数值的距离与自变量的距离相同，即 $|h(4^n\beta_m) - h(4^n\alpha_n)| = 4^n\beta_m - 4^n\alpha_n = \frac{1}{4^{m-n}}$。

综上，

$$|h(4^n\beta_m) - h(4^n\alpha_n)| = \begin{cases} 0, & n > m, \\ \dfrac{1}{4^{m-n}}, & n \leqslant m。 \end{cases}$$

对每一个 m，有

$$\begin{aligned}
|f(\beta_m) - f(\alpha_m)| &= \left| \sum_{n=0}^{\infty} h_n(\beta_m) - \sum_{n=0}^{\infty} h_n(\alpha_m) \right| \\
&= \left| \sum_{n=0}^{\infty} \left(\frac{3}{4}\right)^n [h(4^n\beta_m) - h(4^n\alpha_m)] \right| \\
&= \left| \left(\frac{3}{4}\right)^m [h(4^m\beta_m) - h(4^m\alpha_m)] + \sum_{n=0}^{m-1} \left(\frac{3}{4}\right)^n [h(4^n\beta_m) - h(4^n\alpha_m)] \right| \\
&\geqslant \left(\frac{3}{4}\right)^m - \sum_{n=0}^{m-1} \left(\frac{3}{4}\right)^n |h(4^n\beta_m) - h(4^n\alpha_m)| \\
&= \left(\frac{3}{4}\right)^m - \sum_{n=0}^{m-1} \frac{3^n}{4^m} = \left(\frac{3}{4}\right)^m - \frac{1}{4^m} \sum_{n=0}^{m-1} 3^n \\
&= \left(\frac{3}{4}\right)^m - \frac{1}{4^m} \cdot \frac{1}{2}(3^m - 1) = \left(\frac{3}{4}\right)^m - \frac{1}{4^m} \cdot \frac{1}{2} \cdot 3^m + \frac{1}{4^m} \cdot \frac{1}{2} > \frac{1}{2} \cdot \left(\frac{3}{4}\right)^m。
\end{aligned}$$

如果 $f(x)$ 在 x 处可导，由式 (4.3.1) 知必有 $\lim\limits_{m \to \infty} \dfrac{f(\beta_m) - f(\alpha_m)}{\beta_m - \alpha_m} = f'(x)$，下面考察此极限。

$$\frac{f(\beta_m) - f(\alpha_m)}{\beta_m - \alpha_m} = \frac{f(\beta_m) - f(\alpha_m)}{\frac{1}{4^m}} > \frac{1}{2}\left(\frac{3}{4}\right)^m \cdot 4^m = \frac{1}{2} \cdot 3^m \to +\infty, \ m \to \infty,$$

即 $\lim\limits_{m\to\infty}\dfrac{f(\beta_m)-f(\alpha_m)}{\beta_m-\alpha_m}$ 不存在, 从而 $f'(x)$ 不存在, 即 $f(x)$ 在任意 $x\in\mathbf{R}$ 处不可导.

4.3.2　充满正方形的曲线

在 xOy 平面上构造一条连续曲线, 使其通过正方形 $[0,1]\times[0,1]$ 内每一点, 这样的曲线称作充满正方形的曲线, 也称皮亚诺曲线.

令

$$g(t)=\begin{cases} 0, & t\in\left[0,\dfrac{1}{3}\right]\cup\left[\dfrac{5}{3},2\right], \\[2mm] 3t-1, & t\in\left(\dfrac{1}{3},\dfrac{2}{3}\right], \\[2mm] 1, & t\in\left(\dfrac{2}{3},\dfrac{4}{3}\right], \\[2mm] -3t+5, & t\in\left(\dfrac{4}{3},\dfrac{5}{3}\right), \end{cases}$$

再令 $g(t+2)=g(t)$, 将 $g(t)$ 延拓到 $\mathbf{R}$ 上, 使其成为以 2 为周期的连续函数.

设

$$x(t)=\sum_{n=1}^{\infty}\frac{g(3^{2n-2}t)}{2^n},\quad y(t)=\sum_{n=1}^{\infty}\frac{g(3^{2n-1}t)}{2^n},$$

由于

$$\left|\frac{g(3^{2n-2}t)}{2^n}\right|\leqslant\frac{1}{2^n},\quad \left|\frac{g(3^{2n-1}t)}{2^n}\right|\leqslant\frac{1}{2^n},$$

且优级数 $\sum\limits_{n=1}^{\infty}\dfrac{1}{2^n}$ 收敛, 从而这两个函数项级数在 $\mathbf{R}$ 上一致收敛, 则 $x(t),y(t)$ 在 $\mathbf{R}$ 上连续, 因此参数方程

$$h(x)=\begin{cases} x=x(t) \\ y=y(t) \end{cases},\quad t\in\mathbf{R}$$

表示一条连续曲线.

由 $\sum\limits_{n=1}^{\infty}\dfrac{1}{2^n}=1$, 易知 $0\leqslant x(t)\leqslant1,\ 0\leqslant y(t)\leqslant1$, 从而,

$$G=\{(x,y)|x=x(t),\ y=y(t),t\in\mathbf{R}\}\subset[0,1]\times[0,1].$$

为了证明 $G=[0,1]\times[0,1]$, 下面只需证明 $[0,1]\times[0,1]\subset G$.

任取 $(a,b)\in[0,1]\times[0,1]$, 需证存在 $c\in\mathbf{R}$, 使得 $x(c)=a,y(c)=b$. 为此, 将 a,b 表示成二进制无限小数, 即

$$a=\sum_{n=1}^{\infty}\frac{a_n}{2^n},\quad b=\sum_{n=1}^{\infty}\frac{b_n}{2^n},$$

其中 a_n,b_n 只取 0 或 1.

令

$$c = 2\sum_{n=1}^{\infty} \frac{c_n}{3^n},$$

其中, $c_{2n-1} = a_n$, $c_{2n} = b_n (n = 1, 2, \cdots)$。下面证明 c 满足要求。

由于 $2\sum_{n=1}^{\infty} \frac{1}{3^n} = 1$, 因此 $c \in [0, 1]$, 如果证得 $g(3^k c) = c_{k+1}$, 便可知

$$g(3^{2n-2} c) = c_{2n-1} = a_n, \quad g(3^{2n-1} c) = c_{2n} = b_n,$$

即可得

$$x(c) = \sum_{n=1}^{\infty} \frac{g(3^{2n-2} c)}{2^n} = \sum_{n=1}^{\infty} \frac{a_n}{2^n} = a,$$

$$y(c) = \sum_{n=1}^{\infty} \frac{g(3^{2n-1} c)}{2^n} = \sum_{n=1}^{\infty} \frac{b_n}{2^n} = b,$$

从而 c 满足要求, 便可完成整个论证, 因此接下来只需证明 $g(3^k c) = c_{k+1}$。

由于

$$3^k c = 3^k \cdot 2\sum_{n=1}^{\infty} \frac{c_n}{3^n} = 2\sum_{n=1}^{\infty} \frac{c_n}{3^{n-k}} = 2\sum_{n=1}^{k} \frac{c_n}{3^{n-k}} + 2\sum_{n=k+1}^{\infty} \frac{c_n}{3^{n-k}},$$

其中, $2\sum_{n=1}^{k} \frac{c_n}{3^{n-k}}$ 为偶数, 又 $g(t)$ 以 2 为周期, 若记 $d_k = 2\sum_{n=k+1}^{\infty} \frac{c_n}{3^{n-k}}$, 则有 $g(3^k c) = g(d_k)$。因而, 现在只需证明 $c_{k+1} = g(d_k)$, 分以下两种情况。

① 若 $c_{k+1} = 0$,

$$0 \leqslant d_k = 2 \cdot \sum_{n=k+2}^{\infty} \frac{c_n}{3^{n-k}} + 2 \cdot c_{k+1} \cdot \frac{1}{3} = 2 \cdot \sum_{n=k+2}^{\infty} \frac{c_n}{3^{n-k}} \leqslant 2 \cdot \sum_{n=k+2}^{\infty} \frac{1}{3^n} < \frac{1}{3},$$

结合 $g(t)$ 的定义, 知 $g(d_k) = 0$, 从而 $g(d_k) = c_{k+1}$。

② 若 $c_{k+1} = 1$,

$$\frac{2}{3} \leqslant d_k = \frac{2}{3} + \sum_{n=k+2}^{\infty} \frac{c_n}{3^{n-k}} \leqslant \frac{2}{3} + 2 \cdot \sum_{n=2}^{\infty} \frac{1}{3^n} = \frac{2}{3} + \frac{1}{3} = 1,$$

再结合 $g(t)$ 的定义, 知 $g(d_k) = 1$, 即 $g(d_k) = c_{k+1}$。

4.3.3 闭区间上的连续函数可由多项式列一致逼近

下面证明分析学中一个非常重要的定理, 此定理在后续一些分析课程的学习中有着相当广泛的应用。

定理 4.3.1 若 $f(x)$ 为闭区间 $[a, b]$ 上的连续函数, 则存在闭区间 $[a, b]$ 上的多项式列 $\{P_n(x)\}$, 使得 $\{P_n(x)\}$ 在 $[a, b]$ 上一致收敛于 $f(x)$。

证　不妨假设 $[a,b] = [0,1]$，再设 $g(x) = f(x) - f(0) - x[f(1) - f(0)]$ $(0 \leqslant x \leqslant 1)$，有 $g(0) = g(1) = 0$，且 $f(x)$ 与 $g(x)$ 之差为多项式，因而，所证结论对 $f(x)$ 成立当且仅当它对 $g(x)$ 成立。下面只需证明存在多项式列在 $[0,1]$ 上一致收敛于 $g(x)$ 即可。

由于 $g(x)$ 在 $[0,1]$ 上连续，因此 $g(x)$ 一致连续。对于 $\mathbf{R}$ 上 $[0,1]$ 以外的任意点 x，规定函数值 $g(x) = 0$，此时 $g(x)$ 在 $\mathbf{R}$ 上一致连续。

令

$$Q_n(x) = C_n(1 - x^2)^n, n = 1, 2, \cdots,$$

其中，$C_n = \dfrac{1}{\displaystyle\int_{-1}^{1}(1 - x^2)^n \mathrm{d}x}$ 为常数，即常数 C_n 使得 $\displaystyle\int_{-1}^{1}(1 - x^2)^n \mathrm{d}x = 1$。由于

$$\int_{-1}^{1}(1 - x^2)^n \mathrm{d}x = 2\int_{0}^{1}(1 - x^2)^n \mathrm{d}x \geqslant 2\int_{0}^{\frac{1}{\sqrt{n}}}(1 - x^2)^n \mathrm{d}x \geqslant 2\int_{0}^{\frac{1}{\sqrt{n}}}(1 - nx^2)\mathrm{d}x = \frac{4}{3\sqrt{n}} > \frac{1}{\sqrt{n}},$$

因此 $C_n < \sqrt{n}$。

$\forall \delta > 0$，在 $[-1, -\delta] \cup [\delta, 1]$ 上，由于

$$Q_n(x) \leqslant \sqrt{n}(1 - x^2)^n \leqslant \sqrt{n}(1 - \delta^2)^n \to 0, \ n \to \infty, \tag{4.3.2}$$

因此 $Q_n(x)$ 在 $[-1, \delta] \cup [\delta, 1]$ 上一致收敛于 0。

令

$$P_n(x) = \int_{-1}^{1} g(x + t)Q_n(t)\mathrm{d}t, \ 0 \leqslant x \leqslant 1,$$

由于 $t < -x$ 及 $t > 1 - x$(即 $x + t < 0$ 及 $x + t > 1$) 时，按照 $g(x)$ 的定义有 $g(x + t) = 0$，故

$$P_n(x) = \int_{-1}^{1-x} g(x + t)Q_n(t)\mathrm{d}t = \int_{0}^{1} g(u)Q_n(u - x)\mathrm{d}u, \ u = x + t。$$

值得注意的是，$Q_n(u - x)$ 是 $u - x$ 的多项式，对 u 积分后，该式是 x 的多项式。

下面证明 $\{P_n(x)\}$ 满足要求。

由于 $g(x)$ 在 $\mathbf{R}$ 上一致连续，$\forall \varepsilon > 0, \exists \delta > 0$，使得当 $|y - x| < \delta$ 时，$|g(y) - g(x)| < \dfrac{\varepsilon}{2}$。

设

$$M = \sup_{x \in \mathbf{R}} |g(x)|,$$

由式 (4.3.2)，对上述 $\varepsilon > 0$，存在 N，使得当 $n > N$ 时，有 $|\sqrt{n}(1 - \delta^2)^n| < \dfrac{\varepsilon}{8M(1 - \delta)}$，从而，

当 $n > N$ 时，对一切 $x \in [0,1]$，利用 $\displaystyle\int_{-1}^{1}Q_n(t)\mathrm{d}t = 1$，有

$$|P_n(x) - g(x)| = \left|\int_{-1}^{1} g(x + t)Q_n(t)\mathrm{d}t - \int_{-1}^{1} g(x)Q_n(t)\mathrm{d}t\right|$$

$$= \left|\int_{-1}^{1} [g(x + t) - g(x)]Q_n(t)\mathrm{d}t\right| \leqslant \int_{-1}^{1} |g(x + t) - g(x)|Q_n(t)\mathrm{d}t$$

$$= \int_{-1}^{-\delta} |g(x+t) - g(x)| Q_n(t) \mathrm{d}t + \int_{-\delta}^{\delta} |g(x+t) - g(x)| Q_n(t) \mathrm{d}t$$

$$+ \int_{\delta}^{1} |g(x+t) - g(x)| Q_n(t) \mathrm{d}t \leqslant \int_{-1}^{-\delta} 2M Q_n(t) \mathrm{d}t + \int_{-\delta}^{\delta} \frac{\varepsilon}{2} Q_n(t) \mathrm{d}t$$

$$+ \int_{\delta}^{1} 2M Q_n(t) \mathrm{d}t \leqslant 2M \sqrt{n} (1-\delta^2)^n (-\delta+1) + \frac{\varepsilon}{2}$$

$$+ 2M \sqrt{n} (1-\delta^2)^n (1-\delta) < \frac{\varepsilon}{4} + \frac{\varepsilon}{2} + \frac{\varepsilon}{4} = \varepsilon,$$

这便证明了多项式列 $\{P_n(x)\}$ 在 $[0,1]$ 上一致收敛于 $g(x)$。

总 习 题 4

1. 讨论下列函数列 $\{f_n(x)\}$ 在指定区间 D 上是否一致收敛。

(1) $f_n(x) = \dfrac{n+x^2}{nx}$, $D = (0, +\infty)$;

(2) $f_n(x) = \begin{cases} -(n+1)x + 1, & 0 \leqslant x \leqslant \dfrac{1}{n+1}, \\ 0, & \dfrac{1}{n+1} < x \leqslant 1, \end{cases}$ $D = [0,1]$;

(3) $f_n(x) = n \sin \dfrac{x}{n}$, ① $D = [0, a]$, ② $D = (0, +\infty)$;

(4) $f_n(x) = \dfrac{1}{n} \ln(1 + \mathrm{e}^{-nx})$, ① $D = [0, +\infty)$, ② $D = (-\infty, 0]$。

2. 给定函数列

$$f_n(x) = \frac{x \ln^\alpha n}{n^x}, \ n = 2, 3, \cdots,$$

α 取何值时，$\{f_n(x)\}$ 在 $[0, +\infty)$ 上一致收敛。

3. 设 $f_1(x)$ 在 $[a,b]$ 上可积，令

$$f_{n+1}(x) = \int_a^x f_n(t) \mathrm{d}t, n = 1, 2, \cdots,$$

证明：$\{f_n(x)\}$ 在 $[a,b]$ 上一致收敛于 0。

4. 设 $\{f_n(x)\}$ 为区间 I 上定义的一列函数，若对任意正数 ε，存在 $\delta > 0$，当 $x_1, x_2 \in I, |x_1 - x_2| < \delta$ 时，对一切 n，有 $|f_n(x_1) - f_n(x_2)| < \varepsilon$，则称函数列 $\{f_n(x)\}$ 在区间 I 上**等度连续**。证明：

(1) 若函数列 $\{f_n(x)\}$ 在区间 $[a,b]$ 上等度连续，且 $\lim\limits_{n\to\infty} f_n(x) = f(x)$，则 $f(x)$ 在 $[a,b]$ 上一致连续；

(2) 若函数列 $\{f_n(x)\}$ 在区间 $[a,b]$ 上等度连续，且 $\lim\limits_{n\to\infty} f_n(x) = f(x)$，则 $\{f_n(x)\}$ 在区间 $[a,b]$ 上一致收敛于 $f(x)$；

(3) 若函数列 $\{f_n(x)\}$ 在区间 $[a,b]$ 上均连续，且 $\{f_n(x)\}$ 在区间 $[a,b]$ 上一致收敛于 $f(x)$，则函数列 $\{f_n(x)\}$ 在区间 $[a,b]$ 上等度连续。

5. 设二元函数 $f(x,y)$ 在 $[a,b]\times[c,d]$ 上连续，函数列 $\{\varphi_n(x)\}$ 在 $[a,b]$ 上一致收敛并满足条件 $c\leqslant\varphi_n(x)\leqslant d(n=1,2,\cdots)$，证明：函数列 $F_n(x)=f(x,\varphi_n(x))(n=1,2,\cdots)$ 在 $[a,b]$ 上一致收敛。

6. 讨论下列函数列 $\{f_n(x)\}$ 在指定区间 D 上是否一致收敛。

(1) $\displaystyle\sum\frac{\sin nx}{n}$，$D=(0,2\pi)$；

(2) $\displaystyle\sum\frac{nx}{(1+x)(1+2x)\cdots(1+nx)}$，　① $D=(0,a)$，　② $D=(a,+\infty)$；

(3) $\displaystyle\sum\frac{x^n}{\sqrt{n}}$，$D=[-1,0]$；

(4) $\displaystyle\sum(-1)^n\frac{x^{2n+1}}{2n+1}$，$D=(-1,1)$。

7. 确定函数项级数 $\displaystyle\sum\frac{x^n}{1+x^{2n}}$ 的收敛域和一致收敛域。

8. 证明：级数 $\displaystyle\sum\frac{(-1)^{n-1}x^2}{(1+x^2)^n}$ 在 $(-\infty,+\infty)$ 上绝对收敛且一致收敛，但其各项的绝对值组成的级数不一致收敛。

9. (1) 证明**狄尼定理**：若有限闭区间 $[a,b]$ 上的连续函数列 $\{f_n(x)\}$ 收敛于连续函数 $f(x)$，且对任意 $x\in[a,b]$，数列 $\{f_n(x)\}$ 单调，则函数列 $\{f_n(x)\}$ 在闭区间 $[a,b]$ 上一致收敛于函数 $f(x)$。

(2) 证明**狄尼定理的级数形式**：若有限闭区间上的连续函数列 $\{u_n(x)\}$ 构成的函数项级数 $\displaystyle\sum_{n=1}^{\infty}u_n(x)$，在 $[a,b]$ 上收敛于连续函数 $s(x)$，且对任意 $x\in[a,b]$，数列 $\{u_n(x)\}$ 的各项同号，则函数项级数 $\displaystyle\sum_{n=1}^{\infty}u_n(x)$ 在 $[a,b]$ 上一致收敛于函数 $s(x)$。

(3) 证明：闭区间上连续的非负函数列作为通项组成的级数的和函数，仍在此闭区间上连续的充要条件是此级数在此闭区间上一致收敛。

注　从证明过程可以看出，狄尼定理的成立在本质上依赖于定义区间的紧致性 (闭区间是紧集)，若将狄尼定理中的闭区间换成开区间，结论不再成立（读者可自行举例）。

10. 设 $\{u_n(x)\}$ 为 $[a,b]$ 上收敛于 0 的正值函数列，且对任意 $x\in[a,b]$，数列 $\{u_n(x)\}$ 递减，对任意 n，函数 $u_n(x)$ 为 $[a,b]$ 上的单调函数，证明：级数 $\displaystyle\sum(-1)^{n-1}u_n(x)$ 在 $[a,b]$ 上收敛且一致收敛。

11. 设幂级数 $\displaystyle\sum_{n=1}^{\infty}a_nx^n$ 的收敛半径为 $R=+\infty$，$S_n(x),S(x)$ 分别表示它的部分和函数列与和函数，证明：函数列 $\{S(x)S_n(x)\}$ 在 $(-\infty,+\infty)$ 上内闭一致收敛于 $S^2(x)$。

12. 设 $\{u_n(x)\}$ 为 $[a, b]$ 上的可导函数列，在 $[a, b]$ 上级数 $\sum\limits_{n=1}^{\infty} u_n(x)$ 收敛，且有

$$\left| \sum_{k=1}^{n} u_k'(x) \right| \leqslant C,$$

其中，C 为不依赖于 x 与 n 的正数，证明：$\sum\limits_{n=1}^{\infty} u_n(x)$ 在 $[a, b]$ 上一致收敛。

第5章 含参变量的积分

5.1 含参变量的正常积分

定义 5.1.1 设 $f(x,y)$ 定义在 $D = [a,b] \times [c,d]$ 上，若对任意 $x \in [a,b]$，关于自变量 y 的一元函数 $f(x,y)$ 在 $[c,d]$ 上可积，则其积分值为 $[a,b]$ 上关于自变量 x 的一元函数，即

$$F(x) = \int_c^d f(x,y)\mathrm{d}y, \tag{5.1.1}$$

称式 (5.1.1) 为**含参变量 x 的正常积分**。同理，若对任意 $y \in [c,d]$，关于自变量 x 的一元函数 $f(x,y)$ 在 $[a,b]$ 上可积，则称

$$G(y) = \int_a^b f(x,y)\mathrm{d}x \tag{5.1.2}$$

为**含参变量 y 的正常积分**。式 (5.1.1) 与式 (5.1.2) 也统称为**含参量积分**。

下面讨论含参量积分的连续性、可积性和可微性。

定理 5.1.1（连续性） 若二元函数 $f(x,y)$ 在 $D = [a,b] \times [c,d]$ 上连续，则式 (5.1.1) 与式 (5.1.2) 分别在 $[a,b]$ 与 $[c,d]$ 上连续。

证 只证式 (5.1.1) 在 $[a,b]$ 上连续。

任给 $\varepsilon > 0$，由于二元函数 $f(x,y)$ 在 $D = [a,b] \times [c,d]$ 上连续，则一致连续，从而存在 $\delta > 0$，当 $(x',y'),(x'',y'') \in D$ 且 $|x'-x''| < \delta, |y'-y''| < \delta$ 时，有

$$|f(x',y') - f(x'',y'')| < \frac{\varepsilon}{d-c}。$$

对任意 $x \in [a,b]$，当 $|\Delta x| < \delta$ 时（不妨假设 $x + \Delta x \in [a,b]$），由以上叙述，有

$$|F(x+\Delta x) - F(x)| = \left| \int_c^d [f(x+\Delta x,y) - f(x,y)]\mathrm{d}y \right| \leqslant$$
$$\int_c^d |f(x+\Delta x,y) - f(x,y)|\mathrm{d}y < \int_c^d \frac{\varepsilon}{d-c}\mathrm{d}y = \varepsilon,$$

这便证明了

$$\lim_{\Delta x \to 0} F(x+\Delta x) = F(x),$$

即 $F(x)$ 在 $[a,b]$ 上连续。

注 定理 5.1.1 说明，在二元函数 $f(x,y)$ 连续的条件下，对任意 $x_0 \in [a,b]$，极限与积分可交换次序，即

$$\lim_{x \to x_0} \int_c^d f(x,y)\mathrm{d}y = \int_c^d (\lim_{x \to x_0} f(x,y))\mathrm{d}y。$$

定理 5.1.2（可微性） 若二元函数 $f(x,y)$ 及其偏导数 $f_x(x,y)$ 在 $D=[a,b]\times[c,d]$ 上连续，则式 (5.1.1) 在 $[a,b]$ 上可微，且有

$$F'(x)=\frac{\mathrm{d}}{\mathrm{d}x}\int_c^d f(x,y)\mathrm{d}y=\int_c^d f_x(x,y)\mathrm{d}y。$$

证 任取 $x\in[a,b]$，设 $x+\Delta x\in[a,b]$，利用微分中值定理有

$$\frac{F(x+\Delta x)-F(x)}{\Delta x}=\frac{1}{\Delta x}\int_c^d[f(x+\Delta x,y)-f(x,y)]\mathrm{d}y$$

$$=\frac{1}{\Delta x}\int_c^d f_x(x+\theta\Delta x,y)\Delta x\mathrm{d}y=\int_c^d f_x(x+\theta\Delta x,y)\mathrm{d}y,\quad \theta\in(0,1)。$$

再利用上述连续性定理，有

$$F'(x)=\lim_{\Delta x\to 0}\frac{F(x+\Delta x)-F(x)}{\Delta x}=\lim_{\Delta x\to 0}\int_c^d f_x(x+\theta\Delta x,y)\mathrm{d}y$$

$$=\int_c^d\lim_{\Delta x\to 0}f_x(x+\theta\Delta x,y)\mathrm{d}y=\int_c^d f_x(x,y)\mathrm{d}y。$$

例 5.1.1 求 $y\neq 0$ 时，$\dfrac{\mathrm{d}}{\mathrm{d}y}\int_0^1\arctan\dfrac{x}{y}\mathrm{d}x$。

解 $y\neq 0$ 时，由以上可微性定理有

$$\frac{\mathrm{d}}{\mathrm{d}y}\int_0^1\arctan\frac{x}{y}\mathrm{d}x=\int_0^1\left(\frac{\partial}{\partial y}\arctan\frac{x}{y}\right)\mathrm{d}x$$

$$=-\int_0^1\frac{x}{x^2+y^2}\mathrm{d}x=\frac{1}{2}\ln\frac{y^2}{1+y^2}。$$

定理 5.1.3（可积性） 若二元函数 $f(x,y)$ 在 $D=[a,b]\times[c,d]$ 上连续，则式 (5.1.1) 与式 (5.1.2) 分别在 $[a,b]$ 与 $[c,d]$ 上可积，且有

$$\int_a^b\mathrm{d}x\int_c^d f(x,y)\mathrm{d}y=\int_c^d\mathrm{d}y\int_a^b f(x,y)\mathrm{d}x。$$

证 由上述连续性定理，显然可以得到式 (5.1.1) 与式 (5.1.2) 分别在 $[a,b]$ 与 $[c,d]$ 上可积，下面证明等式成立。

设

$$I(u)=\int_a^u\mathrm{d}x\int_c^d f(x,y)\mathrm{d}y,\quad J(u)=\int_c^d\mathrm{d}y\int_a^u f(x,y)\mathrm{d}x,\ u\in[a,b],$$

由可微性定理及变限积分的性质可知

$$I'(u)=J'(u)=\int_c^d f(u,y)\mathrm{d}y=F(u),$$

从而对任意 $u\in[a,b]$，有

$$I(u)=J(u)+C。$$

又 $I(a) = J(a) = 0$, 则 $C = 0$, 因而有

$$I(u) = J(u), u \in [a, b]。$$

令 $u = b$, 便有

$$\int_a^b \mathrm{d}x \int_c^d f(x, y)\mathrm{d}y = \int_c^d \mathrm{d}y \int_a^b f(x, y)\mathrm{d}x。$$

例 5.1.2　计算积分 $\int_0^1 \dfrac{x^b - x^a}{\ln x}\mathrm{d}x$ $(a, b > 0)$。

解　由于

$$\frac{x^b - x^a}{\ln x} = \int_a^b x^y \mathrm{d}y,$$

利用上述可积性定理, 有

$$\int_0^1 \frac{x^b - x^a}{\ln x}\mathrm{d}x = \int_0^1 \mathrm{d}x \int_a^b x^y \mathrm{d}y = \int_a^b \mathrm{d}y \int_0^1 x^y \mathrm{d}x$$
$$= \int_a^b \frac{1}{1+y}\mathrm{d}y = \ln \frac{1+b}{1+a}。$$

例 5.1.3　计算积分 $I = \int_0^1 \dfrac{\ln(1+x)}{1+x^2}\mathrm{d}x$。

解　考虑含参量积分

$$\varphi(\alpha) = \int_0^1 \frac{\ln(1+\alpha x)}{1+x^2}\mathrm{d}x,$$

显然 $\varphi(1) = I, \varphi(0) = 0$, 利用上述可微性定理, 积分号下求导得

$$\varphi'(\alpha) = \int_0^1 \frac{x}{(1+x^2)(1+\alpha x)}\mathrm{d}x$$
$$= \frac{1}{1+\alpha^2}\left(\int_0^1 \frac{\alpha}{1+x^2}\mathrm{d}x + \int_0^1 \frac{x}{1+x^2}\mathrm{d}x - \int_0^1 \frac{\alpha}{1+\alpha x}\mathrm{d}x\right)$$
$$= \frac{1}{1+\alpha^2}\left[\frac{\pi}{4}\alpha + \frac{1}{2}\ln 2 - \ln(1+\alpha)\right]。$$

从而

$$I = \varphi(1) - \varphi(0) = \int_0^1 \varphi'(\alpha)\mathrm{d}\alpha$$
$$= \int_0^1 \frac{1}{1+\alpha^2}\left[\frac{\pi}{4}\alpha + \frac{1}{2}\ln 2 - \ln(1+\alpha)\right]\mathrm{d}\alpha$$
$$= \frac{\pi}{8}\ln 2 + \frac{\pi}{8}\ln 2 - \varphi(1) = \frac{\pi}{4}\ln 2 - I,$$

从而

$$I = \frac{\pi}{8}\ln 2。$$

在学习重积分的时候, 经常遇到这样的含参量积分, 其积分上下限也含有参量, 形如

$$\Phi(x) = \int_{c(x)}^{d(x)} f(x,y)\mathrm{d}y, \quad c(x) \leqslant y \leqslant d(x), a \leqslant x \leqslant b, \tag{5.1.3}$$

也称式 (5.1.3) 为含参量的正常积分，或简称为含参量积分。下面讨论这种含参量积分的连续性、可积性和可微性。

定理 5.1.4（连续性） 若二元函数 $f(x,y)$ 在 $E = \{(x,y)|c(x) \leqslant y \leqslant d(x), a \leqslant x \leqslant b\}$ 上连续且 $c(x)$, $d(x)$ 均在 $[a,b]$ 上连续，则式 (5.1.3) 在 $[a,b]$ 上连续。

证 设 $y = c(x) + t(d(x) - c(x))$，则 $\mathrm{d}y = (d(x) - c(x))\mathrm{d}t$，利用定积分的换元法得

$$\begin{aligned} \Phi(x) &= \int_{c(x)}^{d(x)} f(x,y)\mathrm{d}y \\ &= \int_0^1 f(\,x, c(x) + t(d(x) - c(x))\,) \,(d(x) - c(x))\mathrm{d}t。 \end{aligned}$$

由于二元函数 $g(x,t) = f(x, c(x) + t(d(x) - c(x)))\,(d(x) - c(x))$ 在 $[a,b] \times [0,1]$ 上连续，根据定理 5.1.1 可知 $\Phi(x)$ 在 $[a,b]$ 上连续。

例 5.1.4 求 $\lim\limits_{\alpha \to 0} \int_{\alpha}^{1+\alpha} \dfrac{\mathrm{d}x}{1 + x^2 + \alpha^2}$。

解 由于 $\alpha, 1 + \alpha$ 均为处处连续的一元函数，$f(x,\alpha) = \dfrac{1}{1 + x^2 + \alpha^2}$ 为处处连续的二元函数，则由定理 5.1.4,

$$\Phi(\alpha) = \int_{\alpha}^{1+\alpha} \frac{\mathrm{d}x}{1 + x^2 + \alpha^2}$$

在 $\alpha = 0$ 处连续，因而有 $\lim\limits_{\alpha \to 0} \Phi(\alpha) = \Phi(0)$, 即

$$\lim_{\alpha \to 0} \int_{\alpha}^{1+\alpha} \frac{\mathrm{d}x}{1 + x^2 + \alpha^2} = \int_0^1 \frac{\mathrm{d}x}{1 + x^2} = \frac{\pi}{4}。$$

定理 5.1.5（可积性） 若二元函数 $f(x,y)$ 在 $E = \{(x,y)|c(x) \leqslant y \leqslant d(x), a \leqslant x \leqslant b\}$ 上连续且 $c(x)$, $d(x)$ 均在 $[a,b]$ 上连续，则式 (5.1.3) 在 $[a,b]$ 上可积。

证 由定理 5.1.4 及连续函数的可积性，显然可得此结论。

定理 5.1.6（可微性） 若二元函数 $f(x,y)$ 及其偏导数 $f_x(x,y)$ 在 $D = [a,b] \times [c,d]$ 上连续，$c(x), d(x)$ 均为定义在 $[a,b]$ 上且值域包含于 $[c,d]$ 的可微函数，则式 (5.1.3) 在 $[a,b]$ 上可微，且有

$$\frac{\mathrm{d}}{\mathrm{d}x} \int_{c(x)}^{d(x)} f(x,y)\mathrm{d}y = \int_{c(x)}^{d(x)} f_x(x,y)\mathrm{d}y + f(\,x,\ d(x)\,)d'(x) - f(\,x,\ c(x)\,)c'(x)。$$

证 将 $\Phi(x)$ 视为复合函数，

$$\Phi(x) = \Psi(x,u,v) = \int_u^v f(x,y)\mathrm{d}y,\ u = c(x),\ v = d(x),$$

由复合函数的可微性及定理 5.1.3 可知 $\Phi(x)$ 在 $[a,b]$ 上可微，再结合复合函数求导法、定理 5.1.3 和变限积分求导法，有

$$
\begin{aligned}
\Phi'(x) &= \frac{\partial\Psi}{\partial x} + \frac{\partial\Psi}{\partial u}\frac{\partial u}{\partial x} + \frac{\partial\Psi}{\partial v}\frac{\partial v}{\partial x} \\
&= \int_u^v f_x(x,y)\mathrm{d}y - f(x,u)c'(x) + f(x,v)d'(x) \\
&= \int_{c(x)}^{d(x)} f_x(x,y)\mathrm{d}y + f(x,d(x))d'(x) - f(x,c(x))c'(x)。
\end{aligned}
$$

例 5.1.5　求 $\Phi(y) = \int_y^{y^2} \dfrac{\sin(xy)}{x}\mathrm{d}x$ 的导数。

解　由定理 5.1.6 得

$$
\begin{aligned}
\Phi'(y) &= \int_y^{y^2} \cos(xy)\mathrm{d}x + 2y\frac{\sin y^3}{y^2} - \frac{\sin y^2}{y} \\
&= \frac{3\sin y^3 - 2\sin y^2}{y}。
\end{aligned}
$$

例 5.1.6　证明：$\Phi(t) = \displaystyle\int_0^{t^2}\mathrm{d}x\int_{x-t}^{x+t}\sin(x^2+y^2-t^2)\mathrm{d}y$ 的导数 $\Phi'(t)$ 为

$$
2t\int_{t^2-t}^{t^2+t}\sin(t^4+y^2-t^2)\mathrm{d}y + 2\int_0^{t^2}\sin 2x^2\cos 2xt\,\mathrm{d}x - 2t\int_0^{t^2}\mathrm{d}x\int_{x-t}^{x+t}\cos(x^2+y^2-t^2)\mathrm{d}y。
$$

证　设

$$
f(x,t) = \int_{x-t}^{x+t}\sin(x^2+y^2-t^2)\mathrm{d}y,
$$

则

$$
\Phi(t) = \int_0^{t^2} f(x,t)\mathrm{d}x。
$$

由定理 5.1.6 有

$$
\begin{aligned}
\Phi'(t) &= \int_0^{t^2} f_t(x,t)\mathrm{d}x + f(t^2,t)\cdot 2t \\
&= \int_0^{t^2} f_t(x,t)\mathrm{d}x + 2t\int_{t^2-t}^{t^2+t}\sin(t^4+y^2-t^2)\mathrm{d}y,
\end{aligned}
$$

其中

$$
\begin{aligned}
f_t(x,t) &= \frac{\partial}{\partial t}\int_{x-t}^{x+t}\sin(x^2+y^2-t^2)\mathrm{d}y = \int_{x-t}^{x+t}(-2t)\cos(x^2+y^2-t^2)\mathrm{d}y \\
&\quad + \sin[(x^2)+(x+t)^2-t^2] + \sin[(x^2)+(x-t)^2-t^2] \\
&= 2\sin 2x^2\cos 2xt - 2t\int_{x-t}^{x+t}\cos(x^2+y^2-t^2)\mathrm{d}y,
\end{aligned}
$$

代入 $\Phi'(t)$，从而有

$$
\begin{aligned}
\Phi'(t) =& 2t \int_{t^2-t}^{t^2+t} \sin(t^4 + y^2 - t^2)\mathrm{d}y \\
& + 2\int_0^{t^2} \sin 2x^2 \cos 2xt\mathrm{d}x - 2t \int_0^{t^2} \mathrm{d}x \int_{x-t}^{x+t} \cos(x^2 + y^2 - t^2)\mathrm{d}y。
\end{aligned}
$$

习 题 5.1

1. 求极限：

(1) $\displaystyle \lim_{\alpha \to 0} \int_{-1}^1 \sqrt{x^2 + \alpha^2}\mathrm{d}x$；

(2) $\displaystyle \lim_{\alpha \to 0} \int_0^2 x^2 \cos \alpha x\mathrm{d}x$。

2. 求导数 $F'(x)$。

(1) $\displaystyle F(x) = \int_x^{x^2} \mathrm{e}^{-xy^2}\mathrm{d}y$；

(2) $\displaystyle F(x) = \int_0^x \mathrm{d}t \int_{t^2}^{x^2} f(t,s)\mathrm{d}s$，其中 $f(t,s)$ 为可微函数。

3. 利用对参量微分法计算 $\displaystyle I(a) = \int_0^\pi \ln(1 - 2a\cos x + a^2)\mathrm{d}x$。

4. 利用参量积分法计算积分：

(1) $\displaystyle \int_0^1 \sin\left(\ln \frac{1}{x}\right) \frac{x^b - x^a}{\ln x}\mathrm{d}x \quad (b > a > 0)$；

(2) $\displaystyle \int_0^1 \cos\left(\ln \frac{1}{x}\right) \frac{x^b - x^a}{\ln x}\mathrm{d}x \quad (b > a > 0)$。

5. 设

$$
F(t) = \int_0^a \mathrm{d}x \int_0^a f(x + y + t)\mathrm{d}y,
$$

其中 $f(u)$ 为连续函数，证明：

$$
F''(t) = f(t + 2a) - 2f(t + a) + f(t)。
$$

5.2 含参变量的反常积分

5.2.1 一致收敛性及其判别法

定义 5.2.1 设 $f(x,y)$ 定义在无界区域 $D = I \times [c, +\infty)$ 上，若对任意 $x \in I$，反常积

分 $\int_{c}^{+\infty} f(x,y)\mathrm{d}y$ 都收敛，则其积分值为以 x 为自变量的函数

$$\mathcal{F}(x) = \int_{c}^{+\infty} f(x,y)\mathrm{d}y,\ x \in I, \tag{5.2.1}$$

称式 (5.2.1) 为 I 上的**含参变量 x 的无穷限反常积分**，简称为**第一类含参量反常积分**。相应地，可以定义含参量反常积分

$$\mathcal{F}_1(x) = \int_{-\infty}^{d} f(x,y)\mathrm{d}y,\ x \in I$$

及

$$\mathcal{F}_2(x) = \int_{-\infty}^{+\infty} f(x,y)\mathrm{d}y,\ x \in I。$$

定义 5.2.2 任给 $\varepsilon > 0$, 若存在 $M > c$, 使得对任意 $A > M$ 及一切 $x \in I$ 有

$$\left| \int_{c}^{A} f(x,y)\mathrm{d}y - \mathcal{F}(x) \right| = \left| \int_{A}^{+\infty} f(x,y)\mathrm{d}y \right| < \varepsilon,$$

则称含参量反常积分 $\int_{c}^{+\infty} f(x,y)\mathrm{d}y$ **在 I 上 (关于 x) 一致收敛**于 $\mathcal{F}(x)$。由这个定义可以写出非一致收敛的定义。

定义 5.2.2′ 若存在 $\varepsilon_0 > 0$, 使得对任意 $M > c$, 都存在 $A_0 > M$ 及 $x_0 \in I$, 满足

$$\left| \int_{A_0}^{+\infty} f(x_0,y)\mathrm{d}y \right| \geqslant \varepsilon_0,$$

则称含参量反常积分 $\int_{c}^{+\infty} f(x,y)\mathrm{d}y$ 在 I 上**非一致收敛**。

例 5.2.1 证明：含参量积分

$$\int_{0}^{+\infty} \frac{\sin xy}{y}\mathrm{d}y$$

在 $[c, +\infty)$ $(c > 0)$ 上一致收敛，在 $(0, +\infty)$ 上非一致收敛。

证 任给 $\varepsilon > 0$, 由于广义积分 $\int_{0}^{+\infty} \frac{\sin u}{u}\mathrm{d}u$ 收敛，则存在 $M' > 0$, 使得当 $A' > M'$ 时，有

$$\left| \int_{A'}^{+\infty} \frac{\sin u}{u}\mathrm{d}u \right| < \varepsilon。$$

令 $M = \dfrac{M'}{c}$, 当 $A > M$ 时，对一切 $x \in [c, +\infty)$, 有 $Ax > M \cdot c = M'$, 从而由上述结论有

$$\left| \int_{Ax}^{+\infty} \frac{\sin u}{u}\mathrm{d}u \right| < \varepsilon,$$

令 $u = xy$，有 $\mathrm{d}u = x\mathrm{d}y$ 及

$$\int_A^{+\infty} \frac{\sin xy}{y}\mathrm{d}y = \int_{Ax}^{+\infty} \frac{\sin u}{u}\mathrm{d}u,$$

即当 $A > M$ 时，对一切 $x \in [c, +\infty)$ 有

$$\left|\int_A^{+\infty} \frac{\sin xy}{y}\mathrm{d}y\right| = \left|\int_{Ax}^{+\infty} \frac{\sin u}{u}\mathrm{d}u\right| < \varepsilon,$$

这便证明了含参量积分

$$\int_0^{+\infty} \frac{\sin xy}{y}\mathrm{d}y$$

在 $[c, +\infty)$ $(c > 0)$ 上一致收敛。

又由于 $\int_0^{+\infty} \frac{\sin u}{u}\mathrm{d}u = \frac{\pi}{2} > \frac{\pi}{4}$(将由例 5.2.11 知)，则存在 $G \in (0, +\infty)$，使得 $\left|\int_G^{+\infty} \frac{\sin u}{u}\mathrm{d}u\right| > \frac{\pi}{4}$。

令 $\varepsilon_0 = \frac{\pi}{4}$，对任意 $M > 0$，令 $A_0 = M + 1 > M$，对 $x_0 = \frac{G}{M+1} \in (0, +\infty)$ 有

$$\left|\int_{A_0}^{+\infty} \frac{\sin x_0 y}{y}\mathrm{d}y\right| = \left|\int_{A_0 x_0}^{+\infty} \frac{\sin u}{u}\mathrm{d}u\right| = \left|\int_G^{+\infty} \frac{\sin u}{u}\mathrm{d}u\right| > \frac{\pi}{4} = \varepsilon_0,$$

这便证明了含参量积分

$$\int_0^{+\infty} \frac{\sin xy}{y}\mathrm{d}y$$

在 $(0, +\infty)$ 上非一致收敛。

由定义 5.2.2 可以得到含参量反常积分一致收敛的柯西准则。

定理 5.2.1（柯西准则） 含参量反常积分 $\int_c^{+\infty} f(x,y)\mathrm{d}y$ 在区间 I 上一致收敛的充要条件是：任给 $\varepsilon > 0$，总存在 $M > c$，使得对任意 $A_1, A_2 > M$ 及一切 $x \in I$ 有

$$\left|\int_{A_1}^{A_2} f(x,y)\mathrm{d}y\right| < \varepsilon。$$

例 5.2.2 设 $f(x,y)$ 在 $[a,b] \times [c, +\infty)$ 上连续，且对任意 $x \in [a,b)$，反常积分 $\int_c^{+\infty} f(x,y)\mathrm{d}y$ 收敛，但 $\int_c^{+\infty} f(b,y)\mathrm{d}y$ 发散，证明：含参量反常积分 $\int_c^{+\infty} f(x,y)\mathrm{d}y$ 在 $[a,b)$ 上非一致收敛。

证 用反证法，假设含参量反常积分 $\int_c^{+\infty} f(x,y)\mathrm{d}y$ 在 $[a,b)$ 上一致收敛，利用以上柯西准则，则对任意 $\varepsilon > 0$，总存在 $M > c$，使得当 $A_1, A_2 > M$ 时，对一切 $x \in [a,b)$ 有

$$\left|\int_{A_1}^{A_2} f(x,y)\mathrm{d}y\right| < \varepsilon,$$

所以当 $A_1, A_2 > M$ 时，令 $x \to b$，利用含参量正常积分的连续性定理，有

$$\left| \int_{A_1}^{A_2} f(b, y) \mathrm{d}y \right| \leqslant \varepsilon,$$

因而由反常积分收敛的柯西准则可知，反常积分 $\int_c^{+\infty} f(b, y)\mathrm{d}y$ 收敛，这与已知矛盾，因此含参量反常积分 $\int_c^{+\infty} f(x, y)\mathrm{d}y$ 在 $[a, b)$ 上非一致收敛。

定理 5.2.2 (魏尔斯特拉斯判别法)　若存在函数 $g(y)$，使得

$$|f(x, y)| \leqslant g(y), \ (x, y) \in I \times [c, +\infty),$$

且无穷限积分 $\int_c^{+\infty} g(y)\mathrm{d}y$ 收敛，则含参量广义积分 $\int_c^{+\infty} f(x, y)\mathrm{d}y$ 在区间 I 上一致收敛。

证　任给 $\varepsilon > 0$，由无穷限积分 $\int_c^{+\infty} g(y)\mathrm{d}y$ 收敛的柯西准则，存在 $M > 0$，当 $A_2 > A_1 > M$ 时，有

$$\left| \int_{A_1}^{A_2} g(y)\mathrm{d}y \right| = \int_{A_1}^{A_2} g(y)\mathrm{d}y < \varepsilon。$$

因而，当 $A_2 > A_1 > M$ 时，对一切 $x \in I$ 有

$$\left| \int_{A_1}^{A_2} f(x, y)\mathrm{d}y \right| \leqslant \int_{A_1}^{A_2} |f(x, y)|\mathrm{d}y \leqslant \int_{A_1}^{A_2} g(y)\mathrm{d}y < \varepsilon,$$

根据定理 5.2.1，便可得到含参量广义积分 $\int_c^{+\infty} f(x, y)\mathrm{d}y$ 在区间 I 上一致收敛。

例 5.2.3　证明：含参量广义积分 $\int_0^{+\infty} \dfrac{\cos xy}{1 + x^2}\mathrm{d}x$ 在 $(-\infty, +\infty)$ 上关于 y 一致收敛。

证　在 $[0, +\infty) \times (-\infty, +\infty)$ 上，由于

$$\frac{\cos xy}{1 + x^2} \leqslant \frac{1}{1 + x^2},$$

且 $\int_0^{+\infty} \dfrac{1}{1 + x^2}\mathrm{d}x$ 收敛，因此由定理 5.2.2 可知含参量广义积分 $\int_0^{+\infty} \dfrac{\cos xy}{1 + x^2}\mathrm{d}x$ 在 $(-\infty, +\infty)$ 上关于 y 一致收敛。

例 5.2.4　证明：含参量广义积分 $\int_2^{+\infty} \dfrac{y}{x \ln^2 x}\mathrm{d}x$ 在 $[0, 1]$ 上关于 y 一致收敛。

证　$(x, y) \in [2, +\infty) \times [0, 1]$ 时，由于

$$\left| \frac{y}{x \ln^2 x} \right| \leqslant \frac{1}{x \ln^2 x},$$

且广义积分

$$\int_2^{+\infty} \frac{1}{x \ln^2 x}\mathrm{d}x = \int_2^{+\infty} \frac{1}{\ln^2 x}\mathrm{d}(\ln x) = \int_{\ln 2}^{+\infty} \frac{1}{t^2}\mathrm{d}t$$

收敛, 则由定理 5.2.2 可知含参量广义积分 $\int_2^{+\infty} \dfrac{y}{x \ln^2 x} \mathrm{d}x$ 在 $[0,1]$ 上关于 y 一致收敛。

下面给出含参量广义积分的阿贝尔判别法与狄利克雷判别法, 其证明需利用积分第二中值定理, 请读者自行完成。

定理 5.2.3（阿贝尔判别法） 设 $I \times [c, +\infty)$ 上定义的函数 $f(x,y)$, $g(x,y)$ 满足

I) $\int_c^{+\infty} f(x,y)\mathrm{d}y$ 在区间 I 上关于 x 一致收敛,

II) 对任意 $x \in I, g(x,y)$ 对 y 单调, 且 $g(x,y)$ 在区间 I 上关于 x 一致有界,

则含参量反常积分

$$\int_c^{+\infty} f(x,y)g(x,y)\mathrm{d}y$$

在区间 I 上关于 x 一致收敛。

定理 5.2.4（狄利克雷判别法） 设 $I \times [c, +\infty)$ 上定义的函数 $f(x,y)$, $g(x,y)$ 满足

I) $\left\{ \int_c^A f(x,y)\mathrm{d}y : A > c \right\}$ 在区间 I 上关于 x 一致有界,

II) 对任意 $x \in I, g(x,y)$ 对 y 单调, 且当 $y \to +\infty$ 时, $g(x,y)$ 在区间 I 上关于 x 一致收敛于 0,

则含参量反常积分

$$\int_c^{+\infty} f(x,y)g(x,y)\mathrm{d}y$$

在区间 I 上关于 x 一致收敛。

例 5.2.5 证明:

$$\mathcal{F}(y) = \int_0^{+\infty} \frac{\sin x^2}{1 + x^y} \mathrm{d}x$$

在区间 $[0, +\infty)$ 上关于 y 一致收敛。

证 证法一（利用阿贝尔判别法）: 设 $f(x,y) = \sin x^2$, $g(x,y) = \dfrac{1}{1 + x^y}$。
由于

$$\int_0^{+\infty} f(x,y)\mathrm{d}x = \int_0^1 \sin x^2 \mathrm{d}x + \int_1^{+\infty} \sin x^2 \mathrm{d}x = \int_0^1 \sin x^2 \mathrm{d}x + \int_1^{+\infty} \frac{\sin t}{2\sqrt{t}} \mathrm{d}t,$$

右端第一项为定积分, 第二项收敛, 且与 y 无关, 因此可认为 $\int_0^{+\infty} f(x,y)\mathrm{d}y$ 在区间 $[0,\infty)$ 上关于 y 一致收敛。

此外, 显然对任意 $y \in [0, +\infty), g(x,y) = \dfrac{1}{1 + x^y}$ 为 x 的单调函数, 且由于

$$|g(x,y)| = \left| \frac{1}{1 + x^y} \right| \leqslant 1, \quad x \in [0, +\infty), y \in [0, +\infty),$$

因此 $g(x,y)$ 在区间 $[0, +\infty)$ 上关于 y 一致有界, 从而由阿贝尔判别法可得出 $\int_0^{+\infty} \dfrac{\sin x^2}{1 + x^y} \mathrm{d}x$ 在区间 $[0, +\infty)$ 上关于 y 一致收敛。

证法二（利用狄利克雷判别法）：设 $f(x,y) = x\sin x^2$，$g(x,y) = \dfrac{1}{x(1+x^y)}$。

由于对任意 $A > 0$，

$$\left|\int_0^A f(x,y)\mathrm{d}x\right| = \left|\int_0^A x\sin x^2 \mathrm{d}x\right| = \left|-\frac{1}{2}(\cos A^2 - 1)\right| \leqslant 1,$$

且与 y 无关，因此可认为 $\displaystyle\int_0^A f(x,y)\mathrm{d}x$ 在区间 $[0,+\infty)$ 上关于 y 一致有界。

再者，对任意 $y \in [0,+\infty)$，$g(x,y) = \dfrac{1}{x(1+x^y)}$ 为 x 的单调函数，且由于 $\forall y \in [0,+\infty)$，有

$$|g(x,y)| = \left|\frac{1}{x(1+x^y)}\right| \leqslant \frac{1}{x} \to 0,\ x \to +\infty,$$

因此当 $x \to +\infty$ 时，$g(x,y)$ 在区间 $[0,+\infty)$ 上关于 y 一致收敛于 0，从而由狄利克雷判别法可知 $\displaystyle\int_0^{+\infty} \frac{\sin x^2}{1+x^y}\mathrm{d}x$ 在区间 $[0,+\infty)$ 上关于 y 一致收敛。

例 5.2.6　证明：

$$\mathcal{F}(y) = \int_0^{+\infty} \mathrm{e}^{-xy}\frac{\sin x}{x}\mathrm{d}x$$

在区间 $[0,+\infty)$ 上关于 y 一致收敛。

证　由于 $\displaystyle\int_0^{+\infty}\frac{\sin x}{x}\mathrm{d}x$ 收敛，可将其视为关于 y 一致收敛。又由于 e^{-xy} 对 x 单调，且

$$|\mathrm{e}^{-xy}| \leqslant 1,\ x \in [0,+\infty), y \in [0,+\infty),$$

因此 e^{-xy} 关于 y 一致有界，从而由阿贝尔判别法可知 $\displaystyle\int_0^{+\infty} \mathrm{e}^{-xy}\frac{\sin x}{x}\mathrm{d}x$ 在区间 $[0,+\infty)$ 上关于 y 一致收敛。

下述定理将含参量反常积分与函数项级数联系起来，因而此后将利用此定理及函数项级数的性质来证明含参量反常积分的性质。

定理 5.2.5　式 (5.2.1) 在区间 I 上一致收敛的充要条件是：对任意趋于 $+\infty$ 的递增数列 $\{A_n\}$ $(A_1 = c)$，函数项级数

$$\sum_{n=1}^{\infty} \int_{A_n}^{A_{n+1}} f(x,y)\mathrm{d}y$$

在 I 上一致收敛。

证　（必要性）设 $u_n(x) = \displaystyle\int_{A_n}^{A_{n+1}} f(x,y)\mathrm{d}y (n = 1,2,\cdots)$，任给 $\varepsilon > 0$，由于式 (5.2.1) 在 I 上一致收敛，因此存在 $M > c$，当 $A', A'' > M$ 时，对一切 $x \in I$，有

$$\left|\int_{A'}^{A''} f(x,y)\mathrm{d}y\right| < \varepsilon。$$

又由于 $\lim\limits_{n\to\infty} A_n = +\infty$, 对上述 M, 必存在正整数 N, 当 $n > N$ 时，有 $A_n > M$, 因而当 $n > N$ 时，对任意正整数 p 及一切 $x \in I$, 有

$$\left| \int_{A_n}^{A_{n+(p+1)}} f(x,y)\mathrm{d}y \right| < \varepsilon,$$

即

$$|u_n(x) + u_{n+1}(x) + \cdots + u_{n+p}(x)| = \left| \sum_{k=n}^{n+p} \left(\int_{A_k}^{A_{k+1}} f(x,y)\mathrm{d}y \right) \right| = \left| \int_{A_n}^{A_{n+(p+1)}} f(x,y)\mathrm{d}y \right| < \varepsilon_{\circ}$$

由函数项级数一致收敛的柯西准则可知 $\sum\limits_{n=1}^{\infty} u_n(x) = \sum\limits_{n=1}^{\infty} \int_{A_n}^{A_{n+1}} f(x,y)\mathrm{d}y$ 在区间 I 上一致收敛。

(充分性) 用反证法。假设式 (5.2.1) 在区间 I 上非一致收敛，则存在 $\varepsilon_0 > 0$, 使得对任意 $M > 0$, 都存在 $A', A'' > M$ 及 $x_0 \in I$, 满足

$$\left| \int_{A'}^{A''} f(x_0,y)\mathrm{d}y \right| \geqslant \varepsilon_0,$$

当 $M_1 = \max\{1,c\}$ 时，存在 $A_3 > A_2 > M_1$ 及 $x_1 \in I$, 使得

$$\left| \int_{A_2}^{A_3} f(x_1,y)\mathrm{d}y \right| \geqslant \varepsilon_0,$$

当 $M_2 = \max\{2,A_3\}$ 时，存在 $A_5 > A_4 > M_2$ 及 $x_2 \in I$, 使得

$$\left| \int_{A_4}^{A_5} f(x_2,y)\mathrm{d}y \right| \geqslant \varepsilon_{0\circ}$$

这样无限进行下去，一般地，当 $M_n = \max\{n, A_{2n-1}\}$ 时，存在 $A_{2n+1} > A_{2n} > M_n$ 及 $x_n \in I$, 使得

$$\left| \int_{A_{2n}}^{A_{2n+1}} f(x_n,y)\mathrm{d}y \right| \geqslant \varepsilon_0, \tag{5.2.2}$$

于是得到递增且趋于 $+\infty$ 的数列 $\{A_n\}$ $(A_1 = c)$。

设 $u_n(x) = \int_{A_n}^{A_{n+1}} f(x,y)\mathrm{d}y (n = 1,2,\cdots)$, 此时由已知条件，函数项级数

$$\sum_{n=1}^{\infty} u_n(x) = \sum_{n=1}^{\infty} \int_{A_n}^{A_{n+1}} f(x,y)\mathrm{d}y$$

在区间 I 上一致收敛，从而对上述 ε_0, 由函数项级数一致收敛的柯西准则显然可以推出，对充分大的任意 n 及一切 $x \in I$, 均有

$$|u_n(x)| < \varepsilon_0,$$

而式 (5.2.2) 意味着，总存在 $x_n \in I$，满足

$$|u_{2n}(x_n)| \geqslant \varepsilon_0,$$

这便导致矛盾，因此充分性得证。

5.2.2　含参变量的反常积分的性质

定理 5.2.6 (连续性)　设 $f(x,y)$ 在 $I \times [c, +\infty)$ 上连续，含参量反常积分

$$\mathcal{F}(x) = \int_c^{+\infty} f(x,y)\mathrm{d}y$$

在 I 上一致收敛，则 $\mathcal{F}(x)$ 在 I 上连续。

证　因为含参量反常积分

$$\mathcal{F}(x) = \int_c^{+\infty} f(x,y)\mathrm{d}y$$

在 I 上一致收敛，利用定理 5.2.5，对任意趋于 $+\infty$ 的递增数列 $\{A_n\}$ $(A_1 = c)$，函数项级数

$$\sum_{n=1}^{\infty} \int_{A_n}^{A_{n+1}} f(x,y)\mathrm{d}y = \sum_{n=1}^{\infty} u_n(x)$$

在 I 上一致收敛，由含参量正常积分的连续性定理可知每个 $u_n(x)$ 在 I 上连续，再利用函数项级数的连续性定理可得 $\mathcal{F}(x)$ 在 I 上连续。

推论　设 $f(x,y)$ 在 $I \times [c, +\infty)$ 上连续，含参量反常积分

$$\mathcal{F}(x) = \int_c^{+\infty} f(x,y)\mathrm{d}y$$

在区间 I 的任意闭子区间上一致收敛，则 $\mathcal{F}(x)$ 在 I 上连续。

注　上述定理说明，在一致收敛条件下，积分与极限运算可交换次序，即

$$\lim_{x \to x_0} \int_c^{+\infty} f(x,y)\mathrm{d}y = \int_c^{+\infty} \lim_{x \to x_0} f(x,y)\mathrm{d}y。$$

例 5.2.7　证明：

$$\mathcal{F}(y) = \int_0^{+\infty} \frac{x}{2 + x^y}\mathrm{d}x$$

在 $(2, +\infty)$ 上连续。

证

$$\mathcal{F}(y) = \int_0^{+\infty} \frac{x}{2 + x^y}\mathrm{d}x = \int_0^1 \frac{x}{2 + x^y}\mathrm{d}x + \int_1^{+\infty} \frac{x}{2 + x^y}\mathrm{d}x = I(y) + J(y),$$

由含参量正常积分的连续性可知 $I(y)$ 在 $(2, +\infty)$ 上连续。

由于对 $(2, +\infty)$ 的任意闭子区间 $[a, b]$，当 $y \in [a, b]$ 时，有

$$\left| \frac{x}{2 + x^y} \right| \leqslant \frac{x}{x^y} \leqslant \frac{1}{x^{a-1}},\ x \in [1, +\infty),$$

又由于反常积分 $\int_1^{+\infty} \dfrac{1}{x^{a-1}}\mathrm{d}x$ 收敛, 利用魏尔斯特拉斯判别法可得 $J(y) = \int_1^{+\infty} \dfrac{x}{2+x^y}\mathrm{d}x$ 在 $[a,b]$ 上一致收敛, 因此 $J(y)$ 在 $(2,+\infty)$ 上内闭一致收敛, 从而 $J(y)$ 在 $(2,+\infty)$ 上连续, 这便证明了 $\mathcal{F}(y) = I(y) + J(y)$ 在 $(2,+\infty)$ 上连续。

定理 5.2.7 (可微性) 设 $f(x,y)$ 与 $f_x(x,y)$ 在 $I \times [c,+\infty)$ 上连续, 含参量反常积分

$$\mathcal{F}(x) = \int_c^{+\infty} f(x,y)\mathrm{d}y$$

在 I 上收敛,

$$\int_c^{+\infty} f_x(x,y)\mathrm{d}y$$

在 I 上一致收敛, 则 $\mathcal{F}(x)$ 在 I 上可微, 且有

$$\mathcal{F}'(x) = \int_c^{+\infty} f_x(x,y)\mathrm{d}y。$$

证 由于含参量反常积分

$$\mathcal{F}(x) = \int_c^{+\infty} f_x(x,y)\mathrm{d}y$$

在 I 上一致收敛, 利用定理 5.2.5, 对任意趋于 $+\infty$ 的递增数列 $\{A_n\}$ $(A_1 = c)$, 函数项级数

$$\sum_{n=1}^{\infty} \int_{A_n}^{A_{n+1}} f_x(x,y)\mathrm{d}y$$

在 I 上一致收敛。令 $u_n(x) = \int_{A_n}^{A_{n+1}} f(x,y)\mathrm{d}y (n = 1,2,\cdots)$, 由函数项级数的逐项求导定理及含参量正常积分的可微性可知 $\mathcal{F}(x) = \int_c^{+\infty} f(x,y)\mathrm{d}y = \sum_{n=1}^{\infty} u_n(x)$ 在 I 上可微, 且有

$$\mathcal{F}'(x) = \sum_{n=1}^{+\infty} u_n'(x) = \sum_{n=1}^{+\infty} \int_{A_n}^{A_{n+1}} f_x(x,y)\mathrm{d}y = \int_c^{+\infty} f_x(x,y)\mathrm{d}y。$$

推论 设 $f(x,y)$ 与 $f_x(x,y)$ 在 $I \times [c,+\infty)$ 上连续, 含参量反常积分

$$\mathcal{F}(x) = \int_c^{+\infty} f(x,y)\mathrm{d}y$$

在区间 I 上收敛,

$$\int_c^{+\infty} f_x(x,y)\mathrm{d}y$$

在 I 的任意闭子区间上一致收敛, 则 $\mathcal{F}(x)$ 在 I 上可微, 且有

$$\mathcal{F}'(x) = \int_c^{+\infty} f_x(x,y)\mathrm{d}y。$$

例 5.2.8
$$F(x) = \int_0^{+\infty} \frac{1}{y}(1 - e^{-xy}) \cos by \, dy, \quad b \neq 0.$$

(1) 证明 $F(x)$ 在 $[0, +\infty)$ 上连续;

(2) 证明 $F(x)$ 在 $(0, +\infty)$ 上可导, 并求 $F'(x)$;

(3) 求 $F(x)$。

证　(1) 由于 $\lim\limits_{y \to 0^+} \frac{1}{y}(1 - e^{-xy}) \cos by = x$, 因此 $y = 0$ 不为瑕点。令

$$f(x, y) = \begin{cases} \dfrac{1}{y}(1 - e^{-xy}) \cos by, & y > 0, x \geqslant 0, \\ x, & y = 0, x \geqslant 0, \end{cases}$$

则 $f(x, y)$ 在 $[0, +\infty) \times [0, +\infty)$ 上连续, 且

$$F(x) = \int_0^{+\infty} f(x, y) dy = \int_0^1 f(x, y) dy + \int_1^{+\infty} f(x, y) dy = I(x) + J(x),$$

由含参量正常积分的连续性, $I(x)$ 在 $[0, +\infty)$ 上连续。

又 $b \neq 0$ 时, $\int_1^{+\infty} \frac{\cos by}{y} dy$ 收敛, 可认为在 $[0, +\infty)$ 上关于 x 一致收敛。$1 - e^{-xy}$ 对 y 单调, 且 $|1 - e^{-xy}| \leqslant 2(x \in [0, +\infty), y \in [1, +\infty))$, 由阿贝尔判别法可知

$$\int_1^{+\infty} f(x, y) dy = \int_1^{+\infty} \frac{1}{y}(1 - e^{-xy}) \cos by \, dy$$

在 $[0, +\infty)$ 上关于 x 一致收敛, 从而 $J(x)$ 在 $[0, +\infty)$ 上连续。

因此, $F(x) = I(x) + J(x)$ 在 $[0, +\infty)$ 上连续。

(2) 由于
$$f_x(x, y) = e^{-xy} \cos by, \quad (x, y) \in (0, +\infty) \times [0, +\infty),$$

因此 $f(x, y), f_x(x, y)$ 均在 $(0, +\infty) \times [0, +\infty)$ 上连续, 对任意 $c > 0$, 当 $x \geqslant c, y \geqslant 0$ 时,

$$|f_x(x, y)| \leqslant e^{-xy} \leqslant e^{-cy}。$$

又 $\int_0^{+\infty} e^{-cy} dy$ 收敛, 由魏尔斯特拉斯判别法可知 $\int_0^{+\infty} f_x(x, y) dy$ 在 $[c, +\infty)$ 上关于 x 一致收敛, 即此积分在 $(0, +\infty)$ 上关于 x 内闭一致收敛, 从而由可微性定理, $F(x)$ 在 $(0, +\infty)$ 上可导, 且

$$F'(x) = \int_0^{+\infty} e^{-xy} \cos by \, dy = \frac{x}{x^2 + b^2}。$$

(3) 由 $F'(x) = \dfrac{x}{x^2 + b^2}$, 可知 $F(x) = \dfrac{1}{2} \ln(x^2 + b^2) + C$。又 $F(x)$ 在 $x = 0$ 处连续, 则

$$0 = F(0) = \lim_{x \to 0^+} F(x) = \ln|b| + C,$$

从而 $C = -\ln|b|$, 因此 $F(x) = \dfrac{1}{2}\ln\dfrac{x^2+b^2}{b^2}$。

例 5.2.9 计算

$$\varphi(r) = \int_0^{+\infty} \mathrm{e}^{-x^2}\cos rx\,\mathrm{d}x。$$

解 由于 $|\mathrm{e}^{-x^2}\cos rx| \leqslant \mathrm{e}^{-x^2}$ 且反常积分 $\displaystyle\int_0^{+\infty}\mathrm{e}^{-x^2}\mathrm{d}x$ 收敛, 因此由魏尔斯特拉斯判别法可知

$$\int_0^{+\infty} \mathrm{e}^{-x^2}\cos rx\,\mathrm{d}x$$

在 $(-\infty, +\infty)$ 上关于 r 一致收敛 (收敛即可)。

再考察积分

$$\int_0^{+\infty} \frac{\partial}{\partial r}(\mathrm{e}^{-x^2}\cos rx)\mathrm{d}x = \int_0^{+\infty} -x\mathrm{e}^{-x^2}\sin rx\,\mathrm{d}x,$$

由于 $|-x\mathrm{e}^{-x^2}\sin rx| \leqslant x\mathrm{e}^{-x^2}((x,r)\in[0,+\infty)\times(-\infty,+\infty))$, 且反常积分 $\displaystyle\int_0^{+\infty}x\mathrm{e}^{-x^2}\mathrm{d}x$ 收敛, 根据魏尔斯特拉斯判别法可知

$$\int_0^{+\infty} \frac{\partial}{\partial r}(\mathrm{e}^{-x^2}\cos rx)\mathrm{d}x$$

在 $(-\infty, +\infty)$ 上关于 r 一致收敛。由可微性定理, 有

$$\varphi'(r) = \int_0^{+\infty} -x\mathrm{e}^{-x^2}\sin rx\,\mathrm{d}x$$
$$= -\frac{r}{2}\int_0^{+\infty} \mathrm{e}^{-x^2}\cos rx\,\mathrm{d}x = -\frac{r}{2}\varphi(r),$$

解这个微分方程得

$$\varphi(r) = c\mathrm{e}^{-\frac{r^2}{4}},$$

又 $c = \varphi(0) = \displaystyle\int_0^{+\infty}\mathrm{e}^{-x^2}\mathrm{d}x = \dfrac{\sqrt{\pi}}{2}$, 因此有

$$\varphi(r) = \frac{\sqrt{\pi}}{2}\mathrm{e}^{-\frac{r^2}{4}}。$$

定理 5.2.8（可积性） 设 $f(x,y)$ 在 $[a,b]\times[c,+\infty)$ 上连续, 含参量反常积分

$$\mathcal{F}(x) = \int_c^{+\infty} f(x,y)\mathrm{d}y$$

在 $[a,b]$ 上一致收敛, 则 $\mathcal{F}(x)$ 在 $[a,b]$ 上可积, 且

$$\int_a^b \mathrm{d}x \int_c^{+\infty} f(x,y)\mathrm{d}y = \int_c^{+\infty}\mathrm{d}y\int_a^b f(x,y)\mathrm{d}x。$$

证　由定理 5.2.6 可知 $\mathcal{F}(x)$ 在 $[a,b]$ 上连续，从而在 $[a,b]$ 上可积。又由于含参量反常积分

$$\mathcal{F}(x) = \int_c^{+\infty} f(x,y)\mathrm{d}y$$

在 I 上一致收敛，利用定理 5.2.5，对任意趋于 $+\infty$ 的递增数列 $\{A_n\}$ $(A_1 = c)$，函数项级数

$$\sum_{n=1}^{\infty} \int_{A_n}^{A_{n+1}} f(x,y)\mathrm{d}y = \sum_{n=1}^{\infty} u_n(x)$$

在 I 上一致收敛。根据函数项级数的逐项积分定理和含参量正常积分的可积性定理，有

$$\int_a^b \mathrm{d}x \int_c^{+\infty} f(x,y)\mathrm{d}y = \int_a^b \left(\sum_{n=1}^{+\infty} u_n(x) \right) \mathrm{d}x = \sum_{n=1}^{+\infty} \int_a^b u_n(x)\mathrm{d}x$$

$$= \sum_{n=1}^{+\infty} \int_a^b \mathrm{d}x \int_{A_n}^{A_{n+1}} f(x,y)\mathrm{d}y = \sum_{n=1}^{+\infty} \int_{A_n}^{A_{n+1}} \mathrm{d}y \int_a^b f(x,y)\mathrm{d}x$$

$$= \int_c^{+\infty} \mathrm{d}y \int_a^b f(x,y)\mathrm{d}x。$$

例 5.2.10　计算

$$J = \int_0^{+\infty} \mathrm{e}^{-px} \frac{\sin bx - \sin ax}{x}\mathrm{d}x \quad (p > 0, b > a)。$$

解　由于 $\dfrac{\sin bx - \sin ax}{x} = \displaystyle\int_a^b \cos xy\,\mathrm{d}y$，因此

$$J = \int_0^{+\infty} \mathrm{d}x \int_a^b \mathrm{e}^{-px} \cos xy\,\mathrm{d}y。$$

又 $|\mathrm{e}^{-px} \cos xy| \leqslant \mathrm{e}^{-px}$，且 $\displaystyle\int_0^{+\infty} \mathrm{e}^{-px}\mathrm{d}x$ 收敛，根据魏尔斯特拉斯判别法，含参量反常积分 $\displaystyle\int_0^{+\infty} \mathrm{e}^{-px} \cos xy\,\mathrm{d}x$ 在 $[a,b]$ 上关于 y 一致收敛，因此由可积性定理有

$$J = \int_a^b \mathrm{d}y \int_0^{+\infty} \mathrm{e}^{-px} \cos xy\,\mathrm{d}x$$

$$= \int_a^b \frac{p}{p^2 + y^2}\mathrm{d}y = \arctan \frac{b}{p} - \arctan \frac{a}{p}。$$

例 5.2.11　计算

$$\int_0^{+\infty} \frac{\sin ax}{x}\mathrm{d}x。$$

解　例 5.2.10 中，令 $b = 0$，则有

$$F(p) = \int_0^{+\infty} \mathrm{e}^{-px} \frac{\sin ax}{x}\mathrm{d}x = \arctan \frac{a}{p}, \ p > 0,$$

由阿贝尔判别法可知此积分在 $p \geqslant 0$ 时一致收敛，从而 $F(p)$ 在 $p = 0$ 处连续，则

$$\int_0^{+\infty} \frac{\sin ax}{x} \mathrm{d}x = F(0) = \lim_{p \to 0+} F(p) = \lim_{p \to 0+} \arctan \frac{a}{p} = \frac{\pi}{2} \mathrm{sgn}\, a.$$

注 由此例可推出常用的积分 $\int_0^{+\infty} \frac{\sin x}{x} \mathrm{d}x = \frac{\pi}{2}$。

定理 5.2.9 设 $f(x, y)$ 在 $[a, +\infty) \times [c, +\infty)$ 上连续，且

Ⅰ）$\int_a^{+\infty} f(x, y)\mathrm{d}x$ 关于 y 在 $[c, +\infty)$ 上内闭一致收敛，$\int_c^{+\infty} f(x, y)\mathrm{d}x$ 关于 x 在 $[a, +\infty)$ 上内闭一致收敛，

Ⅱ）积分 $\int_a^{+\infty} \mathrm{d}x \int_c^{+\infty} |f(x, y)|\mathrm{d}y$ 与 $\int_c^{+\infty} \mathrm{d}y \int_a^{+\infty} |f(x, y)|\mathrm{d}x$ 中有一个收敛，

则有

$$\int_a^{+\infty} \mathrm{d}x \int_c^{+\infty} f(x, y)\mathrm{d}y = \int_c^{+\infty} \mathrm{d}y \int_a^{+\infty} f(x, y)\mathrm{d}x.$$

证 不妨设 $\int_a^{+\infty} \mathrm{d}x \int_c^{+\infty} |f(x, y)|\mathrm{d}y$ 收敛，则 $\int_a^{+\infty} \mathrm{d}x \int_c^{+\infty} f(x, y)\mathrm{d}y$ 也收敛。令

$$J_d = \left| \int_c^d \mathrm{d}y \int_a^{+\infty} f(x, y)\mathrm{d}x - \int_a^{+\infty} \mathrm{d}x \int_c^{+\infty} f(x, y)\mathrm{d}y \right|,$$

只需证明

$$\lim_{d \to +\infty} J_d = 0.$$

由条件Ⅰ）和定理 5.2.8 有

$$J_d = \left| \int_c^d \mathrm{d}y \int_a^{+\infty} f(x, y)\mathrm{d}x - \int_a^{+\infty} \mathrm{d}x \int_c^d f(x, y)\mathrm{d}y - \int_a^{+\infty} \mathrm{d}x \int_d^{+\infty} f(x, y)\mathrm{d}y \right|$$

$$= \left| \int_a^{+\infty} \mathrm{d}x \int_d^{+\infty} f(x, y)\mathrm{d}y \right| \leqslant$$

$$\left| \int_a^A \mathrm{d}x \int_d^{+\infty} f(x, y)\mathrm{d}y \right| + \left| \int_A^{+\infty} \mathrm{d}x \int_d^{+\infty} f(x, y)\mathrm{d}y \right| \leqslant$$

$$\int_a^A \left| \int_d^{+\infty} f(x, y)\mathrm{d}y \right| \mathrm{d}x + \int_A^{+\infty} \mathrm{d}x \int_d^{+\infty} |f(x, y)|\mathrm{d}y.$$

$\forall \varepsilon > 0$，由条件Ⅱ），存在 $G > a$，当 $A > G$ 时有

$$\int_A^{+\infty} \mathrm{d}x \int_d^{+\infty} |f(x, y)|\mathrm{d}y < \frac{\varepsilon}{2},$$

选定 A，由于 $\int_c^{+\infty} f(x, y)\mathrm{d}y$ 关于 x 在 $[a, +\infty)$ 上一致收敛，因此存在 $M > c$，当 $d > M$ 时，对一切 $x \in [a, +\infty)$，有

$$\left| \int_d^{+\infty} f(x, y)\mathrm{d}y \right| < \frac{\varepsilon}{2(A - a)},$$

即 $d > M$ 时,

$$J_d < \int_a^A \frac{\varepsilon}{2(A-a)} \mathrm{d}x + \frac{\varepsilon}{2} = \varepsilon,$$

这便证明了 $\lim\limits_{d \to +\infty} J_d = 0$, 从而有

$$\int_c^{+\infty} \mathrm{d}y \int_a^{+\infty} f(x,y) \mathrm{d}x = \int_a^{+\infty} \mathrm{d}x \int_c^{+\infty} f(x,y) \mathrm{d}y.$$

对于含参量的无界函数的反常积分,可类似于以上无穷限参量积分讨论其性质及一致收敛性的判别,下面只给出相关定义。

定义 5.2.3　设 $f(x,y)$ 定义在 $[a,b] \times (c,d]$ 上,若对 x 的某些值,$y = c$ 为 $f(x,y)$ 的瑕点,则称

$$\int_c^d f(x,y) \mathrm{d}y$$

为含参量 x 的无界函数的反常积分,简称第二类含参量反常积分。

定义 5.2.4　$f(x,y)$ 定义在 $[a,b] \times (c,d]$ 上 (c 为 $f(x,y)$ 的瑕点),若对任意 $\varepsilon > 0$, 总存在正数 $\delta < d - c$, 使得当正数 $\eta < \delta$ 时,对一切 $x \in [a,b]$ 有

$$\left| \int_c^{c+\eta} f(x,y) \mathrm{d}y \right| < \varepsilon, \tag{5.2.3}$$

则称含参量反常积分 $\int_c^d f(x,y) \mathrm{d}y$ **在 $[a,b]$ 上关于 x 一致收敛。**

注　如果 d 为 $f(x,y)$ 的瑕点,要定义含参量反常积分 $\int_c^d f(x,y) \mathrm{d}y$ 在 $[a,b]$ 上关于 x 一致收敛,只需将此定义中的式 (5.2.3) 改为 $\left| \int_{d-\eta}^d f(x,y) \mathrm{d}y \right| < \varepsilon$ 即可。如果瑕点是两个端点 c, d 或瑕点在区间 $[c,d]$ 内部 (可能有多个),需将区间 $[c,d]$ 分成几个小区间 $[c_i, d_i]$, 使得每个小区间至多有一个端点是瑕点,然后在每个小区间上类似以上定义来考虑含参量反常积分的一致收敛性。但要注意的是,当且仅当每个小区间 $[c_i, d_i]$ 上的含参量反常积分 $\int_{c_i}^{d_i} f(x,y) \mathrm{d}y$ 均在 $[a,b]$ 上关于 x 一致收敛,才称含参量反常积分 $\int_c^d f(x,y) \mathrm{d}y$ 在 $[a,b]$ 上关于 x 一致收敛。

类似于第一类含参量反常积分的性质,第二类含参量反常积分也有如下性质 (读者可自行完成其证明)。

定理 5.2.10　$f(x,y)$ 在 $[a,b] \times (c,d]$ (c 为 $f(x,y)$ 的瑕点) 上连续,则有以下性质。

(1) 连续性:若含参量反常积分 $g(x) = \int_c^d f(x,y) \mathrm{d}y$ 在 $[a,b]$ 上关于 x 一致收敛,则 $g(x)$ 在 $[a,b]$ 上连续。

(2) 可积性: 若含参量反常积分 $g(x) = \int_c^d f(x,y)\mathrm{d}y$ 在 $[a,b]$ 上关于 x 一致收敛, 则 $g(x)$ 在 $[a,b]$ 上可积, 且

$$\int_a^b \mathrm{d}x \int_c^d f(x,y)\mathrm{d}y = \int_c^d \mathrm{d}y \int_a^b f(x,y)\mathrm{d}x。$$

(3) 可微性: 若含参量反常积分 $g(x) = \int_c^d f(x,y)\mathrm{d}y$ 在 $[a,b]$ 上关于 x 收敛, 偏导函数 $f_x(x,y)$ 存在且在 $[a,b] \times (c,d]$ 上连续, $\int_c^d f_x(x,y)\mathrm{d}y$ 在 $[a,b]$ 上关于 x 一致收敛, 则 $g(x)$ 在 $[a,b]$ 上可微, 且

$$g'(x) = \int_c^d f_x(x,y)\mathrm{d}y。$$

习 题 5.2

1. 讨论下列含参量反常积分在区间 D 上的一致收敛性。

(1) $\int_0^1 \ln(xy)\mathrm{d}y$, $\quad D = \left[\dfrac{1}{b}, b\right]$ $(b > 1)$;

(2) $\int_0^1 \dfrac{1}{x^p}\mathrm{d}x$, $\quad D = (-\infty, b]$ $(b < 1)$;

(3) $\int_0^{+\infty} \mathrm{e}^{-x^2 y}\mathrm{d}y$, $\quad D = [a,b]$ $(a > 0)$;

(4) $\int_0^{+\infty} \dfrac{\cos xy}{\sqrt{x+y}}\mathrm{d}x$, $\quad D = [a, +\infty)$ $(a > 0)$;

(5) $\int_0^{+\infty} x\mathrm{e}^{-xy}\mathrm{d}y$, $\quad$ ① $D = [a,b]$ $(a > 0)$, ② $D = [0,b]$;

(6) $\int_1^{+\infty} \dfrac{\sin x}{x^y}\mathrm{d}x$, $\quad$ ① $D = [a, +\infty)$ $(a > 0)$, ② $D = (0, +\infty)$。

2. 设 $f(x,y)$ 为 $[a,b] \times [c, +\infty)$ 上的连续非负函数, 且

$$I(x) = \int_0^{+\infty} f(x,y)\mathrm{d}y$$

在 $[a,b]$ 上连续, 证明: $I(x)$ 在 $[a,b]$ 上一致收敛 (狄尼定理)。

3. 设在 $[a, +\infty) \times [c,d]$ 内不等式 $|f(x,y)| \leqslant F(x,y)$ 成立, 证明: 若含参量积分 $\int_a^{+\infty} F(x,y)\mathrm{d}x$ 在 $[c,d]$ 上一致收敛, 则 $\int_a^{+\infty} f(x,y)\mathrm{d}x$ 在 $[c,d]$ 上一致收敛且绝对收敛。

4. 证明: $F(x) = \int_1^{+\infty} \dfrac{x\mathrm{e}^{-xy}}{y}\mathrm{d}y$ 在 $[0, +\infty)$ 上连续, 在 $(0, +\infty)$ 内可导且导数为

$$F'(x) = \int_1^{+\infty} \frac{\partial}{\partial x}\left(\frac{x\mathrm{e}^{-xy}}{y}\right)\mathrm{d}y。$$

5. 证明定理 5.2.3 与定理 5.2.4。

5.3 欧 拉 积 分

在概率论等课程中经常遇到这样两个含参量反常积分:

$$\Gamma(s) = \int_0^{+\infty} x^{s-1} \mathrm{e}^{-x} \mathrm{d}x, \ s > 0,$$

$$\mathrm{B}(p,q) = \int_0^1 x^{p-1}(1-x)^{q-1} \mathrm{d}x, \ p > 0, q > 0,$$

前者称为Γ(**伽马**) **函数**, 后者称为B(**贝塔**) **函数**, 二者统称为**欧拉积分**。下面讨论它们的一些性质。

5.3.1 Γ 函数

显然 Γ 函数可写为两个积分之和,

$$\Gamma(s) = \int_0^1 x^{s-1} \mathrm{e}^{-x} \mathrm{d}x + \int_1^{+\infty} x^{s-1} \mathrm{e}^{-x} \mathrm{d}x = I(s) + J(s)。$$

Γ 函数的性质如下。

① 定义域为 $s > 0$。

先考察 $I(s)$。当 $s \geqslant 1$ 时 $I(s)$ 为定积分, 可认为是收敛的。当 $s < 1$ 时, $x = 0$ 为瑕点, 由比较判别法可知此积分与 $\int_0^1 \dfrac{1}{x^{1-s}} \mathrm{d}x$ 敛散性相同, 因而瑕积分 $\int_0^1 x^{s-1} \mathrm{e}^{-x} \mathrm{d}x$ 在 $0 < s < 1$ 时是收敛的, 在 $s \leqslant 0$ 时是发散的。因此, $I(s)$ 的收敛域为 $s > 0$。

再考察 $J(s)$。由于

$$\lim_{x \to +\infty} x^2 \cdot x^{s-1} \mathrm{e}^{-x} = \lim_{x \to +\infty} \frac{x^{s+1}}{\mathrm{e}^x} = 0$$

(与 $\int_1^{+\infty} \dfrac{1}{x^2}$ 比较), 故此积分不论 s 取何值均收敛, 即 $J(s)$ 的收敛域为 $(-\infty, +\infty)$。因此, $\Gamma(s)$ 的收敛域为 $s > 0$。

② Γ 函数在定义域内连续。

任取闭集 $[a,b] \subset (0, +\infty)$, 由于 a, b 在 $I(s)$ 和 $J(s)$ 的定义域内, 因此积分 $\int_0^1 x^{a-1} \mathrm{e}^{-x} \mathrm{d}x$ 与 $\int_1^{+\infty} x^{b-1} \mathrm{e}^{-x} \mathrm{d}x$ 均收敛。

对于 $I(s)$, 由此时 $0 < x \leqslant 1$, 有 $|x^{s-1} \mathrm{e}^{-x}| \leqslant x^{a-1} \mathrm{e}^{-x} (s \in [a,b])$。对于 $J(s)$, 由 $x \geqslant 1$, 有 $|x^{s-1} \mathrm{e}^{-x}| \leqslant x^{b-1} \mathrm{e}^{-x} (s \in [a,b])$。由**魏尔斯特拉斯判别法**可得 $I(s)$ 和 $J(s)$ 均在 $[a,b]$ 上关于 s 一致收敛。

这便证明了 $\Gamma(s)$ 在定义域 $(0, +\infty)$ 内关于 s 内闭一致收敛, 因此 $\Gamma(s)$ 在其定义域内连续。

③ Γ 函数在定义域内可导。

考察积分

$$\int_0^{+\infty} \frac{\partial}{\partial s}(x^{s-1}\mathrm{e}^{-x})\mathrm{d}x = \int_0^{+\infty} x^{s-1}\mathrm{e}^{-x}\ln x\mathrm{d}x$$

$$= \int_0^1 x^{s-1}\mathrm{e}^{-x}\ln x\mathrm{d}x + \int_1^{+\infty} x^{s-1}\mathrm{e}^{-x}\ln x\mathrm{d}x = I_1(s) + J_1(s),$$

用比较法同样可以判定反常积分 $I_1(s)$ 与 $J_1(s)$ 的收敛域分别为 $(0, +\infty)$ 和 $(-\infty, +\infty)$，因而 $\int_0^{+\infty} \frac{\partial}{\partial s}(x^{s-1}\mathrm{e}^{-x})\mathrm{d}x$ 的收敛域为 $s > 0$。类似地，可以证明此积分在 $(0, +\infty)$ 上内闭一致收敛，因而 $\Gamma(s)$ 在 $s > 0$ 时可微，且

$$\Gamma'(s) = \int_0^{+\infty} x^{s-1}\mathrm{e}^{-x}\ln x\mathrm{d}x。$$

按照上述方法还可证明 $\Gamma(s)$ 在 $s > 0$ 时有任意阶导数

$$\Gamma^{(n)}(s) = \int_0^{+\infty} x^{s-1}\mathrm{e}^{-x}(\ln x)^n\mathrm{d}x。$$

④ 递推公式及延拓。

利用分部积分法，有

$$\Gamma(s+1) = \int_0^{+\infty} x^s\mathrm{e}^{-x}\mathrm{d}x = \lim_{A \to +\infty} \int_0^A x^s\mathrm{e}^{-x}\mathrm{d}x$$

$$= \lim_{A \to +\infty}(-A^s\mathrm{e}^{-A} + s\int_0^A x^{s-1}\mathrm{e}^{-x}\mathrm{d}x) = s\Gamma(s)。$$

当 $s > n$ 时，由上述递推公式有

$$\Gamma(s+1) = s\Gamma(s) = s(s-1)\Gamma(s-1) = s(s-1)\cdots(s-n)\Gamma(s-n),$$

显然还有

$$\Gamma(n+1) = n!\Gamma(1) = n!\int_0^{+\infty} \mathrm{e}^{-x}\mathrm{d}x = n!。$$

若将公式 $\Gamma(s+1) = s\Gamma(s)$ 改写为

$$\Gamma(s) = \frac{\Gamma(s+1)}{s},$$

当 $s \in (-1, 0)$ 时，由于此式右端有意义，可用它来定义 $\Gamma(s)$ 在 $s \in (-1, 0)$ 时的值，并且易知 $\Gamma(s) < 0(s \in (-1, 0))$。类似地，还可定义 $\Gamma(s)$ 在 $s \in (-2, -1)$ 时的值，且 $\Gamma(s) > 0(s \in (-2, -1))$。按照此法继续下去，便可把 $\Gamma(s)$ 延拓到整个数轴上（除去 $s = 0, -1, -2, \cdots$）。

利用此递推公式可以证明以下公式 (证明略)。

定理 5.3.1 (欧拉的余元公式) 对一切非整数 s，有

$$\Gamma(1-s)\Gamma(s) = \frac{\pi}{\sin \pi s},$$

特别地，$\Gamma\left(\dfrac{1}{2}\right) = \sqrt{\pi}$。

定理 5.3.2 (勒让德倍元公式) 以下等式成立：

$$\Gamma'(2s)\Gamma\left(\frac{1}{2}\right) = 2^{2s-1}\Gamma(s)\Gamma\left(s + \frac{1}{2}\right)。$$

⑤ $\Gamma(s)$ 的其他形式。

在实际应用中还可见到以下形式的积分：

$$\Gamma(s) = 2\int_0^{+\infty} y^{2s-1} \mathrm{e}^{-y^2} \mathrm{d}y \quad (s > 0),$$

$$\Gamma(s) = p^s \int_0^{+\infty} y^{s-1} \mathrm{e}^{-py} \mathrm{d}y \quad (s > 0, p > 0),$$

这两个积分是分别令 $x = y^2$ 和 $x = py$ 得到的 Γ 函数的变形。

最后给出一个有重要意义的公式——斯特林公式（略去证明），此公式不仅可以给出 Γ 函数的近似值，还可以给出 $n!$ 的近似值。

定理 5.3.3 (斯特林公式) 当 $s \geqslant 2$ 时以下等式成立：

$$\ln \Gamma(s) = \left(s + \frac{1}{2}\right)\ln\left(s + \frac{1}{2}\right) - \left(s + \frac{1}{2}\right) - \ln s + \ln \sqrt{2\pi} + R,$$

其中余项 R 满足不等式

$$-\frac{1}{8s+s} \leqslant R < 0。$$

5.3.2 B 函数

B 函数可写为两个积分之和，

$$
\begin{aligned}
\mathrm{B}(p,q) &= \int_0^1 x^{p-1}(1-x)^{q-1} \mathrm{d}x \\
&= \int_0^{\frac{1}{2}} x^{p-1}(1-x)^{q-1} \mathrm{d}x + \int_{\frac{1}{2}}^1 x^{p-1}(1-x)^{q-1} \mathrm{d}x = I(p,q) + J(p,q)。
\end{aligned}
$$

B 函数的性质如下。

① B 函数的定义域为 $p > 0, q > 0$。

先考察积分 $I(p,q)$。当 $p \geqslant 1$，q 取任意值时，$I(p,q)$ 为定积分；当 $p < 1$，q 取任意值时，$I(p,q)$ 以 $x = 0$ 为瑕点，显然 $I(p,q)$ 在 $0 < p < 1$ 时收敛，在 $p \leqslant 0$ 时发散。

再考察积分 $J(p,q)$。类似地，当 $q \geqslant 1$，p 取任意值时，$J(p,q)$ 为定积分；当 $q < 1$，p 取任意值时，$J(p,q)$ 以 $x = 1$ 为瑕点，显然也可知 $J(p,q)$ 在 $0 < q < 1$ 时收敛，在 $q \leqslant 0$ 时发散。

综上所述，B(p,q) 的收敛域为 $p>0, q>0$。

② B 函数在其定义域内连续。

对任意闭区间 $[p_0,+\infty) \subset (0,+\infty)$ 及 $[q_0,+\infty) \subset (0,+\infty)$，有

$$x^{p-1}(1-x)^{q-1} \leqslant x^{p_0-1}(1-x)^{q_0-1},$$

由于 p_0, q_0 在 B(p,q) 的定义域内，因此积分

$$\int_0^1 x^{p_0-1}(1-x)^{q_0-1}\mathrm{d}x$$

收敛。由魏尔斯特拉斯判别法可知 B(p,q) 在 $[p_0,+\infty) \times [q_0,+\infty)$ 上关于 (p,q) 一致收敛。这样便证明了 B(p,q) 在其定义域上内闭一致收敛，因此 B(p,q) 在其定义域内连续。

③ 对称性及递推公式。

作变换 $y=1-x$ 得

$$B(p,q) = \int_0^1 x^{p-1}(1-x)^{q-1}\mathrm{d}x = \int_0^1 y^{q-1}(1-y)^{p-1}\mathrm{d}y = B(q,p)。$$

由于

$$\begin{aligned}
B(p,q) &= \int_0^1 x^{p-1}(1-x)^{q-1}\mathrm{d}x = \frac{1}{p}\int_0^1 (1-x)^{q-1}\mathrm{d}(x^p) \\
&= \frac{q-1}{p}\int_0^1 x^p(1-x)^{q-2}\mathrm{d}x \\
&= \frac{q-1}{p}\int_0^1 [\,x^{p-1}-x^{p-1}(1-x)\,](1-x)^{q-2}\mathrm{d}x \\
&= \frac{q-1}{p}\int_0^1 x^{p-1}(1-x)^{q-2}\mathrm{d}x - \frac{q-1}{p}\int_0^1 x^{p-1}(1-x)^{q-1}\mathrm{d}x \\
&= \frac{q-1}{p}B(p,q-1) - \frac{q-1}{p}B(p,q) \quad (p>0, q>1),
\end{aligned}$$

移项便得递推公式

$$B(p,q) = \frac{q-1}{p+q-1}B(p,q-1) \quad (p>0, q>1)。$$

类似可推得

$$B(p,q) = \frac{p-1}{p+q-1}B(p-1,q) \quad (p>1, q>0)$$

及

$$B(p,q) = \frac{(p-1)(q-1)}{(p+q-1)(p+q-2)}B(p-1,q-1) \quad (p>1, q>1)。$$

④ B(p,q) 的其他形式。

若在 $B(p,q) = \int_0^1 x^{p-1}(1-x)^{q-1}\mathrm{d}x$ 中，令 $x=\cos^2\theta$ 或 $x=\dfrac{y}{1+y}$，可分别得到以下两

种 B 函数的变形, 它们在实际应用中也比较常见:

$$B(p,q) = 2 \int_0^{\frac{\pi}{2}} \sin^{2q-1}\theta \cos^{2p-1}\theta \mathrm{d}\theta,$$

$$B(p,q) = \int_0^1 \frac{y^{p-1} + y^{q-1}}{(1+y)^{p+q}} \mathrm{d}y。$$

⑤ Γ 函数与 B 函数的关系。

由于 $m > 0$ 时, $B(m,1) = \int_0^1 x^{m-1}\mathrm{d}x = \dfrac{1}{m}$, 当 m,n 为正整数时, 反复利用 B 函数的递推公式, 有

$$\begin{aligned}
B(m,n) &= \frac{n-1}{m+n-1} B(m,n-1) \\
&= \frac{n-1}{m+n-1} \frac{n-2}{m+n-2} \cdots \frac{1}{m+1} B(m,1) \\
&= \frac{n-1}{m+n-1} \frac{n-2}{m+n-2} \cdots \frac{1}{m+1} \frac{1}{m} \\
&= \frac{(n-1)!(m-1)!}{(m+n-1)!} = \frac{\Gamma(n)\Gamma(m)}{\Gamma(m+n)},
\end{aligned}$$

事实上可以证明 (此证明略去), 对任意正实数 p,q, 都有

$$B(p,q) = \frac{\Gamma(p)\Gamma(q)}{\Gamma(p+q)}。$$

对于欧拉积分, 其理论并不局限于上述几个命题, 它在数学中的意义还将体现在一些后续课程的学习中。

习　题　5.3

1. 计算 $\Gamma\left(\dfrac{5}{2}\right)$, $\Gamma\left(-\dfrac{5}{2}\right)$, $\Gamma\left(\dfrac{1}{2}+n\right)$, $\Gamma\left(\dfrac{1}{2}-n\right)$。

2. 证明:

(1) $\Gamma(a) = \displaystyle\int_0^1 \left(\ln\frac{1}{x}\right)^{a-1} \mathrm{d}x, \ a > 0$;

(2) $\displaystyle\int_0^{+\infty} \frac{x^{a-1}}{1+x} \mathrm{d}x = \Gamma(a)\Gamma(1-a), \ 0 < a < 1$;

(3) $\displaystyle\int_0^1 x^{p-1}(1-x^r)^{q-1}\mathrm{d}x = \frac{1}{r} B\left(\frac{p}{r}, q\right), p,q,r > 0$;

(4) $\displaystyle\int_0^{+\infty} \frac{1}{1+x^4} \mathrm{d}x = \frac{\pi}{2\sqrt{2}}$。

3. 证明:

$$B(p,q) = B(p+1,q) + B(p,q+1)。$$

4. 设四面体 V 由平面 $x=0, y=0, z=0$ 与 $x+y+z=1$ 围成，证明：

$$\iiint\limits_{V} x^{a-1}y^{b-1}z^{c-1}\mathrm{d}x\mathrm{d}y\mathrm{d}z = \frac{\Gamma(a)\Gamma(b)\Gamma(c)}{(a+b+c)\,\Gamma(a+b+c)},\ a,b,c>0。$$

总 习 题 5

1. 利用对参量微分法计算 $I(a,b) = \int_0^{\frac{\pi}{2}} \ln(a^2\sin^2 x + b^2\cos^2 x)\mathrm{d}x(a^2+b^2\neq 0)$。

2. 设

$$F(x,y) = \int_{\frac{x}{y}}^{xy} (x-yz)f(z)\mathrm{d}z,$$

其中 $f(z)$ 可微，求 $F_{xy}(x,y)$。

3. 设 $f(t) = \left(\int_0^t \mathrm{e}^{-x^2}\mathrm{d}x\right)^2$, $g(t) = \int_0^1 \frac{\mathrm{e}^{-t^2(1+x^2)}}{1+x^2}\mathrm{d}x$, 证明：$f(t)+g(t) = \frac{\pi}{4}$。

4. 证明：$f(\alpha) = \int_0^{+\infty} \frac{\sin \alpha x^2}{x}\mathrm{d}x$ 在 $(0,+\infty)$ 上连续但不一致收敛。

5. 设 $F(y) = \int_0^{+\infty} y\mathrm{e}^{-x^2y^2}\cos(x(1-y))\mathrm{d}x$, 求 $\lim\limits_{y\to 1} F(y)$。

6. 设 $\int_0^{+\infty} f(x,t)\mathrm{d}t$ 在 $x \geqslant a$ 时一致收敛于 $F(x)$, 且 $\lim\limits_{x\to +\infty} f(x,t) = \varphi(t)$ 对任意 $t\in[a,b]\subset[0,+\infty)$ 一致成立，证明：

$$\lim_{x\to+\infty} F(x) = \int_0^{+\infty} \varphi(t)\mathrm{d}t。$$

第6章 闭区间上的实值函数的勒贝格积分

第 3 章介绍了黎曼积分理论，此理论是黎曼在 1850 年左右提出的，但这个理论本身并没有彻底解决"闭区间上什么样的函数黎曼可积"的问题。由可积准则可以看到，闭区间上的有界函数是否黎曼可积，本质上取决于振幅面积是否可以随着分割细度趋于零而趋于零。事实上，黎曼可积准则的关键在于，函数在每个点的邻域内的振幅是否可以随着邻域半径的无限减小而无限减小，即每个点处函数是否连续。因此，问题就转化到间断点上。

在闭区间上，连续函数是黎曼可积的，只有有限个间断点的有界函数是黎曼可积的，这两个事实说明，间断点也许不能太多。然而，闭区间上的单调函数是黎曼可积的，而单调函数可以有无穷个（这里是可数个）间断点；$[0,1]$ 上的黎曼函数是黎曼可积的，而黎曼函数在 $(0,1)$ 内的有理点处都是间断的，其中有理点不但有无穷个（这里是可数个），而且在 $[0,1]$ 上是稠密的；数学家们还构造了闭区间上的黎曼可积函数，它的间断点构成的集合有连续统势。因而，闭区间上的函数是否黎曼可积，与间断点的个数无关，数学家们发现，它与间断点所占的"地盘"的大小有关。因而，测量点集的大小，关键是测量其所占"地盘"的大小，而不是其所含元素的多少，这就是接下来要介绍的概念——勒贝格测度，它是"长度"概念的推广（区间才有长度）。

勒贝格积分的思想是，既然影响函数黎曼可积的本质问题是振幅能不能减小的问题，不妨直接分割值域来构造积分，这样振幅不能减小的问题便不存在了，但定义域上新的问题又出现了，如下所述。

对闭区间 $[a,b]$ 上的有界函数 $f(x)$，$|f(x)| \leqslant M$，把纵轴上的区间 $[-M,M]$ 等分为 n 份：

$$-M = y_0 < y_1 < y_2 < \cdots < y_n = M,$$

记

$$E_k = \{x \in [a,b] | y_{k-1} < f(x) \leqslant y_k\}, k = 1, 2, \cdots, n。$$

由于这些 E_k 不一定是一个区间或有限个不交的区间之并，因而不一定可以计算其长度，这就需要规定合理的量度 $m(E_k)(k = 1, 2, \cdots, n)$，然后作积分和 $\sum\limits_{k=1}^{n} y_k m(E_k)$，若极限

$$\lim_{n \to \infty} \sum_{k=1}^{n} y_k m(E_k)$$

存在，则此极限就是新的积分——勒贝格积分。若要建立这个积分理论，首先要解决的问题是如何合理定义点集 E 的量度 $m(E)$，这个量度就是勒贝格测度，它是长度的推广。

6.1 勒贝格测度

定义 6.1.1 设 $E \subset \mathbf{R}$, 称

$$m^*(E) = \inf \left\{ \sum_{n=1}^{\infty} |I_n| \Big| \{I_n\} \text{为至多可数个开区间构成的} E \text{的开覆盖} \right\}$$

为 E 的**勒贝格外测度**, 其中 $|I|$ 表示区间 I 的长度。

勒贝格外测度有以下简单性质 (证明略)。

定理 6.1.1 (1) **非负性**: 若 $E \subset \mathbf{R}$, 则 $m^*(E_1) \geqslant 0$。

(2) **单增性**: 若 $E_1 \subset E_2$, 则 $m^*(E_1) \leqslant m^*(E_2)$。

(3) 若 E 为区间, 则它的外测度等于长度, 即 $M^*(E) = |E|$。

(4) **次可加性**: 若 $\{E_n\}$ 为一列实数子集, 则

$$m^* \left(\bigcup_{n=1}^{\infty} E_n \right) \leqslant \sum_{n=1}^{\infty} m^*(E_n)。$$

(5) **外测度的平移不变性**: 若 $E \subset \mathbf{R}$, 则 E 对任意实数 a 的平移 $E_a = \{x + a | x \in E\}$ 的外测度与 E 的外测度相同, 即

$$m^*(E) = m^*(E_a)。$$

由第 1 章第 5 节最后一个问题的解答可以得出以下结论。

例 6.1.1 有理数集 $\mathbf{Q}$ 的外测度为 0。

证 由于有理数集 $\mathbf{Q}$ 为可数集, 将其排成一列: $r_1, r_2, \cdots, r_n, \cdots$。对任意 $\varepsilon > 0$, 取以 r_n 为中心, 半径为 $\dfrac{\varepsilon}{4^n}$ 的小区间 $I_n = \left(r_n - \dfrac{\varepsilon}{4^n}, r_n + \dfrac{\varepsilon}{4^n} \right)$ $(n = 1, 2, \cdots)$, 这可数个区间为有理数集 $\mathbf{Q}$ 的一个覆盖, 因而,

$$0 \leqslant m^*(\mathbf{Q}) \leqslant \sum_{n=1}^{\infty} \frac{\varepsilon}{2^n} = \frac{\frac{\varepsilon}{2}}{1 - \frac{1}{2}} = \varepsilon,$$

由 ε 的任意性, $m^*(\mathbf{Q}) = 0$。

注 1 用这个方法可以证明: 任何可数集的外测度为 0。

注 2 如果集合列 $\{E_n\}$ 两两不交, 上述次可加性的等式也不一定成立 (见例 6.1.2)。

定义新的勒贝格积分, 需要外测度有可列可加性, 即至多可数个集合 $\{E_n\}$ 两两不交时, 上述等式成立, 具有这样性质的集合称为可测集, 因而下面直接利用外测度的可加性来定义可测集。

定义 6.1.2 设 $E \subset \mathbf{R}$, 如果对任意试验集 $A \subset \mathbf{R}$, 有

$$m^*(A) = m^*(A \cap E) + m^*(A \cap E^c),$$

则称 E 为**可测集**, 此时称 E 的外测度为 E 的**测度**, 记为 $m(E)$。

下面讨论可测集的性质。

定理 6.1.2　可测集有以下性质。

(1) 若 E 为区间, 则 E 为可测集, 且 $m(E) = |E|$。

(2) 若 E 为可测集, 则 E^c 为可测集。

(3) 至多可数个可测集的交集、并集均为可测集。

(4) **可列可加性**: 若 $\{E_n\}$ 为一列两两不交的可测集, 则

$$m\left(\bigcup_{n=1}^{\infty} E_n\right) = \sum_{n=1}^{\infty} m(E_n)。$$

(5) **测度的平移不变性**: 若 $E \subset \mathbf{R}$ 为可测集, 则 E 对任意实数 a 的平移 E_a 也为可测集, 且测度不变, 即

$$m(E) = m(E_a)。$$

证　只证 (4)。首先证明: 若两个可测集不交, 即 $E_1 \cap E_2 = \varnothing$, 则 $m(E_1 \cup E_2) = m(E_1) + m(E_2)$。

事实上, 由于 $E_1 \cap E_2 = \varnothing$, 对任意试验集 A, 有

$$m^*(A) = m^*(A \cap E_1) + m^*(A \cap E_1^c)。$$

取 $A = E_1 \cup E_2$, 代入上式即可 (注意: 可测集的外测度就是测度)。

因而, 对有限个两两不交的可测集 $E_k(k = 1, 2, \cdots, n)$, 有

$$m\left(\bigcup_{k=1}^{n} E_k\right) = \sum_{k=1}^{n} m(E_k),$$

从而, 由次可加性, 对任意 k,

$$m\left(\bigcup_{k=1}^{\infty} E_k\right) \geqslant m\left(\bigcup_{k=1}^{n} E_k\right) = \sum_{k=1}^{n} m(E_k),$$

令 $k \to \infty$, 有

$$m\left(\bigcup_{k=1}^{\infty} E_k\right) \geqslant \sum_{k=1}^{\infty} m(E_k),$$

再由次可加性,

$$m\left(\bigcup_{k=1}^{\infty} E_k\right) \leqslant \sum_{k=1}^{\infty} m(E_k),$$

从而,

$$m\left(\bigcup_{k=1}^{\infty} E_k\right) = \sum_{k=1}^{\infty} m(E_k)。$$

定理 6.1.3　任何区间均为可测集, 实数轴上的开集、闭集均为可测集 (证明略)。

例 6.1.2 任何闭区间存在不可测子集。

下面证明闭区间 $[0,1]$ 有不可测子集。首先，在 $[0,1]$ 上建立关系 $\sim$：对 $x,y \in [0,1]$，

$$x \sim y \Leftrightarrow x - y \in \mathbf{Q}。$$

容易证明关系 $\sim$ 为 $[0,1]$ 上的等价关系，即满足：

① (自反性) $\forall x \in [0,1], x \sim x$；
② (对称性) $\forall x, y \in [0,1], x \sim y \Rightarrow y \sim x$；
③ (传递性) $\forall x, y, z \in [0,1], x \sim y, y \sim z \Rightarrow x \sim z$。

按照上述关系将 $[0,1]$ 中的点分成等价类，令

$$E(x) = \{y \in [0,1] | x \sim y\},$$

其中，x 是这一类的代表元，代表元可以是本类中任意元素。可见，$[0,1]$ 中所有的有理数是一类 $E(0)$，每个无理数属于某一类，两个不同的无理数，如果二者的差为有理数，则二者属于同一类。例如，$\left\{ \dfrac{\sqrt{2}}{2} + r \in [0,1] | r \in \mathbf{Q} \right\} = E\left(\dfrac{\sqrt{2}}{2} \right)$ 是一类，$\left\{ \dfrac{\sqrt{3}}{2} + r \in [0,1] | r \in \mathbf{Q} \right\} = E\left(\dfrac{\sqrt{3}}{2} \right)$ 是一类。任取 $q \in [0,1]$，q 所在的等价类为 $\{q + r \in [0,1] | r \in \mathbf{Q}\} = E(q)$，容易看出，其中有理数 r 的取值不会超出区间 $[-1,1]$。

显然，等价类 $\{E(x) | x \in [0,1]\}$ 为两两不交的 $[0,1]$ 的子集合 (重复的集合看作一个)，其并集为 $[0,1]$。

在每个等价类中取一个元素构成集合 F(此处实际上需要一个叫作选择公理的假设来保证)，下面证明 F 为 $[0,1]$ 的不可测子集。

将 $[-1,1]$ 内所有有理数排成一列：$r_1, r_2, \cdots, r_n, \cdots$。同时将 F 对 $[-1,1]$ 内所有有理数作平移，得到可数个集合 $F_{r_n}(n = 1, 2, \cdots)$，由 F 的定义，易证明这可数个集合两两不交。

假设 F 为可测集，由平移不变性可知，$F_{r_n}(n = 1, 2, \cdots)$ 为一列两两不交的可测集，再由可列可加性，

$$m \left(\bigcup_{n=1}^{\infty} F_{r_n} \right) = \sum_{n=1}^{\infty} m(F_{r_n}) = \sum_{n=1}^{\infty} m(F)。$$

对任意 $x \in F$，平移后，至少能得到与 x 同类的所有元素，即

$$E(x) \subset \{x + r_n | r_n \in [-1,1], n = 1, 2, \cdots\},$$

则

$$[0,1] \subset \bigcup_{n=1}^{\infty} F_{r_n} \subset [-1,2]。$$

从而，

$$1 = m([0,1]) \leqslant m \left(\bigcup_{n=1}^{\infty} F_{r_n} \right) = \sum_{n=1}^{\infty} m(F) \leqslant m([-1,2]) = 3,$$

此式蕴含着矛盾：如果 $m(F) = 0$, 则 $\sum\limits_{n=1}^{\infty} m(F) = 0$, 与左边矛盾；如果 $m(F) > 0$, 则 $\sum\limits_{n=1}^{\infty} m(F) = +\infty$, 与右边矛盾，因此，$F$ 不是可测集。

注　此时，$F_{r_n}(n = 1, 2, \cdots)$ 为一列两两不交的不可测集，可以证明它们的外测度不满足可列可加性。

由于

$$1 = m^*([0,1]) \leqslant m^*\left(\bigcup_{n=1}^{\infty} F_{r_n}\right) \leqslant \sum_{n=1}^{\infty} m^*(F),$$

可知 $m^*(F) \neq 0$, 因此 $m^*(F) > 0$, 从而有

$$\sum_{n=1}^{\infty} m^*(F) = +\infty。$$

再由

$$m^*\left(\bigcup_{n=1}^{\infty} F_{r_n}\right) \leqslant m^*([-1, 2]) = 3,$$

可知

$$m^*\left(\bigcup_{n=1}^{\infty} F_{r_n}\right) < \sum_{n=1}^{\infty} m^*(F)。$$

例 6.1.3　构造康托尔完备集。

构造康托尔完备集的步骤如下。

第一步，在 $[0,1]$ 内取长度为 $\dfrac{1}{3}$ 的开区间 $I_{11} = \left(\dfrac{1}{3}, \dfrac{2}{3}\right)$, 并记剩下的 2 个闭集为 $F_1 = [0,1] - I_{11}$。

第二步，在剩下的 2 个闭区间中各自取长度为 $\left(\dfrac{1}{3}\right)^2 = \dfrac{1}{9}$ 的开区间 $I_{21} = \left(\dfrac{1}{9}, \dfrac{2}{9}\right)$, $I_{22} = \left(\dfrac{7}{9}, \dfrac{8}{9}\right)$, 共 2 个，并记剩下的 $2^2 = 4$ 个闭集为 $F_2 = [0,1] - (I_{21} \cup I_{22})$。

第三步，在剩下的 $2^2 = 4$ 个闭区间中各自取长度为 $\left(\dfrac{1}{3}\right)^3 = \dfrac{1}{27}$ 的开区间 $I_{31} = \left(\dfrac{1}{27}, \dfrac{2}{27}\right)$, $I_{32} = \left(\dfrac{7}{27}, \dfrac{8}{27}\right)$, $I_{33} = \left(\dfrac{19}{27}, \dfrac{20}{27}\right)$, $I_{34} = \left(\dfrac{25}{27}, \dfrac{26}{27}\right)$, 共 $2^2 = 4$ 个，并记剩下的 $2^3 = 8$ 个闭集为 $F_3 = [0,1] - \left(\bigcup\limits_{k=1}^{4} I_{3k}\right)$。

······

第 n 步，在剩下的 2^{n-1} 个闭区间中各自取长度为 $\left(\dfrac{1}{3}\right)^n$ 的开区间 $I_{n1}, I_{n2}, \cdots, I_{n2^{n-1}}$, 共 2^{n-1} 个，并记剩下的 2^n 个闭集为 $F_n = [0,1] - \left(\bigcup\limits_{k=1}^{2^{n-1}} I_{nk}\right)$。

······

可数步之后，记取出的开区间之并为 $G = \bigcup\limits_{n=1}^{\infty} \left(\bigcup\limits_{k=1}^{2^{n-1}} I_{nk} \right)$，称剩下的点集 $C = [0, 1] - G$ 为**康托尔**（Cantor）**集**。

康托尔集有以下性质。

① 康托尔集是没有孤立点的闭集，这种集合称为**完备集**，这是因为取出的集合 G 由两两不交且无公共端点的开区间构成。

② 康托尔集的测度为 0。由于取出的集合 G 的总长度为

$$\frac{1}{3} + \frac{2}{3^2} + \frac{2^2}{3^3} + \cdots + \frac{2^{n-1}}{3^n} + \cdots = \frac{\dfrac{1}{3}}{1 - \dfrac{2}{3}} = 1,$$

易知 G 与康托尔集均为可测集，且 $m(C) + m(G) = m([0, 1]) = 1$，因此康托尔集的测度为 0。这说明康托尔集在 $[0, 1]$ 上没有占领"地盘"，也说明康托尔集不含内点 (有内点的集合测度显然大于零)。

那么，康托尔集中的点很少吗? 事实上，康托尔集和 $[0, 1]$ 等势。

③ 康托尔集有连续统势。

将 $(0, 1]$ 的点写成无限三进制小数 (由于 0 的各个小数数位全为 0，因此考虑非零的数)。将 $(0, 1]$ 等分为三份 $\left(0, \dfrac{1}{3} \right], \left(\dfrac{1}{3}, \dfrac{2}{3} \right], \left(\dfrac{2}{3}, 1 \right]$，均为左开右闭的区间。对 $x \in (0, 1]$，如果 x 在第一个区间，记第一个小数数位为 0，如果 x 在第二个或第三个区间，分别记第一个小数数位为 $1, 2$。

将 x 所在的区间再等分为三个左开右闭的小区间，来确定第二位小数。如果 x 在第一、第二或第三个小区间，分别记第二个小数数位为 $0, 1, 2$。

将 x 所在的小区间用同样的方法再等分为三个更小的区间，来确定第三位小数。以此类推，可数步之后，便得到 x 的三进制无限小数表示，如 $\dfrac{1}{2} = 0.111\,1 \cdots$，$\dfrac{1}{3} = 0.011\,1 \cdots$，$\dfrac{2}{3} = 0.122\,2 \cdots$，$1 = 0.222\,2 \cdots$。

可见，取出的数的某个小数数位必有 1，也有一些小数数位有 1 的数留在康托尔集中 $\left(如 \dfrac{2}{3} \right)$，但是，小数数位只含 0 与 2 的数全部留在康托尔集中，而这些数就与二元序列的全体对等了，即有连续统势。因此，康托尔集至少有连续统势，而它又是 $[0, 1]$ 的子集，故康托尔集有连续统势，即康托尔集与 $[0, 1]$ 等势。

例 6.1.4 构造康托尔函数。

首先在 G 上定义函数 $f(x)$：

$f(x) = \dfrac{1}{2}$，$x = I_{11}$，

$f(x) = \dfrac{1}{4}$，$x = I_{21}$， $f(x) = \dfrac{3}{4}$，$x = I_{22}$，

$f(x) = \dfrac{1}{8}$，$x = I_{31}$， $f(x) = \dfrac{3}{8}$，$x = I_{32}$， $f(x) = \dfrac{5}{8}$，$x = I_{33}$， $f(x) = \dfrac{7}{8}$，$x = I_{34}$，

......

$$f(x) = \frac{2k-1}{2^n}, \; x = I_{nk}, k = 1, 2, \cdots, 2^{n-1},$$

$\cdots\cdots$

再定义 $[0,1]$ 上的康托尔函数:

$$g(x) = \begin{cases} \inf\{f(y) | y > x, y \in G\}, & x \in C, \\ f(x), & x \in G, \\ 1, & x = 1. \end{cases}$$

这个函数是单调递增的连续函数(证明留给读者)。

例 6.1.5 证明: $\frac{1}{4}, \frac{1}{13}$ 属于康托尔集.

证 将 $\frac{1}{4}, \frac{1}{13}$ 写成三进制无限小数,

$$\frac{1}{4} = 0.020\,2\cdots, \quad \frac{1}{13} = 0.002\,002\cdots,$$

因而二者属于康托尔集。

习 题 6.1

1. 证明: 外测度为 0 的集合为可测集(称为**零测集**)。

2. 证明外测度的**距离可加性**: 若 $E_1 \subset \mathbf{R}$, $E_2 \subset \mathbf{R}$, 且

$$d(E_1, E_2) = \inf\{d(x,y) | x \in E_1, y \in E_2\} > 0,$$

则

$$m^*(E_1 \cup E_2) = m^*(E_1) + m^*(E_2)。$$

3. 证明: 若 $E_1 \subset G_1$, $E_2 \subset G_2$, G_1, G_2 为 $\mathbf{R}$ 上的开集, 且 $G_1 \cap G_2 = \varnothing$, 则

$$m^*(E_1 \cup E_2) = m^*(E_1) + m^*(E_2)。$$

4. 证明: 若存在 $\mathbf{R}$ 上的可测集 E, 使得 $E_1 \subset E$, $E_2 \subset E^c = \mathbf{R} - E$, 则

$$m^*(E_1 \cup E_2) = m^*(E_1) + m^*(E_2)。$$

5. 若 E_1, E_2 均为 $\mathbf{R}$ 上的可测集, 证明:

$$m(E_1) + m(E_2) = m(E_1 \cup E_2) + m(E_1 \cap E_2)。$$

6. 证明: 存在 $\mathbf{R}$ 上两个不交的集合 E_1, E_2, 使得

$$m^*(E_1 \cup E_2) < m^*(E_1) + m^*(E_2)。$$

7. 设 F 为 $[0,1]$ 的不可测子集, 证明: 存在 $\varepsilon \in (0,1)$, 使得对 $[0,1]$ 中任何测度不小于 ε 的可测子集 E, $E \cap F$ 也为不可测集。

8. 证明：$\mathbf{R}$ 上任何测度大于 0 的可测集存在不可测子集。

9. 证明连续映射 $f: \mathbf{R} \to \mathbf{R}$ 将可测集变为可测集的充分必要条件为 f 将零测集变为零测集。

6.2 勒贝格可测函数

定义 6.2.1 设 $f(x)$ 为定义在可测集 $E \subset \mathbf{R}$ 上的实值函数，如果对任意实数 t, $\{x \in E | f(x) > t\}$ 为 E 的可测子集，则称 $f(x)$ 为可测集 E 上的可测函数。

以下定理为可测函数的性质，证明从略。

定理 6.2.1 设 $f(x)$ 为可测集 $E \subset \mathbf{R}$ 上的实值函数，以下 I)~ IV) 等价：

I) $f(x)$ 为闭区间 E 上的可测函数；

II) 对任意实数 t, $\{x \in E | f(x) < t\}$ 为 E 的可测子集；

III) 对任意实数 t, $\{x \in E | f(x) \geqslant t\}$ 为 E 的可测子集；

IV) 对任意实数 t, $\{x \in E | f(x) \leqslant t\}$ 为 E 的可测子集。

定理 6.2.2 设 $f(x)$, $g(x)$ 均为可测集 $E \subset \mathbf{R}$ 上的实值可测函数，则

I) 对任意实数 s, t, $\{x \in E | f(x) = t\}$, $\{x \in E | s < f(x) < t\}$, $\{x \in E | s \leqslant f(x) < t\}$, $\{x \in E | s < f(x) \leqslant t\}$, $\{x \in E | s \leqslant f(x) \leqslant t\}$ 为 E 的可测子集；

II) $\{x \in E | f(x) < g(x)\}$, $\{x \in E | f(x) \leqslant g(x)\}$, $\{x \in E | f(x) > g(x)\}$, $\{x \in E | f(x) \geqslant g(x)\}$ 均为 E 的可测子集。

III) $f(x) + g(x), f(x) - g(x)$, $f(x)g(x)$, $|f(x)|$, $\lambda f(x)(\lambda \in \mathbf{R})$ 均为 E 上的可测函数。

定理 6.2.3 区间上的连续函数均为可测函数；区间上的初等函数均为可测函数。

例 6.2.1 康托尔函数为可测函数，这是由于康托尔函数是 $[0,1]$ 上的连续函数。

例 6.2.2 不可测函数示例。

设

$$f(x) = \begin{cases} 1, & x \in F, \\ 0, & x \in [0,1] - F, \end{cases}$$

其中，F 为 $[0,1]$ 上的不可测子集。取 $t = \dfrac{1}{2}$，由可测函数的定义知 $f(x)$ 不为 $[0,1]$ 上的可测函数。

定理 6.2.4 [叶果洛夫 (Egoroff) 定理] 设 $f(x)$, $f_n(x)(n = 1, 2, \cdots)$ 均为测度有限的实数集 $E \subset \mathbf{R}$ 上的实值可测函数，且 $\lim\limits_{n \to \infty} f_n(x) = f(x)$，则对任意 $\varepsilon > 0$, 存在子集 $D \subset E$, $m(E - D) < \varepsilon$, 使得 $\{f_n(x)\}$ 在 D 上一致收敛于 $f(x)$。

证 $\forall n$, k, 令

$$D_n^k = \bigcap_{m \geqslant n} \left\{ x \in E | |f_m(x) - f(x)| < \frac{1}{k} \right\},$$

固定 k, $\{D_n^k\}$ 随 n 的增大而增大，且 $\bigcup\limits_{n=1}^{\infty} D_n^k = E$，则存在自然数 N_k, 使得 $m(E - D_{N_k}^k) < \dfrac{\varepsilon}{2^{k+1}}$。

令 $D = \bigcap\limits_{k=1}^{\infty} D_{N_k}$，则易知 $\{f_n(x)\}$ 在 D 上一致收敛于 $f(x)$。事实上，对任意事先给定的 $\varepsilon > 0$，只需取满足 $\dfrac{1}{k} < \varepsilon$ 的 k 对应的 N_k，当 $n > N_k$ 时，对一切 $x \in D \subset D_{N_k}$，有 $|f_n(x) - f(x)| < \dfrac{1}{k} < \varepsilon$。

此外，

$$m(E - D) = m\left(E - \bigcap\limits_{k=1}^{\infty} D_{N_k}^k\right) = m\left(\bigcup\limits_{k=1}^{\infty} (E - D_{N_k}^k)\right) \leqslant \sum\limits_{k=1}^{\infty} m(E - D_{N_k}^k) = \sum\limits_{k=1}^{\infty} \frac{\varepsilon}{2^{k+1}} = \frac{\varepsilon}{2} < \varepsilon。$$

回顾第 4 章，一些定义在测度有限的实数集上的收敛但非一致收敛的函数列 (如例 4.1.1)，将定义域适当去掉一部分，便一致收敛了，其理论依据就是叶果洛夫定理。

习　题　6.2

1. 证明：若定义在 (a,b) 上的函数 $f(x)$ 在任意 $[\alpha,\beta] \subset (a,b)$ 上为可测函数，则在 (a,b) 上也为可测函数。

2. 设 $f(x)$ 为定义在 $[a,b]$ 上的实值函数。

(1) 若 $f^2(x)$ 为可测函数，则 $f(x)$ 是可测函数吗？

(2) 若 $f^2(x)$ 为可测函数，且 $\{x \in [a,b] | f(x) > 0\}$ 为可测集，则 $f(x)$ 是可测函数吗？

3. 设 $f(x)$ 为定义在 $\mathbf{R}$ 上的实值函数，证明：$f(x)$ 为可测函数当且仅当，对任意有理数 r，$\{x \in \mathbf{R} | f(x) > r\}$ 为可测集。

4. 设 $f(x)$, $f_n(x)(n = 1, 2, \cdots)$ 均为测度有限的实数集 $E \subset \mathbf{R}$ 上的实值可测函数，且

$$\lim\limits_{n \to \infty} f_n(x) = f(x),$$

证明：

$$\forall \varepsilon > 0, \quad \lim\limits_{n \to \infty} m(x \in E | |f_n(x) - f(x)| \geqslant \varepsilon) = 0。 \tag{6.2.1}$$

若满足式 (6.2.1)，称 $\{f_n(x)\}$ 在 E 上**依测度收敛**于 $f(x)$。

5. 设 $g(x)$ 定义在 $[a,b]$ 上，若其函数值只有有限个实数，则称它为**简单函数**，证明：若 $f(x)$ 为 $[a,b]$ 上的非负可测函数，则存在 $[a,b]$ 上的非负简单函数列 $\{f_n(x)\}$，使得 $\forall x \in [a,b]$，$\{f_n(x)\}$ 单调递增且收敛于 $f(x)$。

6.3　勒贝格积分

定义 6.3.1（勒贝格积分）　若 $f(x)$ 为闭区间 $[a,b]$ 上的有界可测函数，$|f(x)| \leqslant M$ $(x \in [a,b])$，把 y 轴上的区间 $[-M, M]$ 等分为 n 份：

$$-M = y_0 < y_1 < y_2 < \cdots < y_n = M。$$

记

$$E_k = \{x \in [a,b] | y_{k-1} < f(x) \leqslant y_k\}, k = 1, 2, \cdots, n,$$

它们均为可测集。作和式 $S_n = \sum_{k=1}^{n} y_k m(E_k)$，称此和式为**勒贝格积分和**。若极限

$$\lim_{n \to \infty} \sum_{k=1}^{n} y_k m(E_k)$$

存在，则称此极限为 $f(x)$ 在区间 $[a,b]$ 上的**勒贝格积分**，记为

$$\int_a^b f(x)\mathrm{d}x.$$

若 $f(x)$ 为闭区间 $[a,b]$ 上的无界可测函数。

首先考虑 $f(x)$ 非负的情况。任取闭区间 $[a,b]$ 上的有界可测函数列 $\{f_n(x)\}$，使得 $\forall x \in [a,b]$，$\{f_n(x)\}$ 递增，且 $\lim_{n \to \infty} f_n(x) = f(x)$(此函数列的存在性由习题 6.2 的第 5 题保证)，定义 $f(x)$ 在区间 $[a,b]$ 上的**勒贝格积分**为

$$\int_a^b f(x)\mathrm{d}x = \lim_{n \to \infty} \int_a^b f_n(x)\mathrm{d}x.$$

若 $f(x)$ 在区间 $[a,b]$ 上的勒贝格积分为有限值，则称 $f(x)$ 在区间 $[a,b]$ 上**勒贝格可积**。

其次考虑 $f(x)$ 为一般无界可测函数的情况。令

$$f_+(x) = \max\{f(x), 0\}, \quad f_-(x) = \max\{-f(x), 0\},$$

分别称 $f_+(x)$，$f_-(x)$ 为 $f(x)$ 的正部与负部，二者均为非负可测函数。若二者中至少有一个在区间 $[a,b]$ 上勒贝格可积，则定义 $f(x)$ 在区间 $[a,b]$ 上的**勒贝格积分**为

$$\int_a^b f(x)\mathrm{d}x = \int_a^b f_+(x)\mathrm{d}x - \int_a^b f_-(x)\mathrm{d}x,$$

若此积分为有限值 (即不为 $+\infty$ 或 $-\infty$)，则称 $f(x)$ 在区间 $[a,b]$ 上**勒贝格可积**。

注 1 对值域的无限次分割会导致对定义区间的无限次分划，因而这个定义建立在测度的可列可加性的基础之上。

注 2 从此定义可以看出，闭区间上的任何可测函数勒贝格可积，当且仅当其正部与负部均在此闭区间上勒贝格可积，即当且仅当其绝对值 $|f(x)| = f_+(x) + f_-(x)$ 在此区间上勒贝格可积。显然，闭区间上的有界可测函数是勒贝格可积的。

注 3 对于 $f(x)$ 为无界可测函数的情况，所定义的积分是合理的，即此定义与有界可测函数列 $\{f_n(x)\}$ 的选取无关，这一点可以借助叶果洛夫定理证明（留给读者证明）。

狄利克雷函数是典型的黎曼不可积的有界函数，可以证明它是勒贝格可积的。

例 6.3.1 证明狄利克雷函数 $D(x)$ 在闭区间 $[0,1]$ 上勒贝格可积，并求其勒贝格积分值。

证 把 y 轴上的区间 $[0,1]$ 等分为 n 份：

$$0 = y_0 < y_1 < y_2 < \cdots < y_n = 1.$$

$$m(E_1) = m([0,1] - \mathbf{Q}) = 1, m(E_k) = 0(k = 2, 3, \cdots, n-1), m(E_n) = m([0,1] \cap \mathbf{Q}) = 0,$$

和式 $S_n = \sum_{k=1}^{n} y_k m(E_k) = \dfrac{1}{n} m(E_1) + \sum_{k=2}^{n-1} y_k m(E_k) + y_n m(E_n) = \dfrac{1}{n}$，因而，

$$\int_0^1 D(x)\mathrm{d}x = \lim_{n \to \infty} \sum_{k=1}^{n} y_k m(E_k) = 0,$$

即狄利克雷函数 $D(x)$ 在闭区间 $[0,1]$ 上勒贝格可积，且其勒贝格积分值为 0。

定理 6.3.1　闭区间 $[a,b]$ 上的有界函数 $f(x)$ 如果在 $[a,b]$ 上黎曼可积，则一定在 $[a,b]$ 上勒贝格可积，且两积分值相同。

证　为了区分勒贝格积分与黎曼积分，分别用 $(L)\displaystyle\int_a^b f(x)\mathrm{d}x, (R)\displaystyle\int_a^b f(x)\mathrm{d}x$ 表示这两个积分。任给 $[a,b]$ 一个分割

$$T: a = x_0 < x_1 < x_2 < \cdots < x_n = b,$$

记 $\Delta_i = x_i - x_{i-1}$, $m_i = \inf\{f(x)|x \in \Delta_i\}, M_i = \sup\{f(x)|x \in \Delta_i\}(i = 1, 2, \cdots, n)$, $\|T\| = \max\{\Delta_i|i = 1, 2, \cdots, n\}$，则有以下等式：

$$m_i|\Delta_i| \leqslant (L)\int_{x_{i-1}}^{x_i} f(x)\mathrm{d}x \leqslant M_i|\Delta_i|。$$

对 i 从 1 到 n 相加，有

$$s(T) \leqslant (L)\int_a^b f(x)\mathrm{d}x \leqslant S(T),$$

其中 $s(T)$, $S(T)$ 分别为达布下和与达布上和。由 $f(x)$ 在 $[a,b]$ 上黎曼可积，则黎曼积分

$$(R)\int_a^b f(x)\mathrm{d}x = \lim_{\|T\| \to 0} s(T) = \lim_{\|T\| \to 0} S(T),$$

因而，

$$(R)\int_a^b f(x)\mathrm{d}x = (L)\int_a^b f(x)\mathrm{d}x。$$

注　此定理表明勒贝格积分为黎曼积分的推广。

下述定理很理想地回答了闭区间上什么样的有界函数黎曼可积的问题。

定理 6.3.2 (勒贝格准则)　闭区间 $[a,b]$ 上的有界函数 $f(x)$ 黎曼可积的充分必要条件为 $f(x)$ 在 $[a,b]$ 上的不连续点集的测度为 0(此时称 $f(x)$ 在 $[a, b]$ 上**几乎处处连续**)。

证　首先定义函数 $f(x)$ 在 x_0 处的振幅

$$\omega_f(x_0) = \lim_{\delta \to 0} \sup\{f(x) - f(y)|x, y \in (x_0 - \delta, x_0 + \delta)\},$$

事实上，若记 $M_\delta(x_0) = \sup\{f(x)|x \in (x_0 - \delta, x_0 + \delta)\}, m_\delta(x_0) = \inf\{f(x)|x \in (x_0 - \delta, x_0 + \delta)\}$，则 x_0 处的振幅为

$$\omega_f(x_0) = \lim_{\delta \to 0}(M_\delta - m_\delta)。$$

证明此定理需要用到一个比较容易理解的命题 (证明略)：函数 $f(x)$ 在点 x_0 处连续当且仅当函数在此点的振幅 $\omega_f(x_0) = 0$。

下面依次证明此定理的必要性和充分性。

(必要性) 用反证法。假设 $f(x)$ 在闭区间 $[a,b]$ 上的不连续点集为 D, 且 $m(D) > 0$，又

$$D = \{x \in [a,b]|\omega_f(x) > 0\} = \bigcup_{n=1}^{\infty} \{x \in [a,b]|\omega_f(x) > \frac{1}{n}\} = \bigcup_{n=1}^{\infty} D_n,$$

则存在 k, 使得 $m(D_k) > 0$。由测度（即外测度）的定义，

$$m(D_k) = \inf\left\{\sum_n |I_n| \Big| D_k \subset \bigcup_n I_n\right\},$$

则对任何覆盖 D_k 的开区间列 $\{I_n\}$, 其长度和 $\sum_n |I_n| \geqslant m(D_k)$。

对 $[a,b]$ 的任意一个分割 T, 把分割 T 内部含有 D_k 的点的所有小区间 $\Delta_1, \Delta_2, \cdots, \Delta_m$ 都取出来, 若记 D_k' 为 D_k 减去这些小区间的端点的集, 则这些小区间的内部为覆盖 D_k' 的开区间（其中 D_k' 为 D_k 的子集, 其点含于这 m 个小区间的内部, D_k' 与 D_k 至多相差有限个分点, 因而它们的测度相同）。按照测度 $m(D_k')$ 的定义, 小区间 $\Delta_1, \Delta_2, \cdots, \Delta_m$ 的内部为覆盖 D_k' 的开区间, 长度和 $\sum_{n=1}^{m} |\Delta_n| \geqslant m(D_k') = m(D_k)$, 而 D_k 中每个点的振幅大于 $\frac{1}{k}$, 则这个分割的振幅面积大于 $\frac{1}{k}m(D_k) > 0$, 即对任意分割 T, 有 $S(T) - s(T) \geqslant \frac{1}{k}m(D_k)$, 则

$$\lim_{||T||\to 0}(S(T) - s(T)) = \inf_T(S(T) - s(T)) \geqslant \frac{1}{k}m(D_k) > 0。$$

由第 3 章的知识, 函数 $f(x)$ 在 $[a,b]$ 黎曼可积当且仅当

$$\lim_{||T||\to 0}(S(T) - s(T)) = \inf_T(S(T) - s(T)) = 0,$$

因此, 函数 $f(x)$ 在 $[a,b]$ 上不是黎曼可积的。

(充分性) 对任意 $\varepsilon > 0$, 若构造一个 $[a,b]$ 的分割 T, 使得 $S(T) - s(T) < \varepsilon$, 由可积准则便可证明 $f(x)$ 在 $[a,b]$ 上黎曼可积。

设 $M = \sup\{|f(x)||x \in [a,b]\}$, 利用测度的定义, 存在覆盖 D 的开区间列 $\{I_n\}$, 其长度总和 $\sum_{n=1}^{\infty} |I_n| < \frac{\varepsilon}{4M}$。令 $A = [a,b] - \bigcup_n I_n$, 则对任意 $x \in A$, x 为连续点, 振幅 $\omega_f(x) = 0$。取 x 的开邻域 I_x, 使得其上振幅小于 $\frac{\varepsilon}{2(b-a)}$, 则 $\{I_x|x \in A\} \cup \{I_n|n = 1, 2, \cdots\}$ 为 $[a,b]$ 的开覆盖。由于 $[a,b]$ 是紧致空间, 因而此开覆盖有有限子覆盖, 不妨设其为 $I_1, I_2, \cdots, I_m, I_{x_1}, I_{x_2}, \cdots, I_{x_n}$, 将这有限个开区间的端点及 a, b 取作分点, 构成分割 T。

分割 T 下的振幅面积 $S(T) - s(T)$ 可分为两部分来计算, 一部分为对应的小区间中含于 $I_1, I_2, \cdots, I_m$ 的区间, 另一部分为对应的小区间中含于 $I_{x_1}, I_{x_2}, \cdots, I_{x_n}$ 的区间 (同属这两种情况者选其中一种即可)。对前者, 将每个小区间上的振幅放大为 $2M$, 再将小区间总长放大

为 $\frac{\varepsilon}{4M}$，振幅面积便放大为 $2M \cdot \frac{\varepsilon}{4M} = \frac{\varepsilon}{2}$。对后者，将每个小区间上的振幅放大为 $\frac{\varepsilon}{2(b-a)}$，再将小区间总长放大为 $b-a$，振幅面积便放大为 $(b-a) \cdot \frac{\varepsilon}{2(b-a)} = \frac{\varepsilon}{2}$。因此，分割 T 下的振幅面积 $S(T) - s(T) < \varepsilon$，由第 3 章的可积准则可知，$f(x)$ 在 $[a,b]$ 上黎曼可积。

注　3.1 节所讲的黎曼可积函数类包括：① 闭区间上的连续函数；② 闭区间上有有限个间断点的有界函数；③ 闭区间上的单调函数。由于单调函数含有至多可数个不连续点，而可数集的测度为 0，因此这几类函数都符合此定理的条件，从而都黎曼可积。但这几类函数显然没有穷尽所有的黎曼可积函数类，如黎曼函数就是不属于这几类的黎曼可积函数，因而黎曼可积函数类的问题到此定理才彻底解决。

例 6.3.2　证明黎曼函数 $R(x)$ 在闭区间 $[0,1]$ 上黎曼可积，并求其黎曼积分值。

证　黎曼函数 $R(x)$ 在 $[0,1]$ 的全体不连续点为 $(0,1)$ 内的有理点，测度为 0，从而由定理 6.3.2 知黎曼函数 $R(x)$ 在 $[0,1]$ 上黎曼可积，再由定理 6.3.1，$R(x)$ 在 $[0,1]$ 上勒贝格可积，且这两个积分值相同，因而

$$0 \leqslant (R)\int_a^b R(x)\mathrm{d}x = (L)\int_a^b R(x)\mathrm{d}x \leqslant 1 \cdot m([0,1] \cap \mathbf{Q}) + 0 \cdot m([0,1] - \mathbf{Q}) = 1 \times 0 + 0 \times 1 = 0,$$

故 $(R)\int_a^b R(x)\mathrm{d}x = 0$。

例 6.3.3　证明康托尔集的特征函数 $\chi_C(x) = \begin{cases} 1, & x \in C, \\ 0, & x \in G \end{cases}$ 在闭区间 $[0,1]$ 上黎曼可积，并求其黎曼积分值。

证　易知对 $\forall x \in G$，x 为 G 的内点，x 的某个邻域内函数值为常值 0，因此 x 为连续点。由 $m(C) = 0$，可知此函数在闭区间 $[0,1]$ 上几乎处处连续，因而此函数黎曼可积，从而勒贝格可积。

$$(R)\int_0^1 \chi_C(x)\mathrm{d}x = (L)\int_0^1 \chi_C(x)\mathrm{d}x = 0 \cdot m(G) + 1 \cdot m(C) = 0 \times 1 + 1 \times 0 = 0.$$

注　对这个函数来说，可以证明康托尔集的点都是间断点，因而间断点集不仅是无限集，且有连续统势，虽在 $[0,1]$ 上有很多间断点，但由于间断点集的测度为零，此函数仍然是黎曼可积的。

例 6.3.4　求例 6.1.4 中的康托尔函数 $g(x)$ 在闭区间 $[0,1]$ 上的黎曼积分值。

解　康托尔函数是闭区间 $[0,1]$ 上的连续函数，因而在此区间上黎曼可积，下面只需求其勒贝格积分值即可。由于康托尔集的测度为零，只需考虑 G 上的情况。

$$\begin{aligned} (R)\int_0^1 g(x)\mathrm{d}x &= (L)\int_0^1 g(x)\mathrm{d}x \\ &= \frac{1}{2} \cdot \frac{1}{3} + \left(\frac{1}{4} + \frac{3}{4}\right) \cdot \frac{1}{3^2} + \left(\frac{1}{8} + \frac{3}{8} + \frac{5}{8} + \frac{7}{8}\right) \cdot \frac{1}{3^3} + \cdots + \end{aligned}$$

$$\frac{\sum\limits_{k=1}^{2^{n-1}}(2k-1)}{2^n}\cdot\frac{1}{3^n}+\cdots=\sum_{n=1}^{\infty}\frac{2^{n-2}}{3^n}=\frac{1}{2}。$$

第 4 章中，在黎曼积分意义下，若使函数列的极限与积分能够交换次序，则需要一个比较强的条件，即"一致收敛"。在勒贝格积分理论中，这个条件得到了改进，使得积分号下的极限过程大大简化。

定理 6.3.3 (控制收敛定理)   设 $f(x), f_n(x)\ (n=1,2,\cdots)$ 为 $[a,b]$ 上的勒贝格可测函数，且

$$\lim_{n\to\infty}f_n(x)=f(x)。$$

若 $g(x)$ 为 $[a,b]$ 上的勒贝格可积函数（称 $g(x)$ 为控制函数），满足

$$\forall n, |f_n(x)|\leqslant g(x),$$

则 $f(x)$ 在 $[a,b]$ 上勒贝格可积，且

$$\int_a^b f(x)\mathrm{d}x=\lim_{n\to\infty}\int_a^b f_n(x)\mathrm{d}x。$$

证   设 $g_n(x)=f(x)-f_n(x)(n=1,2,\cdots)$，只需证明 $\lim\limits_{n\to\infty}\int_a^b g_n(x)\mathrm{d}x=0$。

对 $\forall n$，定义 $A_n=\left\{x\in[a,b]\Big||g_n(x)|\geqslant\dfrac{\varepsilon}{3(b-a)}\right\}$，则当 n 充分大时，$\{A_n\}$ 为递减集合列 $(A_n\supset A_{n+1})$，且

$$\lim_{n\to\infty}m(A_n)=0。$$

将积分 $I_n=\displaystyle\int_a^b g_n(x)\mathrm{d}x$ 拆成两部分 $I_n=I_{n1}+I_{n2}$，

$$I_{n1}=\int_{[a,b]-A_n}g_n(x)\mathrm{d}x,\quad I_{n2}=\int_{A_n}g_n(x)\mathrm{d}x,$$

$$|I_{n1}|\leqslant\int_{[a,b]-A_n}|g_n(x)|\mathrm{d}x\leqslant\frac{\varepsilon}{3(b-a)}(b-a)=\frac{\varepsilon}{3}。$$

由于 $|f_n(x)|\leqslant g(x)$，因此极限函数 $|f(x)|\leqslant g(x)$，从而 $f(x)$ 在区间 $[a,b]$ 上勒贝格可积，且

$$|g_n(x)|=|f(x)-f_n(x)|\leqslant|f(x)|+|f_n(x)|\leqslant 2g(x),$$

则有

$$|I_{n2}|=\left|\int_{A_n}g_n(x)\mathrm{d}x\right|\leqslant 2\int_{A_n}g(x)\mathrm{d}x。$$

对 $\forall k$，令 $B_k=\{x\in A_n|g(x)\geqslant k\}$，有

$$\lim_{k\to\infty}\int_{B_k}g(x)\mathrm{d}x=0。$$

存在 k_0, 当 $k > k_0$ 时,

$$\left| \iint_{B_k} g(x)\mathrm{d}x \right| < \frac{\varepsilon}{3}。$$

将积分 $I_{n2} = \int_{A_n} g(x)\mathrm{d}x$ 拆成两部分 $J_1 + J_2$, 其中,

$$J_1 = \int_{B_k} g(x)\mathrm{d}x, \quad J_2 = \int_{A_n - B_k} g(x)\mathrm{d}x。$$

以上已经得出

$$|J_1| = \left| \iint_{B_k} g(x)\mathrm{d}x \right| < \frac{\varepsilon}{3},$$

下面估计 J_2。

$$|J_2| \leqslant \int_{A_n - B_k} |g(x)|\mathrm{d}x \leqslant \int_{A_n - B_k} k\mathrm{d}x = km(A_n - B_k) \leqslant km(A_n) \to 0, \ n \to \infty。$$

因而, 对固定的 $k > k_0$, 存在自然数 N, 当 $n > N$ 时,

$$|J_2| \leqslant km(A_n) < \frac{\varepsilon}{3}。$$

因此, 当 $n > N$ 时, 有

$$\left| \int_a^b g_n(x)\mathrm{d}x \right| \leqslant \left| \int_{[a,b]-A_n} g_n(x)\mathrm{d}x \right| + \left| \iint_{B_k} g_n(x)\mathrm{d}x \right| + \left| \iint_{A_n - B_k} g_n(x)\mathrm{d}x \right| < 3 \cdot \frac{\varepsilon}{3} = \varepsilon,$$

即证明了 $\lim\limits_{n\to\infty} \int_a^b g_n(x)\mathrm{d}x = 0$, 因此,

$$\int_a^b f(x)\mathrm{d}x = \lim_{n\to\infty} \int_a^b f_n(x)\mathrm{d}x。$$

例 6.3.5　设 $f_n(x) = x^n (x \in [0,1], n = 1, 2, \cdots)$,

$$f(x) = \lim_{n\to\infty} f_n(x) = \begin{cases} 0, & x \in [0,1), \\ 1, & x = 1, \end{cases}$$

由第 4 章的知识可知, 此函数列在 $[0,1]$ 上非一致收敛, 不满足积分和极限交换次序的充分条件, 但积分和极限交换次序后得到的结果是相等的, 即

$$\int_0^1 f(x)\mathrm{d}x = 0, \quad \lim_{n\to\infty} \int_0^1 f_n(x)\mathrm{d}x = \lim_{n\to\infty} \frac{1}{n+1} = 0。$$

实际上, $f(x)$ 和 $f_n(x)$ 满足控制收敛定理的条件 (只需令 $g(x) = 1$ 即可), 因而控制收敛定理的条件比 "一致收敛" 条件要弱。

例 6.3.6　求极限 $\lim\limits_{n\to\infty} \int_0^\pi \dfrac{n\sqrt{x}}{1 + n^2 x^2} \sin^3(nx)\mathrm{d}x$。

解　$\forall x \in [0, \pi]$, 函数列 $f_n(x) = \dfrac{n\sqrt{x}}{1 + n^2 x^2} \sin^3(nx)\,(n = 1, 2, \cdots)$ 的极限为

$$f(x) = \lim_{n \to \infty} f_n(x) = \lim_{n \to \infty} \frac{n\sqrt{x}}{1 + n^2 x^2} \sin^3(nx) = 0。$$

$\forall x \in [0, \pi]$, $\forall n$,

$$|f_n(x)| = \left| \frac{n\sqrt{x}}{1 + n^2 x^2} \sin^3(nx) \right| \leqslant \left| \frac{n\sqrt{x}}{1 + n^2 x^2} \right| \leqslant \frac{n\sqrt{x}}{2nx} = \frac{1}{2\sqrt{x}} = g(x)。$$

控制函数 $g(x)$ 对应的瑕积分 $\displaystyle\int_0^\pi \frac{1}{2\sqrt{x}}\mathrm{d}x < +\infty$ 是收敛的, 即 $g(x)$ 勒贝格可积。因而, 由控制收敛定理,

$$\lim_{n \to \infty} \int_0^\pi \frac{n\sqrt{x}}{1 + n^2 x^2} \sin^3(nx)\mathrm{d}x = \int_0^\pi 0\mathrm{d}x = 0。$$

如果给定的函数或函数列在闭区间上不一定勒贝格可积, 在一定条件下积分号下求极限也可以得到简化。

定理 6.3.4 [列维 (Levi) 渐升定理]　若 $f(x)$, $f_n(x)(n = 1, 2, \cdots)$ 均为闭区间 $[a, b]$ 上的非负可测函数, 且对 $\forall x \in [a, b]$, $\{f_n(x)\}$ 单调递增收敛于 $f(x)$, 则

$$\int_a^b f(x)\mathrm{d}x = \lim_{n \to \infty} \int_a^b f_n(x)\mathrm{d}x。$$

证　此定理的条件与定义 6.3.1 的条件的不同之处是函数列 $f_n(x)(n = 1, 2, \cdots)$ 不一定均为有界函数。

$\forall n$, 设

$$f_{nk}(x) = \begin{cases} k, & f_n(x) \geqslant k, \\ f_n(x), & f_n(x) < k, \end{cases} \quad k = 1, 2, \cdots,$$

显然, $\{f_{nk}(x)\}$ 均为有界可测函数, 且 $\forall x \in [a, b]$, $\{f_{nk}(x)\}$ 随 k 单调递增, 则有

$$\forall k, f_{nk}(x) \leqslant f_n(x), \quad \lim_{k \to \infty} f_{nk}(x) = f_n(x)。$$

令 $g_k(x) = \max\{f_{1k}(x), f_{2k}(x), \cdots, f_{kk}(x)\}(k = 1, 2, \cdots)$, 显然, $\{g_k(x)\}$ 为有界可测函数列, 且 $\forall x \in [a, b]$, $\{g_k(x)\}$ 单调递增。

当 $n < k$ 时,

$$f_{nk}(x) \leqslant g_k(x) \leqslant f_k(x), \ x \in [a, b]。 \tag{6.3.1}$$

令 $k \to \infty$, 对上式取极限, 有

$$f_n(x) \leqslant \lim_{k \to \infty} g_k(x) \leqslant f(x)。$$

再令 $n \to \infty$, 对上式取极限, 有 $f(x) \leqslant \displaystyle\lim_{k \to \infty} g_k(x) \leqslant f(x)$, 即 $\displaystyle\lim_{k \to \infty} g_k(x) = f(x)$。由勒贝格积分的定义, 有 $\displaystyle\lim_{k \to \infty} \int_a^b g_k(x)\mathrm{d}x = \int_a^b f(x)\mathrm{d}x$。

对式 (6.3.1) 积分，并在 $k \to \infty$ 时取极限，有

$$\int_a^b f_n(x)\mathrm{d}x \leqslant \int_a^b f(x)\mathrm{d}x \leqslant \lim_{k \to \infty} \int_a^b f_k(x)\mathrm{d}x。$$

再令 $n \to \infty$, 对此式取极限，有

$$\lim_{n \to \infty} \int_a^b f_n(x)\mathrm{d}x \leqslant \int_a^b f(x)\mathrm{d}x \leqslant \lim_{k \to \infty} \int_a^b f_k(x)\mathrm{d}x,$$

此式两边的极限是一样的，因而，

$$\lim_{n \to \infty} \int_a^b f_n(x)\mathrm{d}x = \int_a^b f(x)\mathrm{d}x。$$

显然，例 6.3.5 也可以用定理 6.3.4 解释。此外，列维渐升定理可以直接推出积分号下求和的问题。

定理 6.3.5 (逐项积分)　设 $\{u_n(x)\}$ 为闭区间 $[a,b]$ 上的一列非负 (或同号) 可测函数，则

$$\int_a^b \left(\sum_{n=1}^{+\infty} u_n(x) \right) \mathrm{d}x = \sum_{n=1}^{+\infty} \int_a^b u_n(x)\mathrm{d}x。$$

例 6.3.7　求勒贝格积分 $\int_0^1 \frac{1}{x} \ln \left(\frac{1+x}{1-x} \right) \mathrm{d}x$ 的值。

解　用泰勒级数展开，

$$\ln \left(\frac{1+x}{1-x} \right) = 2 \sum_{n=1}^{\infty} \frac{x^{2n-1}}{2n-1}, \ x \in [0,1),$$

则

$$\int_0^1 \frac{1}{x} \ln(\frac{1+x}{1-x})\mathrm{d}x = 2 \int_0^1 \sum_{n=1}^{\infty} \frac{1}{x} \frac{x^{2n-1}}{2n-1}\mathrm{d}x = 2 \int_0^1 \sum_{n=1}^{\infty} \frac{x^{2n-2}}{2n-1}\mathrm{d}x$$

$$= 2 \sum_{n=1}^{\infty} \int_0^1 \frac{x^{2n-2}}{2n-1}\mathrm{d}x = 2 \sum_{n=1}^{\infty} \frac{1}{(2n-1)^2} = \frac{\pi^2}{4}。$$

例 6.3.8　证明：$f(x) = \sum_{n=0}^{\infty} n^a x^n (a < 0)$ 在 $[0,1]$ 上勒贝格可积。

证　由于连续函数在闭区间上黎曼可积，同时勒贝格可积，$\int_0^1 n^a x^n \mathrm{d}x = \frac{n^a}{n+1}$，再逐项积分，

$$\int_0^1 f(x)\mathrm{d}x = \sum_{n=0}^{\infty} \int_0^1 n^a x^n \mathrm{d}x = \sum_{n=0}^{\infty} \frac{n^a}{n+1},$$

当 $a < 0$ 时此级数收敛，因此，$f(x)$ 在 $[0,1]$ 上勒贝格可积。

若非负函数列不收敛，考虑其下极限，则有以下定理。

定理 6.3.6 [法图 (Fatou) 定理] 设 $f_n(x)(n = 1, 2, \cdots)$ 均为闭区间 $[a, b]$ 上的非负可测函数, 则

$$\int_a^b \varliminf_{n \to \infty} f_n(x)\mathrm{d}x \leqslant \varliminf_{n \to \infty} \int_a^b f_n(x)\mathrm{d}x.$$

证 $\forall n$, 令 $g_n(x) = \inf_{k \geqslant n} f_k(x)$ $(x \in [a, b])$, 则 $\forall x \in [a, b]$, $\{g_n(x)\}$ 单调递增收敛于 $\varliminf_{n \to \infty} f_n(x)$。由列维渐升定理,

$$\int_a^b \varliminf_{n \to \infty} f_n(x)\mathrm{d}x = \lim_{n \to \infty} \int_a^b g_n(x)\mathrm{d}x.$$

又

$$\lim_{n \to \infty} \int_a^b g_n(x)\mathrm{d}x = \varliminf_{n \to \infty} \int_a^b g_n(x)\mathrm{d}x \leqslant \varliminf_{n \to \infty} \int_a^b f_n(x)\mathrm{d}x,$$

从而,

$$\int_a^b \varliminf_{n \to \infty} f_n(x)\mathrm{d}x \leqslant \varliminf_{n \to \infty} \int_a^b f_n(x)\mathrm{d}x.$$

习 题 6.3

1. 求下列极限值。

(1) $\lim\limits_{n \to \infty} \int_0^1 \dfrac{x^{m-1}}{1 + x^n}\mathrm{d}x$;

(2) $\lim\limits_{n \to \infty} \int_0^1 (\dfrac{\ln x}{1 - x})^2 \mathrm{d}x$;

(3) $\lim\limits_{n \to \infty} \int_0^1 \dfrac{\ln(1 - x)}{x}\mathrm{d}x$。

2. 求下列极限值。

(1) $\lim\limits_{n \to \infty} \int_0^1 \dfrac{nx^{n-1}}{1 + x}\mathrm{d}x$;

(2) $\lim\limits_{n \to \infty} \int_{-\frac{\pi}{2}}^{\frac{\pi}{2}} \sin x \arctan(nx)\mathrm{d}x$。

3. $f(x)$ 在 $[a, b]$ 上勒贝格可积, 证明:

(1) 若 $[a, b]$ 上的函数 $g(x)$ 满足

$$m(\{x \in [a, b] | f(x) \neq g(x)\}) = 0,$$

则 $g(x)$ 在 $[a, b]$ 上也勒贝格可积, 且 $\int_a^b f(x)\mathrm{d}x = \int_a^b g(x)\mathrm{d}x$;

(2) 若 $h(x)$ 也在 $[a, b]$ 上勒贝格可积, 则 $[f^2(x) + h^2(x)]^{\frac{1}{2}}$, $[f(x)h(x)]^{\frac{1}{2}}$ 均在 $[a, b]$ 上勒贝格可积。

总 习 题 6

1. $E \subset \mathbf{R}$，则以下 4 种论述等价：

(1) E 为可测集；

(2) $\forall \varepsilon > 0$，存在开集 $G \supset E$，使得 $m^*(G - E) < \varepsilon$；

(3) $\forall \varepsilon > 0$，存在闭集 $F \subset E$，使得 $m^*(E - F) < \varepsilon$；

(4) $\forall \varepsilon > 0$，存在闭集 $F \subset E$ 及开集 $G \supset E$，使得 $m(G - F) < \varepsilon$。

2. 若 $g(x)$ 为定义在 $[a, b]$ 上的简单函数，则对任意 $\varepsilon > 0$，存在 $[a, b]$ 上的连续函数 $f(x)$，使得 $m(\{x \in [a, b] | f(x) \neq g(x)\}) < \varepsilon$。

3. 若 $g(x)$ 为定义在 $[a, b]$ 上的实值可测函数，则对任意 $\varepsilon > 0$，存在 $[a, b]$ 上的连续函数 $f(x)$，使得 $m(\{x \in [a, b] | f(x) \neq g(x)\}) < \varepsilon$（此结论为**鲁津定理**）。

4. 若定义在 $[0, 1]$ 上的函数 $f(x)$ 为有界可测函数，是否存在 $[0, 1]$ 上的连续函数 $g(x)$，使得 $\{x \in [0, 1] | f(x) \neq g(x)\}$ 为零测集。

5. 设 $f(x)$ 在 $[a, b]$ 上勒贝格可积，对 $\forall \varepsilon > 0$，证明：

(1) 存在有界可测函数 $g(x)$，使得 $\displaystyle\int_a^b |f(x) - g(x)| \mathrm{d}x < \varepsilon$；

(2) 存在连续函数 $h(x)$，使得 $\displaystyle\int_a^b |f(x) - h(x)| \mathrm{d}x < \varepsilon$；

(3) 存在多项式函数 $P(x)$，使得 $\displaystyle\int_a^b |f(x) - P(x)| \mathrm{d}x < \varepsilon$；

(4) 存在阶梯函数 $S(x)$，使得 $\displaystyle\int_a^b |f(x) - S(x)| \mathrm{d}x < \varepsilon$。

参 考 文 献

[1] 华东师范大学数学系. 数学分析 (上册)[M]. 4 版. 北京：高等教育出版社, 2010.

[2] 华东师范大学数学系. 数学分析 (下册)[M]. 4 版. 北京：高等教育出版社, 2010.

[3] 张顺燕. 数学的源与流 [M]. 2 版. 北京：高等教育出版社, 2003.

[4] 菲利克斯·克莱因. 高观点下的初等数学 (第一卷)：算术　代数　分析 [M]. 舒湘芹, 陈义章, 杨钦樑, 译. 上海：复旦大学出版社, 2008.

[5] 菲利克斯·克莱因. 高观点下的初等数学 (第二卷)：几何 [M]. 舒湘芹, 陈义章, 杨钦樑, 译. 上海：复旦大学出版社, 2008.

[6] 菲利克斯·克莱因. 高观点下的初等数学 (第三卷)：精确数学与近似数学 [M]. 吴大任, 等译. 上海：复旦大学出版社, 2008.

[7] B. A. 卓里奇. 数学分析 (第一卷)[M]. 蒋铎, 钱佩玲, 周美珂, 等译. 4 版. 北京：高等教育出版社, 2006.

[8] B. A. 卓里奇. 数学分析 (第二卷)[M]. 蒋铎, 钱佩玲, 周美珂, 等译. 4 版. 北京：高等教育出版社, 2006.

[9] 谢惠明, 恽自求, 易法槐, 等. 数学分析习题课讲义 (上册)[M]. 北京：高等教育出版社, 2004.

[10] 谢惠明, 恽自求, 易法槐, 等. 数学分析习题课讲义 (下册)[M]. 北京：高等教育出版社, 2004.

[11] 裴礼文. 数学分析中的典型问题与方法 [M]. 北京：高等教育出版社, 1993.

[12] 周民强. 实变函数论 [M]. 2 版. 北京：北京大学出版社, 2008.

[13] 周性伟. 实变函数 [M]. 2 版. 北京：科学出版社, 2004.

附录 1　无理数的发现——第一次数学危机

数学史上曾经爆发过三次数学危机，每一次危机的爆发和解决都促进了数学思想的提升，推动了数学学科的发展。数学史上的第一次数学危机是无理数的发现。无理数是在公元前 5 或 6 世纪由毕达哥拉斯学派的成员首先发现的，这个发现是早期希腊人的重大成就之一，是数学史上的一个里程碑。

著名的学者克莱因曾说："数学作为一门有组织的、独立的和理性的学科来说，在公元前 600 到 300 年之间的古希腊学者登场之前是不存在的"。在古希腊这片土地上，最重要的一个学派叫作毕达哥拉斯学派。毕达哥拉斯（约公元前 580 年—约公元前 500 年）是古希腊的哲学家、数学家、天文学家，毕达哥拉斯学派是由他建立的一个集政治、宗教、学术于一身的秘密学术派别。毕达哥拉斯学派的思想在当时非常权威，没有人不信服。该学派认为宇宙的本质就是数的和谐，"万物皆依赖于整数"，在他们看来，万物的本源就是数，数皆可归为整数之比。他们心目中的数就如同我们心目中的原子，他们认为，数是现实的本源，是严谨性和次序性的根据，在宇宙体系里控制着天然的永恒关系。他们企图用数来解释一切，对周围观察到的现象，也都用数的关系来说明。

我们知道，整数是在对于对象的有限整合进行计算的过程中产生的抽象概念。在日常生活中，除了要计算单个的对象，还要度量长度、重量和时间等各种量，因此就要用到分数，即两个整数的商 (rational number，本意为可比之数，被译成有理数)。在数轴上，每一个有理数都对应着一个点，当时的数学家都认为，这样能把数轴上的所有点用完。

著名的"勾股定理"是由毕达哥拉斯发现的，据说他为了庆贺自己的业绩，杀了一百头牛，而正是"勾股定理"为此后无理数的发现，即第一次数学危机的爆发埋下了伏笔。

相传毕达哥拉斯学派的成员在海上游玩时，一位叫作希帕索斯的弟子突然向大家宣布他有一个重大的发现：边长为 1 的正方形的对角线无法写成整数与整数之比的形式（称之为不可公度）。这便是无理数 (irrational number，本意为不可比之数) 的首次发现。

$\sqrt{2}$ 是无理数的简单证明如下。假设它是有理数，即分数，将其写成既约分数 $\sqrt{2} = \dfrac{q}{p}$，其中 p, q 是互素的正整数。此时，$q\sqrt{2} = p$，即有 $2q^2 = p^2$，则 p^2 可以被 2 整除，从而 p 可以被 2 整除，这样便知 p^2 可以被 4 整除。比较 $2q^2 = p^2$ 两边，得 q^2 可被 2 整除，同样可知，q 可被 2 整除，这与"p, q 是互素的正整数"矛盾。这便证明了 $\sqrt{2}$ 是无理数。

对以上证明过程作一些改进，便可证明：① 任何素数的平方根都是无理数；② 如果在自然数 a 的素因数分解中，至少有一个素数出现奇数次，那么 $\sqrt{a}$ 是无理数，如果每一个素因数均出现偶数次，那么 $\sqrt{a}$ 是有理数。

无理数的发现在毕达哥拉斯学派内部引起了极大的震动和恐慌，它推翻了古希腊人坚持的信念和毕达哥拉斯哲学思想。"$\sqrt{2}$ 不能写成两个整数之比"是对"万物皆依赖于整数"这个哲学思想核心的致命一击,而毕达哥拉斯学派的比例和相似形的全部理论都是建立在这一假设的基础之上的,突然之间基础坍塌了,已经确立的几何学的大部分内容因证明失效而必须被抛弃。数学基础的严重危机爆发了,这个"逻辑的丑闻"如此可怕,以至于在一段时间里,毕达哥拉斯学派费了很大的精力将此事保密,不准外传。传说为了保住现有的成就,让人们继续拥护其统治地位,毕达哥拉斯学派选择把这个追求真理的年轻人希帕索斯推到波涛汹涌的大海里。

但真理终究会被多数人接受,第一次数学危机爆发 30 年后 (约公元前 370 年),柏拉图的学生欧多克索斯(Eudoxus,公元前 400—前 347 年)解决了关于无理数的问题,他纯粹地用公理化方法创立了新的比例理论,他的定义涉及的量与是否可公度无关。这是自然的,一条线段的长度本来就与其他两条线段长度之比无关。这种理论最终得到了大众的接受与认可,这也标志着第一次数学危机的结束,当然,从理论上彻底克服这一危机还有待于现代实数理论的建立。在实数理论中,无理数被定义为有理数的极限,可以说在此意义下又恢复了毕达哥拉斯的"万物皆依赖于整数"的思想。

附录 2 　实数的构造法

由有理数构造得到实数，主要有两种方法：戴德金分割法和康托尔有理基本列法。戴德金 (J. W. R. Dedekind, 1831—1916) 与康托尔 (Cantor, 1845—1918) 均在 1872 年发表了他们的构造法，如下所述。

1. 戴德金分割法

我们分以下几步从有理数集 $\mathbf{Q}$ 得到实数集 $\mathbf{R}$。

第一步，称有理数集 $\mathbf{Q}$ 的一个子集 A 为一个分割，如果它满足以下三点：

1°. A 非空，且 $A \neq \mathbf{Q}$，

2°. 如果 $p \in \mathbf{Q}$, $p < q \in A$, 则 $p \in A$,

3°. 如果 $p \in A$, 则存在 $q \in A$ 使得 $p < q$,

则规定 $\mathbf{R}$ 是由所有这样的分割构成的集合。显然，3° 意味着 A 无最大元，2° 等价于以下 2′ 或 2″：

2′. 如果 $p \in A$ 且 $q \notin A$, 则 $p < q$,

2″. 如果 $p \notin A$ 且 $p < q$, 则 $q \notin A$。

第二步，在 $\mathbf{R}$ 上定义 $<$：对 $A, B \in \mathbf{R}$, 如果 A 是 B 的真子集，$A < B$。因而，对 $A, B \in \mathbf{R}$, 若只满足以下三种关系之一：$A < B$, $A = B$, $B < A$, 则 $\mathbf{R}$ 是一个有序集。

第三步，$\mathbf{R}$ 有最小上界性质，即 $\mathbf{R}$ 的任何有上界的非空子集必有上确界。假设 X 是 $\mathbf{R}$ 的非空子集，且 C 是其上界，令 $B = \bigcup_{A \in X} A$, 则可以证明 B 是一个分割 (验证 1°, 2°, 3°)，且可利用上确界的定义证明 $B = \sup X$(留给读者证明)。

第四步，在 $\mathbf{R}$ 上定义加法，即定义两个分割 A, B 相加为 $A + B = \{p + q | p \in A, q \in B\}$。规定零元 $\mathbf{0}$ 为由所有负有理数构成的分割，可以验证 $\mathbf{R}$ 满足以下加法公理 Ⅰ)～Ⅴ) 和性质 Ⅵ)(留给读者自行验证)：

Ⅰ) $A, B \in \mathbf{R}$, 则 $A + B \in \mathbf{R}$;

Ⅱ) $A, B \in \mathbf{R}$, 则 $A + B = B + A$;

Ⅲ) $A, B, C \in \mathbf{R}$, 则 $(A + B) + C = A + (B + C)$;

Ⅳ) 对任意 $A \in \mathbf{R}$, 有 $\mathbf{0} + A = A$;

Ⅴ) 对任意 $A \in \mathbf{R}$, 存在 $-A \in \mathbf{R}$, 使得 $A + (-A) = \mathbf{0}$;

Ⅵ) $A, B, C \in \mathbf{R}$ 且 $B < C$, 则 $A + B < A + C$。

第五步，首先定义 $\mathbf{R}$ 的一个子集 $\mathbf{R}^+ = \{A \in \mathbf{R} | \mathbf{0} < A\}$, 规定 $\mathbf{1}$ 为一个分割：$\mathbf{1} = \{r \in \mathbf{Q} | r < 1\}$。如果 $A, B \in \mathbf{R}^+$, 定义乘积 AB 为一个分割：$AB = \{r \in \mathbf{Q} |$ 存在 $a \in A, b \in B$ 且 $a > 0, b > 0, r < ab\}$, 可以验证 $\mathbf{R}$ 满足以下乘法公理 Ⅰ′)～Ⅴ′) 和性质 Ⅵ′)、Ⅶ′)(留给读者自行验证)：

I′) A, $B \in \mathbf{R}$, 则 $AB \in \mathbf{R}$；

II′) A, $B \in \mathbf{R}$, 则 $AB = BA$；

III′) A, B, $C \in \mathbf{R}$, 则 $(AB)C = A(BC)$；

IV′) $1 \neq 0$, 且对任意 $A \in \mathbf{R}$, 有 $1A = A$；

V′) 对任意 $A \in \mathbf{R}$, $A \neq 0$, 存在 $\dfrac{1}{A} \in \mathbf{R}$, 使得 $A\left(\dfrac{1}{A}\right) = 1$；

VI′) A, B, $C \in \mathbf{R}$, 则 $A(B + C) = AB + AC$；

VII′) A, $B \in \mathbf{R}, 0 < A, 0 < B$, 则 $0 < AB$。

至此, 我们证明了 $\mathbf{R}$ 是有最小上界性质的一个有序域。

第六步, 对每一个有理数 $r \in \mathbf{Q}$, 可定义一个有理分割: $C_r = \{a \in \mathbf{Q} | a < r\}$。若 C_r, C_q 为任意两个有理分割, 不难验证它们满足:

① $C_{r+q} = C_r + C_q$；

② $C_{rq} = C_r C_q$；

③ $C_r < C_q$ 当且仅当 $r < q$。

将所有有理分割的集记为 $\mathbf{Q}*$, 以上结论说明有理数集 $\mathbf{Q}$ 与 $\mathbf{Q}*$ 同构。因而, 在同构意义下, 我们不加区别地将有理数集 $\mathbf{Q}$ 视为由其有理分割组成的集合 $\mathbf{R}$ 的子域, 这就是由有理数得到实数集 $\mathbf{R}$ 的全过程。这个方法由德国数学家戴德金创造, 因而其中定义的分割称为戴德金分割, 此方法也叫戴德金分割法。

戴德金分割的另一种定义是把有理数集 $\mathbf{Q}$ 分成两个集合 A, $A' \subset \mathbf{Q}$, 使其满足以下条件:

① 两个集合 A, A' 均非空 (不空)；

② 每个有理数属于且只属于其中一个集合 (不漏)；

③ 集合 A 中每一个数都小于集合 A' 中的每一个数 (不乱)。

集合 A 与 A' 分别称为分割 (A, A') 的下类与上类。事实上, 下类与上类一一对应, 选好了下类, 上类自然已被选好。如果一个分割的下类有最大元, 或者上类有最小元, 则认为此分割是"正常分割"(此类分割对应于有理数)。如果一个分割的下类没有最大元, 上类没有最小元, 则认为此分割是"非正常分割"(此类分割对应于无理数)。第一步中定义的满足 $1°$, $2°$ 和 $3°$ 的分割是指所有无最大元的下类构成的集合, 这两种定义是等效的。第一步中之所以按照满足 $1°$, $2°$ 和 $3°$ 来定义, 是为了使上述一系列构造和论证方便处理。

2. 康托尔有理基本列法

另一种由有理数构造实数的方法由德国数学家康托尔创造, 即康托尔有理基本列法。下面只简述其基本思路, 不给出详细证明过程。

将有理基本列按如下关系分类:

$$\{x_n\} \sim \{y_n\}: \lim_{n \to \infty} (x_n - y_n) = 0,$$

容易证明, 其中关系 $\sim$ 为等价关系。在此等价关系下, 基本列被分为等价类

$$\{ [\{x_n\}] | \{x_n\} \text{为有理基本列} \}。$$

事实上，等价类中的所有元素就是全体实数（当然需要经过一系列的构造与证明），其中，含有常值列的所有等价类构成的集合 $\{[\{x_n\}] | \exists x \in \mathbf{Q}, \{x_n\} \sim \{x\}\}$ 与有理数集同构，不含常值列的等价类构成的集合则是无理数集。

附录 3　e 和 π 是超越数

整系数代数方程形如

$$a_0 + a_1 x + a_2 x^2 + \cdots + a_n x^n = 0,$$

其中 $a_0, a_1, \cdots, a_n$ 为整数, n 为自然数, 称整系数代数方程式的根为代数数, 称不是代数数的数为超越数。

一个有理系数代数方程只需各项乘以系数的公分母便可化为整系数代数方程, 因而也可以说, 代数数是有理系数代数方程的根。

1. e 是超越数

1873 年, 法国数学家埃尔米特 (C. Hermite, 1822—1901) 证明了自然对数的底 e 是超越数。1893 年《数学年刊》第 43 卷给出了希尔伯特的一个简化的证明方法, 此方法中运用了反证法, 并用到了整数素因数分解的唯一性以及素数的个数是无穷的这两个简单的整数性质, 证明过程如下。

假设存在等式

$$a_0 + a_1 \mathrm{e} + a_2 \mathrm{e}^2 + \cdots + a_n \mathrm{e}^n = 0, \tag{1}$$

其中 $a_0, a_1, \cdots, a_n$ 为整数, n 为自然数, 取整数 $M, M_1, M_2, \cdots, M_n$ 以及纯小数 $\varepsilon_1, \varepsilon_2, \cdots, \varepsilon_n$, 使得

$$\mathrm{e} = \frac{M_1 + \varepsilon_1}{M}, \ \mathrm{e}^2 = \frac{M_2 + \varepsilon_2}{M}, \cdots, \mathrm{e}^n = \frac{M_n + \varepsilon_n}{M}, \tag{*}$$

将上式代入方程 (1) 后, 得

$$(a_0 M + a_1 M_1 + a_2 M_2 + \cdots + a_n M_n) + (a_1 \varepsilon_1 + a_2 \varepsilon_2 + \cdots + a_n \varepsilon_n) = 0。 \tag{**}$$

接下来将证明上述选择的这一组整数和纯小数可以使此式第一个括号内的数是非零整数, 第二个括号内的数是纯小数, 二者相加不为零而导致矛盾。

下面将证明, $M_1, M_2, \cdots, M_n$ 均可以被某个素数 p 整除, 而 $a_0 M$ 不能被 p 整除, 于是 $a_0 M + a_1 M_1 + a_2 M_2 + \cdots + a_n M_n$ 不能被 p 整除, 由于 0 可被任意整数整除, 因而 $a_0 M + a_1 M_1 + a_2 M_2 + \cdots + a_n M_n$ 不为 0。

埃尔米特为了解决上述问题提出了埃尔米特积分, 此积分值为正整数, 用来定义 M,

$$M = \int_0^{+\infty} \frac{z^{p-1}[(z-1)(z-2)\cdots(z-n)]^p \mathrm{e}^{-z}}{(p-1)!} \mathrm{d}z, \tag{2}$$

其中, n 是方程 (1) 中的次数, p 是稍后确定的素数。对指数 k $(1 \leqslant k \leqslant n)$, 将 e^k 乘以积分 M 得 $\mathrm{e}^k M$, 并在点 k 处将其分成两个积分,

$$M_k = \mathrm{e}^k \int_k^{+\infty} \frac{z^{p-1}[(z-1)(z-2)\cdots(z-n)]^p \mathrm{e}^{-z}}{(p-1)!} \mathrm{d}z, \tag{2a}$$

$$\varepsilon_k = \mathrm{e}^k \int_0^k \frac{z^{p-1}[(z-1)(z-2)\cdots(z-n)]^p \mathrm{e}^{-z}}{(p-1)!} \mathrm{d}z, \tag{2b}$$

这样便得到了式 (*)。下面给出证明中用到的一些结论。

证明中用到 Γ 函数，

$$\Gamma(m) = \int_0^{+\infty} z^{m-1} \mathrm{e}^{-z} \mathrm{d}z,$$

其中 m 只取整数。当 $m > 1$ 时，由分部积分可得

$$\Gamma(m) = \int_0^{+\infty} z^{m-1} \mathrm{e}^{-z} \mathrm{d}z = (m-1) \int_0^{+\infty} z^{m-2} \mathrm{e}^{-z} \mathrm{d}z。$$

反复利用分部积分有

$$\Gamma(m) = \int_0^{+\infty} z^{m-1} \mathrm{e}^{-z} \mathrm{d}z = (m-1)!。 \tag{3}$$

首先，利用 Γ 函数，可以求出埃尔米特积分值，从而可确定素数 p 的取值，使得 M 不能被 p 整除。

利用二项式定理，

$$[(z-1)(z-2)\cdots(z-n)]^p = z^{np} + \cdots + (-1)^n (n!)^p,$$

$$M = \frac{(-1)^n (n!)^p}{(p-1)!} \int_0^{+\infty} z^{m-1} \mathrm{e}^{-z} \mathrm{d}z + \sum_{k=p+1}^{np+p} \frac{C_k}{(p-1)!} \int_0^{+\infty} z^{m-1} \mathrm{e}^{-z} \mathrm{d}z,$$

其中，C_k 是由二项式定理产生的系数，将式 (3) 代入，可得，

$$M = (-1)^n (n!)^p + \sum_{k=p+1}^{np+p} \frac{C_k}{(p-1)!} C_k \frac{(m-1)!}{(p-1)!}。$$

由于 $m > p$, $\dfrac{(m-1)!}{(p-1)!}$ 是以 p 为因子的整数，因此，M 是否可被 p 整除，取决于 $(-1)^n (n!)^p$ 是否可被 p 整除。由于 p 为素数，而素数有无穷多个，取 $p > n$ 即可使 M 不能被 p 整除，再进一步让所选的 p 满足 $p > |a_0| \neq 0$, 便可使 $a_0 M$ 不能被 p 整除。

其次，可以证明此处 p 的选取，可使 $a_0 M + a_1 M_1 + \cdots + a_n M_n$ 不能被 p 整除。

考虑式 (2a) 中的 $M_k(k = 1, 2, \cdots, n)$, 将 e^k 放入积分号内，并令 $y = z - k$, 将其变为对 y 积分，有

$$M_k = \int_0^{+\infty} \frac{(y+k)^{p-1}[(y+k-1)(y+k-2)\cdots(y+k-n)]^p \mathrm{e}^{-y}}{(p-1)!} \mathrm{d}y,$$

此式与前面式 (2) 中 M 的表达式相同，可用同样的方法处理，将此式中被积函数的分母拿到积分号外，将分子展开，则此积分变为下列积分的线性组合：

$$\int_0^{+\infty} y^p \mathrm{e}^{-y} \mathrm{d}y, \quad \int_0^{+\infty} y^{p+1} \mathrm{e}^{-y} \mathrm{d}y, \quad \cdots, \quad \int_0^{+\infty} y^{(n+1)p-1} \mathrm{e}^{-y} \mathrm{d}y。$$

由式 (3), 上述积分分别等于 $p!$, $(p+1)!$, $\cdots$, $(np+p-1)!$, 除以 $(p-1)!$ 后, 都可被 p 整除, 因而 M_k 均可被 p 整除。

综上所述, $a_0M + a_1M_1 + \cdots + a_nM_n$ 不能被 p 整除, 因而不为 0。

最后, 考虑式 (2a) 中的 $\varepsilon_n(n=1,2,\cdots,n)$, 使得 $a_1\varepsilon_1 + a_2\varepsilon_2 + \cdots + a_n\varepsilon_n$ 小于 1。

令 A, A_k 分别为 $z(z-1)(z-2)\cdots(z-n)$, $z(z-1)(z-2)\cdots(z-n)e^{-z+k}$ 在 $z \in [0,n]$ 时绝对值的最大值, 即

$$|z(z-1)(z-2)\cdots(z-n)| \leqslant A, \ |z(z-1)(z-2)\cdots(z-n)e^{-z+k}| \leqslant A_k, k=1,2,\cdots,n, \ z \in [0,n],$$

由于函数的积分不会大于其绝对值的积分, 因此有

$$|\varepsilon_n| \leqslant \int_0^k \frac{A^{p-1}A_k}{(p-1)!}\mathrm{d}z = \frac{A^{p-1}A_kk}{(p-1)!}。$$

比较上式中的分子和分母, A_kk 与 p 无关, 随着 p 的无限增大, $(p-1)!$ 比 A^{p-1} 增长的速度要快, 因而, 选取适当的 p, 可使每个 ε_n 任意小, 也就是说, 适当选取足够大的 p, 可使 $|a_1\varepsilon_1 + a_2\varepsilon_2 + \cdots + a_n\varepsilon_n| < |a_1\varepsilon_1| + |a_2\varepsilon_2| + \cdots + |a_n\varepsilon_n| < 1$, 综合上述结论可知, 式 (**) 左端不为零, 因此, e 是超越数。

2. π 是超越数

1882 年, 德国数学家林德曼 (Lindemann, 1852—1939) 证明了圆周率 π 是超越数。此处介绍的是希尔伯特在《数学年刊》第 43 卷上给出的简化后的证明。

用反证法。假设 π 是代数数, 由欧拉公式 $e^{\mathrm{i}x} = \cos x + \mathrm{i}\sin x$, 得等式

$$1 + e^{\mathrm{i}\pi} = 0。 \tag{4}$$

由于 i 满足 $x^2 + 1 = 0$, 因此 i 为代数数。由两个代数数的和与积仍为代数数 (此结论需用对称多项式的知识证明) 可知, iπ 也是一个整系数代数方程的根, 假设 $\alpha_1, \alpha_2, \cdots, \alpha_n$ 是这个整系数代数方程的所有根 (其中某个是 iπ), 则由式 (4), 有

$$(1 + e^{\alpha_1})(1 + e^{\alpha_2})\cdots(1 + e^{\alpha_n}) = 0,$$

此式展开得

$$1 + (e^{\alpha_1} + e^{\alpha_2} + \cdots + e^{\alpha_n}) + (e^{\alpha_1+\alpha_2} + e^{\alpha_1+\alpha_3} + \cdots + e^{\alpha_{n-1}+\alpha_n}) + \cdots + e^{\alpha_1+\alpha_2+\cdots+\alpha_n} = 0, \tag{5}$$

其中, 若某几个指数为 0, 则上式左边便多几个 1, 此时将其与第一项相加, 可知第一项 a_0 为正整数, 即 $a_0 \neq 0$。将其余不为 0 的指数记为 $\beta_1, \beta_2, \cdots, \beta_N$, 于是式 (5) 可写为

$$a_0 + e^{\beta_1} + e^{\beta_2} + \cdots + e^{\beta_N} = 0。 \tag{6}$$

由 $\alpha_1, \alpha_2, \cdots, \alpha_n$ 是整系数代数方程的根, 在这个基础上, 可构造一个整系数代数方程 (需用对称多项式的知识), 使其以 $\beta_1, \beta_2, \cdots, \beta_N$ 为根且系数均不为 0。设此整系数代数方程为

$$b_0 + b_1z + b_2z^2 + \cdots + b_Nz^N = 0, \ b_i \neq 0, \ i = 0,1,2,\cdots,N。 \tag{7}$$

下面证明式 (6) 不可能成立, 从而导致矛盾。

类似于证明 e 是超越数的方法, 取数 $M, M_1, M_2, \cdots, M_N$ 以及数 $\varepsilon_1, \varepsilon_2, \cdots, \varepsilon_N$, 使得

$$\mathrm{e}^{\beta_1} = \frac{M_1 + \varepsilon_1}{M}, \ \mathrm{e}^{\beta_2} = \frac{M_2 + \varepsilon_2}{M}, \cdots, \mathrm{e}^{\beta_N} = \frac{M_N + \varepsilon_N}{M}, \tag{$\triangle$}$$

将式 ($\triangle$) 代入方程 (6) 后, 乘以 M 得

$$(a_0 M + a_1 M_1 + a_2 M_2 + \cdots + a_N M_N) + (a_1 \varepsilon_1 + a_2 \varepsilon_2 + \cdots + a_N \varepsilon_N) = 0。 \tag{$\triangle\triangle$}$$

其中, $M, M_1, M_2, \cdots, M_N$ 以及 $\varepsilon_1, \varepsilon_2, \cdots, \varepsilon_N$ 与上述 e 是超越数的证明中的要求不一样。此处要求 M 为整数, $M_1, M_2, \cdots, M_N$ 只需均为代数数, 其和 $M_1 + M_2 + \cdots + M_N$ 为整数, 而 $\varepsilon_1, \varepsilon_2, \cdots, \varepsilon_N$ 为复数, 其模均很小。接下来将证明这一组数可使式 ($\triangle\triangle$) 第一个括号内的数是非零整数, 第二个括号内的数是纯小数, 二者相加不为零而导致矛盾, 所用方法也类似于 e 是超越数的证明, 即选择充分大的素数 p, 使得 $a_0 M$ 可被 p 整除, $M_1 + M_2 + \cdots + M_N$ 不能被 p 整除, 则第一个括号内的数不能被 p 整除, 即为非零整数, 对 p 再进一步提高要求, 可使第二个括号内的数任意小。

首先, 用推广的埃尔米特积分来确定 M, 将埃尔米特积分的被积函数中的 $(z-1)(z-2)\cdots(z-n)$ 换为以式 (6) 中 e 的指数 (即式 (7) 的解) 为零点的因式 $(z-\beta_1)(z-\beta_2)\cdots(z-\beta_N)$, 有

$$(z-\beta_1)(z-\beta_2)\cdots(z-\beta_N) = \frac{1}{b_N}(b_0 + b_1 z + b_2 z^2 + \cdots + b_N z^N)。 \tag{8}$$

令

$$M = \int_0^{+\infty} \frac{\mathrm{e}^{-z} z^{p-1}}{(p-1)!}(b_0 + b_1 z + b_2 z^2 + \cdots + b_N z^N) b_N^{(N-1)p-1} \mathrm{d}z, \tag{9}$$

展开被积函数, 含最低次幂 z^{p-1} 的项可用 Γ 函数算出为

$$\int_0^{+\infty} \frac{\mathrm{e}^{-z} z^{p-1}}{(p-1)!} b_0^p b_N^{(N-1)p-1} \mathrm{d}z = b_0^p b_N^{(N-1)p-1},$$

被积函数其余各项积分为整数乘以因子 $\dfrac{p!}{(p-1)!}$, 故均可被 p 整除。现在只需要求 $p > |b_0|$, $p > |b_N|$, 便可保证最低次项 $b_0^p b_N^{(N-1)p-1}$ 不能被 p 整除, 从而 M 不能被 p 整除, 再进一步要求 $p > a_0$, 便可保证 $a_0 M$ 不能被 p 整除。

其次, 考虑 M_k 与 ε_k $(k = 1, 2, \cdots, N)$, 由于在推广的埃尔米特积分的被积函数中, β_k 为复数 (其中之一为 $\mathrm{i}\pi$), 不同于 e 是超越数的证明过程中将积分简单分为两部分, 此处需要在复平面上选定合适的积分线路去积分。此时, 被积函数是 z 的有限单值函数, 除了在 $z = \infty$ 处有一个本性奇点外处处正则。我们将 $\beta_1, \beta_2, \cdots, \beta_N$ 标出来, 先沿直线从 0 积分到其中一点 β_k, 然后从此点沿着平行于 x 轴的直线积分到 ∞。按照 e^{-z} 在复平面上的性质, 可选择直线段积分得到同样的积分值, 且方便计算和估计。将沿直线从 0 到其中一点

β_k 的积分记为 ε_k，ε_k 很小，将沿着平行于 x 轴的直线从 β_k 到 ∞ 的积分记为 M_k，M_k 为整数。

$$\varepsilon_k = \mathrm{e}^{\beta_k} \int_0^{\beta_k} \frac{\mathrm{e}^{-z} z^{p-1}}{(p-1)!} (b_0 + b_1 z + b_2 z^2 + \cdots + b_N z^N) b_N^{(N-1)p-1} \mathrm{d}z。 \tag{10a}$$

$$M_k = \mathrm{e}^{\beta_k} \int_{\beta_k}^{+\infty} \frac{\mathrm{e}^{-z} z^{p-1}}{(p-1)!} (b_0 + b_1 z + b_2 z^2 + \cdots + b_N z^N) b_N^{(N-1)p-1} \mathrm{d}z。 \tag{10b}$$

令 B 表示从 0 到 β_k 的直线段上 $|z(b_0 + b_1 z + b_2 z^2 + \cdots + b_N z^N) b_N^{N-1}|$ 的最大值，则

$$|\varepsilon_k| \leqslant \mathrm{e}^{\beta_k} \int_0^{\beta_k} \frac{\mathrm{e}^{-z}}{(p-1)!} |z^{p-1}(b_0 + b_1 z + b_2 z^2 + \cdots + b_N z^N) b_N^{(N-1)p-1}| \mathrm{d}z \leqslant \mathrm{e}^{\beta_k} \frac{B^{p-1}}{(p-1)!} \int_0^{\beta_k} \mathrm{e}^{-z} \mathrm{d}z。$$

通过增大质数 p 的值，可使 $|\varepsilon_k|$ 很小，即对 $k = 1, 2, \cdots, N$，可使 $|\varepsilon_1 + \varepsilon_2 + \cdots + \varepsilon_N| \leqslant |\varepsilon_1| + |\varepsilon_2| + \cdots + |\varepsilon_N| < 1$。再令 p 充分大，可使 $|a_1 \varepsilon_1 + a_2 \varepsilon_2 + \cdots + a_N \varepsilon_N| < 1$。

下面考虑

$$\sum_{k=1}^N M_k = \sum_{k=1}^N \mathrm{e}^{\beta_k} \int_{\beta_k}^{+\infty} \frac{\mathrm{e}^{-z} z^{p-1}}{(p-1)!} (b_0 + b_1 z + b_2 z^2 + \cdots + b_N z^N) b_N^{(N-1)p-1} \mathrm{d}z,$$

用式 (8) 替换被积函数，并使用变换 $y = z - \beta_k$，上式变为

$$\sum_{k=1}^N M_k = \int_0^\infty \frac{\mathrm{e}^{-y}}{(p-1)!} y^p \varphi(y) \mathrm{d}y, \tag{11a}$$

其中，

$$\varphi(y) = \sum_{k=1}^N (y+\beta_k)^{p-1} (y+\beta_k-\beta_1)^p \cdots (y+\beta_k-\beta_{k-1})^p (y+\beta_k-\beta_{k+1})^p \cdots (y + \beta_k - \beta_N)^p b_N^{Np-1}$$

$$= \sum_{k=1}^N (b_N y + b_N \beta_k)^{p-1} (b_N y + b_N \beta_k - b_N \beta_1)^p \cdots (b_N y + b_N \beta_k - b_N \beta_{k-1})^p \cdot$$

$$(b_N y + b_N \beta_k - b_N \beta_{k+1})^p \cdots (b_N y + b_N \beta_k - b_N \beta_N)^p,$$

将此多项式展开后，y 的系数是 $b_N \beta_1$, $b_N \beta_2$, $\cdots$, $b_N \beta_N$ 的有理整对称函数 (其系数为整数)，这 N 个数之积是方程

$$b_0 + b_1 \frac{z}{b_N} + \cdots + b_{N-1} \left(\frac{z}{b_N}\right)^{N-1} + b_N \left(\frac{z}{b_N}\right)^N = 0$$

的根，此方程是由方程 (7) 变换而来的，显然此方程可进一步变换为一个最高次项系数为 1 的整系数方程，其根为整代数数。以下结论依赖于一个定理：最高次项系数为 1 的整系数方程，其所有根的有理整对称函数也是有理整数。$\varphi(y)$ 的系数满足此定理的条件，故均为整数，记它们为 $A_0, A_1, \cdots, A_{Np-1}$，则

$$\sum_{k=1}^N M_k = \int_0^{+\infty} \frac{\mathrm{e}^{-y} y^p}{(p-1)!} (A_0 + A_1 y + A_2 y^2 + \cdots + A_{Np-1} y^{Np-1}) \mathrm{d}y,$$

利用 Γ 函数对各项积分, 可知每一项都是 p 的整数倍, 因而, $\sum\limits_{k=1}^{N} M_k$ 可被 p 整除。此时便得到,

$$a_0 M + \sum_{k=1}^{N} M_k$$

不能被 p 整除, 这便证明了式 $(\triangle\triangle)$ 不成立, 从而导致矛盾。因此, π 是超越数。